作物 表型精准获取与解析

ZUOWU BIAOXING
JINGZHUN HUOQU YU JIEXI

臧贺藏　李国强　主编

中国农业科学技术出版社

图书在版编目（CIP）数据

作物表型精准获取与解析 / 臧贺藏，李国强主编. --北京：中国农业科学技术出版社，2024. 5

ISBN 978-7-5116-6837-0

Ⅰ. ①作…　Ⅱ. ①臧…②李…　Ⅲ. ①作物－发育遗传学－研究　Ⅳ. ①S33

中国国家版本馆CIP数据核字（2024）第103369号

责任编辑　周丽丽
责任校对　李向荣
责任印制　姜义伟　王思文

出 版 者　中国农业科学技术出版社
　　　　　北京市中关村南大街12号　　邮编：100081
电　　话　（010）82106638（编辑室）　（010）82106624（发行部）
　　　　　（010）82109709（读者服务部）
网　　址　https: // castp.caas.cn
经 销 者　各地新华书店
印 刷 者　北京建宏印刷有限公司
开　　本　185 mm × 260 mm　1/16
印　　张　14.5
字　　数　310千字
版　　次　2024年5月第1版　　2024年5月第1次印刷
定　　价　128.00元

《作物表型精准获取与解析》

编委会

主　编　臧贺藏　李国强

副主编　张　杰　赵　晴　胡　峰　王　磊

参　编　王公卿　周　萌　王　凯　张　丹

赵巧丽　王　猛　张建涛　陈丹丹

秦一浪　韩忠宇　王振云

序　言

作物表型研究是近年来备受关注的前沿领域之一，也被视为种业科技发展的核心竞争力。作物表型是指能够反映作物细胞、组织、器官、植株、群体结构及功能特征的物理、生理、生化性状。通过对作物表型的深入研究，可以解析作物生长发育规律和产量品质形成的机制，为培育高产、优质、抗逆性强的新品种提供理论依据和技术支持。针对作物表型获取低效、解析精度低的关键技术问题，河南省农业科学院农业信息技术研究所农业信息化团队开展了作物表型采集与精准鉴定技术研究工作，经过近十年的研究，共同编写了《作物表型精准获取与解析》。

本书包括“总论”“基于物联网技术的作物环境信息监测与诊断系统研究”“农田玉米土壤墒情远程监测云平台的设计与应用”“基于物联网技术的作物虫情采集监测预警系统构建”“作物水氮智能管理系统的设计与验证”“不同生态条件下小麦新品种产量的基因型与环境互作分析”“基于无人机数码影像的小麦品种植株密度和株高估算”“增强局部上下文监督信息的麦苗计数方法”“基于改进注意力机制YOLOv5s的小麦穗数检测方法研究”“基于改进DM-Count的麦穗自动检测方法”“基于深度学习的无人机遥感小麦倒伏面积提取”“基于改进Shift MLP的小麦倒伏自动分级检测方法研究”“基于改进SE-Swin Unet的玉米叶部主要病害图像分割方法研究”“基于改进YOLOv4的玉米虫害检测方法研究”“基于Lab颜色空间的小麦成熟度监测模型研究”“玉米表型性状数据采集与管理系统设计与实现”16个方面，各章内容简介如下。

第1章，总论。综合论述了作物表型的概念以及发展现状，详细阐述了当前作物表型所采用的主要技术，介绍了人工智能技术在作物表型中的应用，总结了作物表型当前存在的主要问题与建议，以期为改进作物表型采集与鉴定方法提供参考。

第2章，基于物联网技术的作物环境信息监测与诊断系统研究。为提高大田粮食作物生产效益，基于视频监控、物联网传感器和网络通信等技术，本文初步设计开发了作物环境信息监测与诊断系统。在作物生长发育过程中，该系统可实现作物生长过程中的关键环境因子、作物长势以及视频图像等信息的远程实时采集和数据存储功能。在任何具备网络覆盖的区域，用户均可以通过手机进行24 h全天候不间断的监控，并且可以浏览获取数据，实现作物生长信息的实时监测，进而保证大田作物最适宜的生长环境。该系统具有功能实用、操作简单、界面友好、性能良好和安装部署方便等特点，各项监测指标均达到要求，能够满足大田作物生长监测的需要。

第3章，农田玉米土壤墒情远程监测云平台的设计与应用。研发农田玉米土壤墒情远程监测云平台，以获取实时动态农田玉米土壤墒情信息，对夏玉米进行适时适量的灌溉，对保证夏玉米高产稳产有重要的现实意义。采用GPRS网关接入互联网，433 Mhz无线电组成本地局域网的方式，在河南省永城市、汝州市、西华县和原阳县等县（市）的玉米田地安置土壤墒情监测点，对土壤墒情信息进行自动采集和分析。云平台能够实现玉米大田土壤墒情的实时动态监测、在线地图定位、历史数据查询和统计分析以及短信预警等功能。测试结果表明，云平台可以准确地对农田玉米土壤墒情的变化规律进行长期实时定位监测；通过土壤墒情监测数据分析可见，监测数据可以真实反映农田玉米土壤墒情实际状况。

第4章，基于物联网技术的作物虫情采集监测预警系统构建。为提升作物害虫田间调查的效率，减少调查后信息再次录入的工作量，以及提高害虫性诱测报工作的时效性，进而提升作物虫害测报的工作效率，本研究应用远程拍照、远程通信、图像处理等物联网技术，研发了昆虫远程性诱测报装置，改进了传统性诱测报方式。开发了基于Android的害虫虫情田间采集APP端，实现田间虫害信息采集的信息化。基于远程性诱图像采集和APP端，建立了虫情数据库，构建了作物虫情采集监测预警系统。本系统的应用便于基层植保技术人员进行虫情数据采集、查询，以及虫害预警信息的发布，实现了作物害虫监测预警的信息化。

第5章，不同生态条件下小麦新品种产量的基因型与环境互作分析。为了评价不同生态条件下小麦新品种产量在基因型与环境互作中的丰产性、适应性和稳定性，于2018—2020年在河南省商丘市、洛阳市和新乡市3个地点参加河南省区域试验，以参试的8个小麦育成品种为材料，利用数理统计方法和GGE双标图分析了小麦新品种的丰产性、稳产性和适应性。方差分析表明，年份、地点、品种及其互作中除了年份×品种以外对小麦产量的影响均达极显著水平（$P<0.01$），其中年份和地点对小麦产量的贡献率较大，依次为38.63%和32.86%，而年份×品种对小麦产量的贡献率最小，仅为1.31%。2019—2020年小麦产量比2018—2019年降低了9.71%，商丘地点连续2年平均产量最低，显著低于洛阳和新乡地点平均产量。2年3个区试地点8个小麦品种的平均产量为8 049.04 kg/hm^2，泰禾896产量最高，百农207产量最低。在丰产性方面，泰禾896、农科大888、盛科188、禾麦53、智优33号、偃亳369和濮大1030是丰产性较好的品种；在稳产性方面，百农207、禾麦53、农

科大888和智优33号是稳产性较好的品种；在适应性方面，农科大888、泰禾896和盛科188是适应性较好的品种。研究结果为小麦新品种的合理利用提供了科学依据，具有一定的参考价值。

第6章，基于无人机数码影像的小麦品种植株密度和株高估算。为了快速准确地获取小麦品种植株密度和株高信息，对小麦品种生长监测与产量预测具有重要的实际意义。在实际生产中，植株密度和株高主要通过人工测量获取，存在效率低、费时费力。因此，本研究基于苗期无人机图像提取小麦覆盖度，构建覆盖度与植株密度的关系，此外，获取了小麦品种拔节期、孕穗期、开花期和灌浆期4个生长阶段的高清数码图像。结合地面控制点生成小麦品种的数字正射影像（DOM）和数字表面模型（DSM），建立4个生长阶段株高估算模型。根据小麦品种实测株高，对DSM提取的小麦品种株高进行了精度验证。结果表明，基于无人机苗期影像中提取的小麦品种的覆盖度与实测植株密度具有较高的相关性，R^2为0.820 5。利用DSM提取的小麦新品种株高与实测株高显著相关，株高预测值与实测值高度拟合，R^2和RMSE分别为0.955 4和6.323 3 cm。利用无人机影像预测小麦品种的植株密度和株高具有较好的适用性，可为今后的小麦表型信息监测提供技术参考。

第7章，增强局部上下文监督信息的麦苗计数方法。在实际生产中，麦苗株数对出苗率估算、产量预测以及籽粒品质预估等起着关键作用，及时准确地估算出麦苗株数对于小麦生产至关重要。由于田间生长环境复杂，麦苗成像易受光照、遮挡和重叠等因素的影响，导致现有目标对象计数方法直接用于麦苗计数时性能不高。为减弱上述因素对麦苗计数的影响，进一步提高计数准确率，本章对现有的目标对象计数网络P2PNet（Point to point network）进行改进，提出增强局部上下文监督信息的麦苗计数模型P2P_Seg。首先，对麦苗图像进行预处理，使用点标注方法自建麦苗数据集；其次，引入麦苗局部分割分支改进网络结构，以提取麦苗局部上下文监督信息；然后，设计逐元素点乘机制融合麦苗全局信息和局部上下文监督信息；最后，引入逐像素加权焦点损失（per-pixel weighted focal loss）构建总损失函数，对模型进行优化。在自建数据集上的实验表明，P2P_Seg的平均绝对误差（Mean absolute error，MAE）和均方根误差（Root mean square error，RMSE）分别为5.86和7.68，比原始P2PNet分别降低0.74和1.78；与其他先进计数模型相比，P2P_Seg具有更好的计数效果。在实际大田环境下进行了应用测试分析、误计数和漏计数情况分析，结果表明P2P_Seg更适合复杂田间环境，为麦苗株数自动统计提供了新方法。

第8章，基于改进注意力机制YOLOv5s的小麦穗数检测方法。在小麦育种中，穗数是评估小麦产量的关键指标，及时准确获取小麦穗数对产量预测具有重要的现实意义。在实际生产中，采用人工田间调查统计麦穗的方法费时费力。因此，本章提出一种基于改进注意力机制的YOLOv5s检测方法，该方法能够准确检测出小尺度小麦穗数，较好地解决了小麦穗数的遮挡和交叉重叠问题。该方法在YOLOv5s网络模型的主干结构的C3模块中引入高效通道注意力模块（ECA）；同时将全局注意力机制模块（GCM）插入到颈部结构与头部结构之间；注意力机制可以更有效地提取特征信息，抑制无用信息。结果表明，改进的YOLOv5s模型在麦穗计数任务中的准确率达到71.61%，比标准YOLOv5s模型高4.95%，具有更高的计数准确率。改进的YOLOv5s和YOLOv5m具有相似的参数，而RMSE和MAE分别降低了7.62和6.47，并且性能优于YOLOv5l。因此，改进的YOLOv5s方法提高了其在复杂田间环境中的适用性，为小麦穗数的自动识别和产量估算提供了技术参考。

第9章，基于改进DM-Count的麦穗自动检测方法。穗数对小麦产量预测以及品种评价具有重要作用，穗数是影响小麦产量的重要因素，及时准确地预测穗数对于小麦生产至关重要。在实际生产中，麦穗成像易受光照、遮挡和重叠等因素影响，导致现有目标对象计数模型直接用于麦穗计数性能不高。为解决以上问题，进一步提高麦穗计数的准确率，本章对现有的目标对象计数模型DM-Count进行改进，提出增强局部上下文监督信息的麦穗计数模型DMseg-Count。首先，引入局部分割分支改进网络结构，以提取麦穗局部上下文监督信息；其次，设计逐元素点乘机制融合麦穗全局信息和局部上下文监督信息；最后，构建总损失函数，对模型进行优化。结果表明，在自建麦穗数据集实验中，DMseg-Count的平均绝对误差（MAE）和均方根误差（RMSE）分别为5.79和7.54，比DM-Count分别降低了9.76和10.91；具有最多的参数量、计算量（FLOPs）和模型大小。与其他计数模型相比，DMseg-Count具有最好的计数性能。通过对麦田环境下的误计数和漏计数分析、测试结果验证，说明DMseg-Count更适合复杂田间环境，为麦穗自动计数提供了新方法。

第10章，基于深度学习的无人机遥感小麦倒伏面积提取。为及时准确地提取小麦倒伏面积，提出一种融合多尺度特征的倒伏面积分割模型Attention_U^2-Net。该模型以U^2-Net为架构，利用非局部注意力（Non-local attention）机制替换步长较大的空洞卷积，扩大高层网络感受野提高不同尺寸地物识别准确率；使用通道注意力机制改进级联方式提升模型精度；构建多层级联合加权损失函数，用于解决均衡难易度和正负样本不均衡问题。Attention_U^2-Net在自建数据集上采用裁剪方式提取小麦倒伏面积，查准率为86.53%，召回率为89.42%，F1值为87.95%。与FastFCN、U-Net、U^2-Net、FCN、SegNet、DeepLabv3等模型相比，Attention_U^2-Net具有最高的F1值。通过与标注面积对比，Attention_U^2-Net使用裁剪方式提取面积与标注面积最为接近，倒伏面积准确率可达97.25%，且误检面积最小。实验结果表明，Attention_U^2-Net对小麦倒伏面积提取具有较强的鲁棒性和准确率，可为无人机遥感小麦受灾面积及评估损失提供参考。

第11章，基于改进Shift MLP的小麦倒伏自动分级检测方法研究。在小麦育种中，倒伏是制约小麦产量与品质的关键因素，及时准确地获取冬小麦倒伏分级对农业保险公司勘定农业损失和良种选育具有重要的实际意义。通过倒伏程度和倒伏面积衡量倒伏分级是小麦生产中常用的分级手段，但在实际生产中，采用人工田间调查冬小麦倒伏的倾斜角度和倒伏面积不仅费时费力，测量结果主观且不可靠。为了解决以上情况，本书提出了基于改进MLP模块的分类—语义分割多任务神经网络模型MLP_U-Net，能够准确估算出冬小麦倒伏的倾斜角度和倒伏面积，定性定量综合评价小麦倒伏分级。该模型以U-Net为架构，改进Shift MLP模块结构，实现困难任务的网络细化分割，有效地提升了分类网络和分割网络的准确性；利用倒伏程度和倒伏面积参数的相关性，采用共通的编码器有效地增强模型的鲁棒性。本研究以河南省新乡市河南现代农业研究开发基地国家冬小麦黄淮南片水地组区域试验的82个冬小麦品种为材料，通过无人机遥感平台获取冬小麦倒伏图像，构建了基于不同时序、不同无人机飞行高度的冬小麦倒伏数据集，可以较好地完成冬小麦倒伏程度、倒伏面积分割分类任务。结果表明，MLP_U-Net在小样本数据集中具有较好的检测性能，当无人机飞行高度为30m时，冬小麦倒伏程度和倒伏面积分级准确率分别为96.1%和92.2%；当无人机飞行高度为50m时，冬小麦倒伏程度和倒伏面积分级准确率分别为84.1%和84.7%。因此，MLP_U-Net具有较强的鲁棒性，能够精准高效地完成冬小麦倒伏分级任务，为无人机遥感冬小麦受灾程度及评估损失提供技术参考。

第12章，基于改进Swin-Unet的小麦条锈病分割方法。条锈病是影响小麦产量及粮食安全的重要因素，小麦条锈病图像的精准分割是实现计算机辅助精准防治的重要手段。针对小麦条锈病图像中病斑形态复杂、病斑与非病斑之间的边界模糊、分割精度低的问题，提出了一种基于改进Swin-Unet的小麦条锈病图像分割方法。该方法通过在Swin-Unet中引入ResNet和SENet模块，增强模型对条锈病特征的表达能力。试验结果表明，改进Swin-Unet在背景、孢子和叶片的查准率分别为99.24%、82.32%和94.36%，可以在具有挑战性的情况下分割背景、孢子和叶片图像，具有较好的计算机视觉处理能力和分割评估效果。改进Swin-Unet总体分割准确率、平均交并比和均像素准确率分别为96.88%、84.91%和90.50%，较Swin-Unet分别提高了2.84%、4.64%和5.38%；与其他网络模型相比，改进Swin-Unet具有最佳的分割效果。本章提出的方法可以精准检测和分割小麦条锈病图像，为田间复杂环境下小麦条锈病的自动检测和早期预防提供技术支持。

第13章，基于改进SE-Swin Unet的玉米叶部主要病害图像分割方法研究。叶部病害严重影响了玉米的产量，快速准确分割是识别玉米叶部病害类型和精准施药的关键。为解决玉米叶片病变区域不规则、多区域集群，导致玉米叶片病害区域分割不准确的问题，本书基于改进Swin-Unet网络模型。利用Swin Transformer模块和跳跃连接结构进行全局和局部学习，在每个跳跃连接处加入SENet模块，尽可能通过通道的特征去关注全局的目标特征，实现关注显著玉米叶片病害区域以及抑制无关背景区域的功能。改进损失函数，采用BCEloss（Binary Cross Entropy loss）和Diceloss的混合损失函数，最终构成SE-Swin Unet（Improve Swin-Unet）语义分割模型。与其他传统卷积神经网络模型（DeepLabV3+和U-Net不同的骨干网络，包括VGG，ResNet50，MobileNet和Xception）在相同的样本数据中相比，结果显示SE-Swin Unet有更高的平均交并比（Mean Intersection over Union，

MIoU）、准确率和F1分数（F1-Score），分别为84.61%，92.98%，89.91%。本文提出的方法在玉米叶部病害分割效果中表现得更好。

第14章，基于改进YOLOv4的玉米虫害检测方法研究。为了解决诱集到的玉米害虫体积小，易堆叠，难以准确检测的问题，本研究提出了一种基于改进YOLOv4的玉米虫害检测模型。针对玉米害虫体积小，难以被检测到的问题，该模型在YOLOv4的主干网络提取出来的三个有效特征层上增加了SE Net（Squeeze-and-Excitation Networks）模块，同时对上采样后的结果增加了SE Net模块。由于诱集到的害虫存在大量的堆叠，容易造成漏检，该模型将YOLOv4中的非极大值抑制替换为柔性非极大值抑制，以减少检测中因为堆叠导致的漏检问题。本书通过害虫性诱设备诱集到棉铃虫，玉米螟，玉米粘虫，甜菜夜蛾等四种常见害虫，拍摄照片并制作成数据集，用于模型的训练。测试结果显示，改进的YOLOv4模型，对于玉米粘虫、棉铃虫、玉米螟、甜菜夜蛾的平均检测精度为90%，91%，92%，89%，平均检测精度均值为90%。本书中改进的YOLOv4模型和YOLOv3，YOLOv4，Faster-RCNN等经典目标检测模型对比实验，改进的YOLOv4模型对于玉米害虫的检测平均精度分别提高了5.3%，3.1%，2.2%。改进的YOLOv4模型能够有效地提升玉米虫害的检测精度，为田间虫害监测预警提供了技术支持，对于玉米虫害的防治具有重要的意义。

第15章，基于Lab颜色空间的小麦成熟度监测模型研究。为快速、准确监测小麦成熟度，合理制订收割时间，本研究以不同品种小麦为研究对象，在灌浆中后期获取试验区无人机RGB影像和多光谱影像。对RGB图像进行Lab空间转换，提取a分量值，分析小麦籽粒形成期、乳熟期、蜡熟末期、籽粒形成期倒伏和乳熟期倒伏不同状态下小麦a值的变化特征，对小麦从籽粒形成期到乳熟期的a值进行归一化处理，构建成熟度监测指标（MCI）。通过多光谱影像分析不同成熟度小麦的光谱特征变化规律，基于优选波段特征，选用比值植被指数（RVI）和归一化植被指数（NDVI）分别作为反演MCI的自变量，构建小麦成熟度监测模型。结果表明，基于NDVI构建的小麦成熟度监测模型的决定系数为0.718 7，拟合效果良好。研究采用2021年和2022年RGB影像和多光谱影像对小麦成熟度监测模型进行了验证，MCI预测值和参考值的均方根误差（RMSE）2021年为0.029 8，2022年为0.040 5，验证结果表明通过构建的小麦成熟度监测模型反演小麦成熟度空间分布是可行的。研究结果可为高空遥感大范围监测小麦成熟度，确定小麦适收顺序提供依据。

第16章，玉米表型性状数据采集与管理系统设计与实现。研发玉米表型性状数据采集与管理系统，实现玉米表型性状数据快速采集、高效管理与自动分析，为从事田间表型性状数据采集与管理的科研人员提供服务。采用B/S与C/S混合开发架构，构建了玉米表型性状数据采集系统（APP）和玉米表型性状数据管理系统（Web），APP采用Android技术实现Web api与服务器之间的通信，Web采用Entity Framework技术对数据库进行操作，为海量农艺性状采集数据集成管理提供一个高效、安全和稳定的平台。经河南省863软件孵化器有限公司测试结果表明，该系统在功能性测试、可靠性测试和易用性测试等方面均达到设计要求，系统性能测试稳定。客户端APP主要以表型性状数据的实时采集为核心，实现了玉米试验材料的快速录入、查询和定位，极大地提高了数据采集效率。客户端APP数据上传至服务端Web，实现了玉米生产过程多点试验任务的实时分发、表型性状数据的查询与管理、报表中心的生成及数据统计分析等功能，为科学决策和管理提供数据支撑。自2016年以来，系统经过功能完善和版本的不断升级，已在科研机构、高等院所进行应用，河南省农业科学院现代农业科技试验示范基地原阳玉米区域试验应用结果表明，该系统运行稳定。今后研究中应扩展作物研究种类，在进行表型性状数据采集与管理时，重点将图像管理模块和集成无人机遥感平台纳入到玉米表型性状数据采集与管理系统中。

科技发展迅速，探索永无止境。本书可为从事作物表型研究的科研人员、农业技术人员和农业院校师生提供重要的参考价值，有助于推动作物表型研究的深入发展。在编写过程中虽力求内容完整准确，但也难免存在疏漏之处，敬请广大读者不吝赐教。

编者

于郑州

2023年12月

CONTENT

目 录

第1章

总　论

1.1　研究背景

黄淮麦区小麦种植面积约占全国麦播面积的55%，总产量约占全国小麦总产的60%，是我国冬小麦的主产区和高产区（茹振钢等，2015）。2022年，河南省小麦播种面积和总产量稳居全国第一位，播种面积8 525.64万亩，总产量达381.305亿kg。近年来，随着耕地资源和气候变化影响，导致粮食播种面积逐渐减少，小麦市场需求扩大，国内供给紧缺，小麦生产在保障全国“口粮绝对安全”中有着特殊重要地位，但受土壤肥力、资源、品种、技术与经济因素等限制，大幅增产难度加大（何中虎等，2011；李海泳等，2022）。当前小麦新品种区域试验和生产试验显示出良好的发展趋势和潜力，然而，在实际推广和应用过程中，突破性品种的育成难度不断加大，综合性状突出，集高产性、稳产性和适应性强为一体的品种仍相对缺乏，制约小麦产量进一步提高。提高产量潜力一直是国内外小麦育种的主要目标，充分挖掘小麦高产性状的遗传潜力，通过遗传改良提高小麦的单产水平尤为重要。

随着分子育种技术的快速发展，育种的精准化和智能化发展迫切需要利用表型性状高通量采集与智能分析技术，从大规模基因型群体中筛选出表现优异的表型性状，精准高效地鉴定作物表型性状。在实际生产中，小麦育种群体通常包含几千甚至上万个小区，且分布在不同的育种环境中，如何快速获取田间环境下育种小区的表型信息，加速选育适合特定育种目标的基因型，亟待建立表型信息和基因型信息相结合的现代育种技术。因此，本研究利用机器学习、深度学习和目标检测方法，鉴定小麦育种田间表型性状，必将提高大规模基因型群体评估和筛选效率，为作物智能高效育种提供决策支持。

1.2 田间作物表型参数测量现状

1.2.1 田间作物表型参数测量方法

作物表型是指作物在特定基因型和环境条件共同作用下表现出的外在特征，体现为作物生长发育过程中物理、生理、生化方面的性状（Tardieu et al，2017）。目前，作物表型性状测量方法主要包括传统测量方法和现代测量方法（叶军立，2022）。在实际生产中，传统测量方法主要以人工为主，经常使用一把尺子一杆秤、一张纸一支笔调查作物株高、叶面积、生物量等参数，存在主观性强、随机性强、工作低效，不能高效快速地提取表型性状，这种方法对作物产生破坏性，不适合批量数据的调查。现代测量方法是利用先进的光学成像技术作为核心，集成为全自动化性状考察设备，可以快速、无损、高通量的获取作物在不同生长时期的表型性状，测量方法简单方便，适于大批量、高通量。随着分子育种技术的快速发展，如何从上千份育种材料中精准筛选出优良表型性状，已成为当前作物育种研究关注的热点。

1.2.2 田间作物表型自动参数测量方法

近年来，随着作物表型采集技术迅速发展，研究人员利用表型平台搭载表型信息获取传感器，配合高效的表型数据处理算法，实现对表型参数的快速、准确、自动化获取（Sun et al.，2021；杨会君等，2021）。大田环境下的高通量表型平台已经从理念发展至实际应用，在小麦、玉米、水稻等作物的农艺性状、抗性性状鉴定方面，已经取得了许多成功的实践。在可控条件下进行植物形态特征的监测，综合表型组信息、主要环境因素和遗传基础来建立产量和抗性模型，是作物育种和农业科学研究的重要方向之一。法国农业科学院、澳大利亚植物功能基因组中心以及华中农业大学作物表型中心均建立了自动观测温室系统（Duan et al.，2018），华中农业大学通过该系统已经完成了多种作物的抗旱性鉴定，发掘出一批抗旱种质及基因资源（Guo et al.，2018；Li et al.，2020）。在大型室内环境中使用激光雷达（LiDAR）可对小群体进行三维重建分析作物产量性状（Guo et al.，2018）。借助X射线断层扫描分析技术（X-ray Computed Tomo graphic Analysis）可实现干旱、高温胁迫下小麦产量构成有关的穗重、粒重、粒数和穗型进行大规模筛选，并可视化更复杂的性状，如种子变形，从而更快更准确地评估不同胁迫处理产量构成因素差异（Schmidt et al.，2020）。然而，现有的作物表型基础设施如田间轨道式或室内传送带式表型平台，虽然能够提供高精度的数据，但它们的高成本、复杂性和地域限制使得这些技术难以广泛应用到科研和农业生产中。因此，开发便携式、低成本、高精度的田间作物表型采集设备已成为作物表型获取的实际需求。

1.2.3 田间作物表型机器人测量方法

随着科技的发展，农业机器人的发展已经达到了自动化、智能化和机器人化的高度融合，已研制出嫁接机器人、育苗机器人、移栽机器人、插秧机器人、农药无人机、施肥机器人、采摘机器人等精细作业机器人（周浩等，2023；Tomoaki et al.，2023；Kumar et al.，2023）。上海交通大学设计的田间机器人为测量水稻性状提供了便捷、高效的解决方案（Ling et al.，2019），该机器人集成先进的传感器、图像处理和人工智能技术，实现水稻株高、叶面积、生物量等性状的快速、准确测量。其他的地面应用农业机器人以采摘、巡检作业两大类为主，机器人底盘分为履带式、轮式、仿生肢体式三类，主要以设施农业和部分经济作物应用场景进行设计（黄一霖等，2023；王琳等，2023），以人工智能视觉导航、信号轨道导航、激光雷达导航等导航方式为主（胡炼等，2023），在温室、果园、部分经济作物栽培上得到了很多的应用（Xu et al.，2022；Marangoz et al.，2022；Muller et al.，2022）。但在小麦等大田作物场景下，没有温室、果园林间等可通过的路径，此类地面机器人应用受到了一定的限制。因此，研发一款适用于作物等大田作物场景的田间表型机器人，可以代替人力实现全生育期的无损测量，全面提升作物表型鉴定的精度和效率，将为作物高效育种提供新的可能和思路。

1.3 田间作物表型技术研究现状

1.3.1 表型信息获取技术

根据不同作物的研究目标，通过表型获取和后期数据解析完成对作物关键表型性状的鉴定（徐凌翔等，2020）。目前，作物表型性状的获取主要包括人工测量方法和传统的机器学习方法（Li et al.，2021）。人工测量方法存在一定的主观性、费时费力、获取效率低，不能高效快速地提取表型性状。随着作物表型技术的迅速发展，表型获取通量、指标解析精度得到明显提高，为作物育种的规模化、批量化鉴定评价提供了技术支撑（赵春江，2019）。近年来，室内外多层次表型获取技术发展迅猛，主要包括人载设备、车载设备、定点监控设备、大型自动化平台和室外航空机载及卫星成像技术等（Jin et al.，2020）。然而，在种质资源数量较多，尤其是上千份育种后代材料的情况下，育种家需要经过多年多点和多生育时期选择优良表型性状，因此，迫切需要快速、无损的作物表型信息鉴定和评价方法，提高鉴定效率。

1.3.2 表型信息解析技术

近年来，计算机视觉、图像识别和深度学习算法在表型数据解析中快速发展应用，极大地推动了表型大数据的分类、解析与可视化。通过融合专家先验知识，从各种结构化和非结构化的数据中实现了作物形态结构（Ma et al.，2023；Li et al.，2022）、颜色纹理（Du et al.，2022）、生理生化（Zavafer et al.，2023）、生育动态（Jin et al.，2021）等重要表型性状的解析。由于图像数据便于获取，数据标注比较方便，面向图像的深度学习框架较为丰富，基于图像的作物表型解析算法应用进展良好（Jiang et al.，2020），在实时性和稳定性方面达到较好的效果；基于成像的解决方案已用于广泛的表型应用，包括作物病害检测（Nazki et al.，2020）、倒伏监测（Modi et al.，2023）、表型计数（Bellocchio et al.，2020；Zang et al.，2022）、果实检测（Zang et al.，2021）、根系表型形状分析（Smith et al.，2020；Han et al.，2018）、品质检测（Wu et al.，2020）等。因此，作物育种需要结合多品种、多指标、多平台等形成的表型监测数据，确定不同生育时期作物表型信息的解析方法，对育种家进一步挖掘种质资源具有重要意义。

1.3.3 表型鉴定技术

作物表型性状的鉴定是培育新品种的基石，通过对作物在不同环境和年份下的性状表现进行观察和评估，可以更全面地了解作物性状的遗传基础和表达特点，为育种家提供更有价值的参考信息。近年来，随着作物表型精准鉴定的发展，部分主要作物开展了种质资源多年多点的农艺性状及其他性状的时序性鉴定。至2020年，中国农业科学院作物科学研究所完成了3 000份水稻种质在7个生态点、3 000份小麦种质在6个生态点、2 000份玉米种质在6个生态点各3年的主要农艺及产量性状鉴定。这些时序性鉴定，充分利用不同的环境条件，明确了各类表型性状的变异水平，为选择广适性、区域适应性种质并进行育种利用提供了可能。Qubit Phenomics拥有超过20年的植物成像仪器设计经验，开发的叶绿素荧光动力学成像系统FluorCam可进行胁迫筛选。高通量表型的利用加快了植物育种工作，可筛选大量处于不同发育阶段的作物，有利于在生育初期快速筛选。近10年，作物表型技术和设备的应用不仅提高了作物鉴定效率和精度，还为基因型分析、相关基因克隆与育种利用创造了条件，为作物育种工作的进步提供了有力支撑。

机器学习作为提取作物表型性状的重要特征，可以实现作物表型性状的精准鉴定；目前，关于机器学习应用于作物表型性状鉴定已有较多报道（Laitinen et al.，2019；Cortinovis et al.，2020）。例如，Duan et al.（2017）基于机器学习的算法被应用于植被覆盖度的计算、植株密度估算、花朵和叶片计数、病害检测、根系结构参数提取等。Zhao et al.（2021）通过对无人机图像中的麦穗进行准确检测，提出了一种基于改进YOLOv5的方法，麦穗检测平均准确率为94.1%。Zhang et al.（2020）采用3种传统机器学习算法和3种神经网络进行小麦倒伏检测，并进行不同算法对比。以上这些算法往往需要较好的算力资源，精度不高，模型的可移植性差，因此需要构建作物表型鉴定算法，为作物种质资源筛选提供支持。

1.4 人工智能技术在作物表型中的应用

人工智能最早是在1956年Dartmouth学会上提出，指研究、开发用于模拟、延伸和扩展人的智能理论、方法、技术及应用系统的新的技术科学，包括学习、推理、问题解决、感知和语言理解等，其发展包括了自然语言处理、机器学习、专家系统和计算机视觉等领域。人工智能技术可用于提高农业经营效率，从识别和管理病虫害到优化作物生长和预测产量。人工智能机器人和无人机可以检查作物和土壤状况，评估作物健康状况，如何浇水、施肥和收获提供指导，这不仅可以帮助农民节省时间，降低成本，还可以对管理作出及时决策。

近年来，随着人工智能技术的快速发展，深度学习算法已在许多领域取得了巨大突破，尤其是计算机视觉领域。深度学习通过这种层次化的结构可以学习到数据的抽象表示，从而能够应用于语音识别、图像识别及自然语言处理等领域。深度学习的核心是使用大量数据进行训练，通过不断调整神经网络中的参数来优化模型，使模型能够更准确地进行预测和分类。数据驱动的人工智能算法通常需要大量的数据集用来训练其模型，特别是深度学习算法，已被证明在解决农业实际问题方面是有效的（Ma et al.，2019；Kamilaris et al.，2018）。基于深度学习的目标检测方法主要分为两类，分别为two-stage方法和one-stage方法。two-stage方法的代表是R-CNN系列算法，该算法分为两步一是选取候选框，二是对这些候选框分类或者回归。one-stage方法的代表有SSD和YOLO，主要思路是均匀地在图片的不同位置进行密集抽样，抽样时可以采用不同尺度和长宽比，然后利用CNN提取特征后直接进行分类与回归，整个过程只需要一步，所以其优势是速度快，所以YOLO方法更适合实时目标检测。张文静等（2021）通过改进Faster R-CNN网络模型实现番茄果实的识别，检测准确率为83.9%。张伏等（2021）提出了基于改进YOLOv4-LITE轻量级神经网络的圣女果识别定位方法，准确率达到99.15%。刘天真等（2021）提出了一种基于SENet的YOLOv3网络模型，实现自然场景下冬枣果实的检测识别，检测准确率为88.71%。郭瑞等（2021）通过融合K-means聚类算法与优化的注意力机制模块改进YOLOv4检测算法，对大豆单株豆荚数检测准确率为84.37%。综上可以看出，深度学习算法可以用于圣女果、冬枣、大豆单株豆荚检测等，具有较好的检测精度。

综上所述，作物表型学正在经历高速发展阶段，随着现代技术的不断进步和应用场景的不断拓展，作物表型学有望在农业领域发挥更加重要的作用，为农业生产的可持续发展做出更大的贡献。以各类作物育种的理论基础为指引，利用传感器技术、图像处理技术和人工智能分析方法，创制作物表型精准鉴定技术及设备，将推动作物基因挖掘、遗传育种、耕作栽培和农业生产管理等研究领域高质量发展。

1.5 作物表型存在的问题与建议

作物表型研究对于作物育种、栽培管理、病虫害防治等方面具有重要意义。目前在作物表型研究中存在一些问题，主要包括以下3个方面：①针对作物表型数据采集低效、鉴定精度低的问题，采用计算机视觉、图像识别、深度学习等技术，挖掘关键生育期获取的多分辨率、多模态图像采集信息，构建基于多模态数据融合特征检测的作物表型提取模型。②针对现有表型设备参数单一、采集效率低的问题，集成自主开发田间表型采集系统，研制平移式高通量小麦表型平台，该平台可实现全自动、高通量获取小麦种质的形态指标、生理指标和产量性状等信息。③针对现有机器人设备巡检路径受限、效率低的问题，研制适用于移动式高通量表型机器人平台，构建机器人自主视觉导航算法，实现机器人田间自主作业。

在今后的研究工作中，作物表型通过人工智能、大数据分析、无人机遥感等技术的深度融合，实现高效精准的表型鉴定方法和技术，提高作物表型数据采集效率和数据鉴定质量。

第2章 基于物联网技术的作物环境信息监测与诊断系统

2.1 研究背景

中国农业发展面临着资源短缺、生态环境恶化、资源的高投入、粗放式经营、农产品质量安全等问题的严峻挑战，发展现代农业已成为必然选择（王曦，2012）。作为人口大国，要保障粮食生产的安全性和可持续发展，必须大力发展现代农业信息技术（郑国清等，2004；郑国清等，2007；郑国清等，2009），尤其是以物联网技术为代表的高新技术。物联网作为现代信息技术的新生力量，是推动信息化与农业现代化融合的重要切入点。在粮食作物生长发育过程中，易受环境复杂多变影响，如何准确预测环境胁迫和作物长势等重大农情，实现远程监控与诊断管理，是目前精准农业管理中亟待解决的重大技术难题。因此，必须大力发展农业物联网技术，这对于保障国家粮食安全、提高我国农业可持续发展和国际竞争力均具有重要意义。

我国物联网技术的研究仍处于初步探索和试验示范阶段，尤其是在大田粮食作物生产中的研究相对较少。主要粮食作物易受环境和灾害影响，其监测的自动化和生产管理过程的智能化水平低，信息获取滞后且综合性差等问题，严重影响粮食作物生产过程快速决策管理（臧贺藏等，2013）。夏于等（2013）设计了小麦苗情远程诊断管理系统，可对小麦生产过程和主要气象灾害进行精准监测和快速诊断；孙忠富等（2006）开发的温室远程数据采集和信息发布系统，可以获取环境信息和作物生长信息；张琴等（2011）构建了小麦苗情远程监测与智能诊断管理系统，可以获取田间现场环境信息，并结合专家知识数据库，可对小麦长势、干旱和冻害进行监测。于海洋等（2013）开发了农作物苗情监测系统，可实现对农作物长势、产量及品质监测。但这些系统大多数存在结构设计简单、功能单一、采集的数据未进行深层次挖掘和处理、研发与应用成本过高等问题，无法实现大面积对粮食作物生长环境进行远程监控和视频诊断。随着智能手机迅速发展，4G时代解决了视频监控业务在移动网络上传输的瓶颈，并且得到了广泛的应用（仇天月等，2014；吴振深等，2013；臧贺藏等，2015）。因此，本研究利用视频监控、物联网传感器和网络通信等技术，设计并构建了作物环境信息监测与诊断系统，实现对大田作物生长进行实时监控、跟踪、专家诊断在线管理和服务的综合性系统，进而对作物生长全过程进行实时监测与诊断，为作物科学管理提供辅助决策支持。

2.2 系统构建

根据大田粮食作物产前、产中、产后的各个环节，搭建一个可靠感知、全面互联、智能服务和实时调控的粮食作物远程监控与诊断综合应用平台。该平台包括墒情传感子系统、大屏展示子系统和视频监控子系统，主要由传感器、摄像头、互联网、3G网络等物联网技术和装置构成；初步实现对试验田和示范项目的远程视频监控和咨询诊断功能，有利于提高农业精细化管理水平。

2.2.1 墒情传感子系统

墒情传感子系统由计算机气象软件平台、气象数据采集仪和气象传感器三部分组成，可同时监测大气温度、大气湿度、土壤温度、土壤湿度、雨量、风速、风向、辐射等诸多气象要素，具有气象数据采集、气象数据定时存储、参数设定、友好的人机界面和标准通信功能；实时科研数据通过有线网络或无线网络独立传送至中心数据库，同步反映到中心展示大屏上，科研人员可以从数据中心远程查看每块试验田监控数据，极大地提高了农田采样与监测的准确性和时效性。该系统主要针对大田粮食作物生产中的温湿度、雨量、辐射等环境因子的实时监测和生产现场的远程视频监控。墒情传感子系统构成示意如图2-1所示。

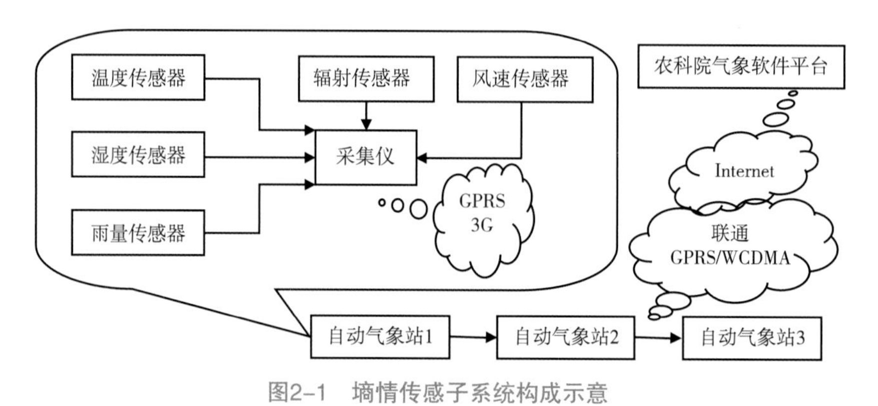

图2-1 墒情传感子系统构成示意

2.2.2 大屏展示子系统

大屏展示子系统作为粮食作物远程监控与诊断平台的重要组成部分，主要实现对示范区域粮食作物生长情况、墒情数据、会诊互动画面实现集中展现。其中，液晶LCD是目前主流显示模式。LCD大屏拼接技术采用LCD显示单元拼接的方式，由16台华美特原装进口46寸液晶拼接显示单元组成。通过拼接控制软件系统，来实现大屏幕显示效果的一种拼接屏体。如图2-2所示。

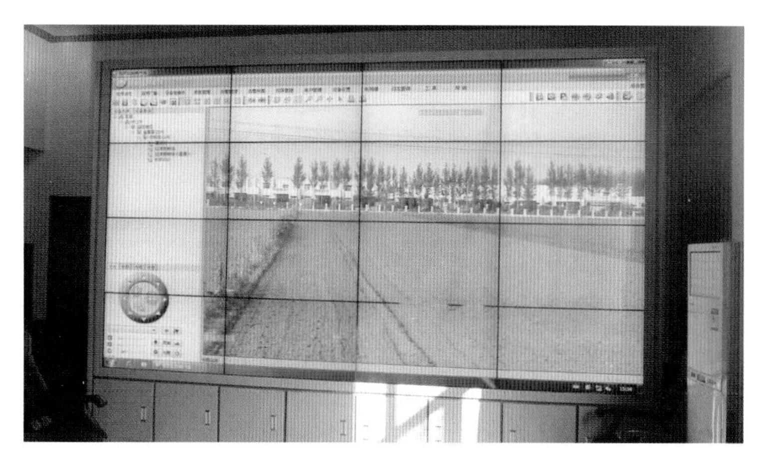

图2-2　大屏展示子系统示意

2.2.3　视频监控子系统

视频监控子系统通过有线或无线方式实现对试验田和示范田粮食作物的生长情况进行全面监测。视频监控子系统主要由视频采集设备、音频采集设备、移动式音视频采集设备、传输网络、管控平台、浏览客户端等部分组成。专家可以通过远程视频采集设备进行实时的病虫害诊断。当用户和专家进行交流时，可以依靠手机单兵和移动式音视频采集设备来完成。如图2-3所示。

图2-3　视频监控子系统示意

2.3 PC系统设计与实现

我国将物联网作为推荐产业信息化进程的重要策略，粮食作为关系国民生计的基础产业，其信息化的程度尤其重要。2008年，美国IBM公司首次提出“智慧地球”的发展战略（王志良，2010）。2009年8月，时任国务院总理温家宝提出建立中国传感信息中心的战略设想，为发展“农业物联网”提供了契机和动力（董方敏等，2012）。2012年2月，河南省被科技部、中组部和工信部批准为国家农村信息化示范省建设试点，《河南省国家农村信息化示范省建设实施方案》把“基于物联网的作物远程监控与诊断系统”列入重要建设内容。为此，河南省农业科学院提出建设主要粮食作物远程监控与诊断平台，开展物联网技术在大田粮食作物生产中的应用，并为后续农业科技转化的全面推广提供基础平台。

2.3.1 系统建设目标

通过视频监控、物联网传感器、网络通信和遥感等物联网技术的应用，对粮食作物生长期主要指标参数进行动态跟踪和数据回传。应用GPRS/WCDMA等网络传输技术，实现从田间实时传输环境参数和视频到监控中心，为开展大田粮食作物试验和院县合作提供监控预警和诊断管理的科学依据和支撑平台。

2.3.2 系统原理

利用无线传感网络、物联网技术，远程实时感知粮食作物生长过程中的空气温湿度、光照以及土壤温湿度等关键环境因子，从而实现远程、多目标、多参数的环境信息实时采集、显示、存储和查询等功能，并通过操作终端，实现智能化识别和管理。在粮食作物生长过程中，以物联网技术与智能感知产品为基础，实时监测粮食作物长势、营养和病虫害等信息，最终实现粮食作物生产的全程管理。利用大田的视频监控系统，建设粮食作物生产过程专家远程指导系统，集中农业专家，采用信息技术手段辅助实现现场病虫害诊断，播前栽培方案设计与指导、产中适宜生育指标预测以及基于实时苗情信息的粮食作物生长精确诊断与动态调控，提高大田生产管理水平，降低生产成本，从而提高经济效益。

2.3.3 系统的总体架构

粮食作物生长智能感知信息管理系统主要分为传感信息采集、视频监控、智能分析和远程控制几个模块，按照农业物联网建设的标准和规范，通过统一的数据资源接口、资源描述元数据及共享协议，将分散的粮食作物生长感知数据和设备控制有效集成，建立河南省主要粮食作物生长智能感知信息综合管理系统。从技术框架上，农业物联网主要分为3个层次，包括：感知层，用于信息的获取感知；传输层，用于信息的无线传输；应用层，用于对所获取信息的智能处理和综合应用（图2-4）。

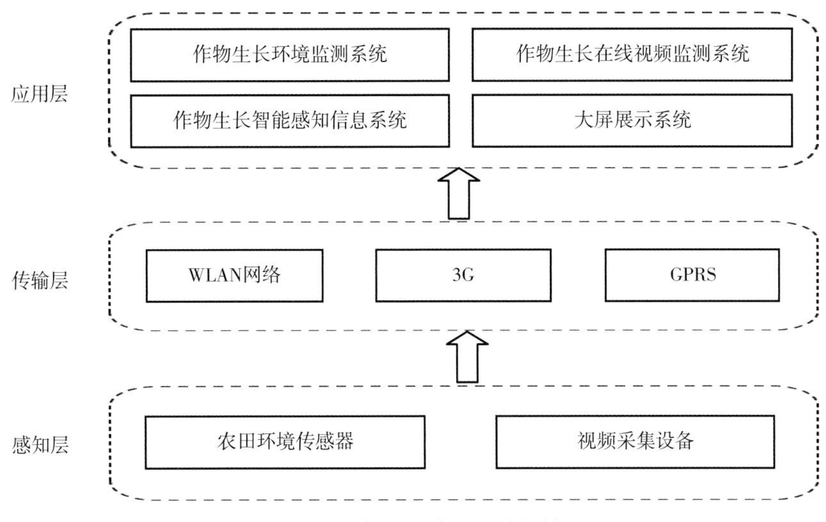

图2-4　农业物联网系统架构

2.3.4　系统试用效果

目前，粮食作物远程监控与诊断平台已处于不断测试运行和示范应用当中，并初步实现了冬小麦远程视频监控与诊断功能。以大田冬小麦拔节期为例，通过用户登录，可以远程实时获取大田粮食作物的空气温湿度、土壤温湿度、光照强度、降水量以及视频图像等信息，通过田间信息实时采集，可以及时了解农作物的生长状况、土壤墒情和病虫害状况，以便及时采取管理措施，保证大田粮食作物处于良好的生长环境。用户进入系统后，进入延津高寨试验田自动气象站的界面，点击实时数据和数据查询，可以获得冬小麦实时环境数据（图2-5、图2-6）。同时，用户进入智能监控系统，即可获得冬小麦实时视频图像（图2-7）。试验中，该平台的各项功能均得到验证。粮食作物生产中发生了病虫害或其他问题，农户可以通过手机、平板电脑或电脑加入平台，及时与专家进行沟通，做到足不出户，就可以了解自家粮食作物的生长状况，实现远程智能化管理。

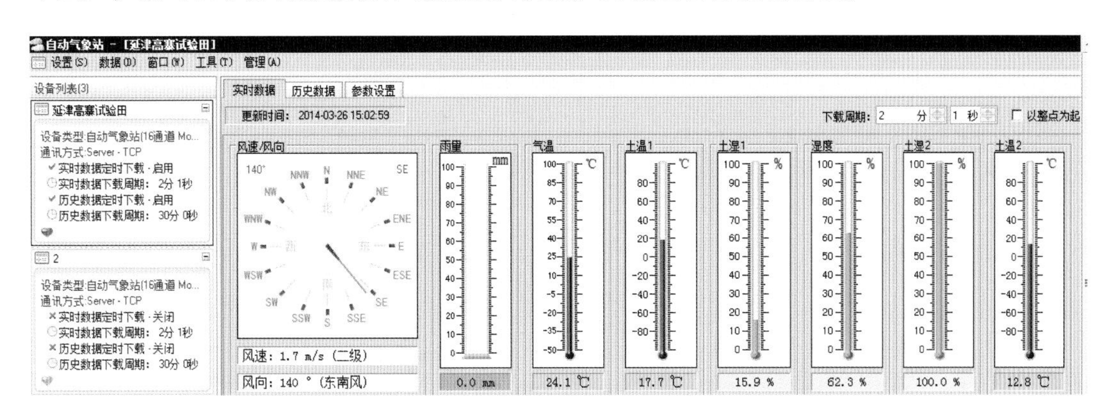

图2-5　墒情实时数据

数据查询

延津高寨试验田　实时数据　2014年 3 月 26日　00 : 00 : 00　到 2014年 3 月 27日　00 : 00 : 00

查询(Q)　删除(D)　导出(E)　打印(P)　备份(B)　清除时间重复数据(R)

记录时间	风速 m/s	雨量 mm	气温 ℃	土温1 ℃	辐射 w/㎡	风向 °	土湿1 %	湿度 %	土湿2 %	土温2 ℃
2014-03-26 15:09:02	1.7(2)	0.0	24.1	17.8	287	205(SSW)	15.9	60.6	100.0	12.8
2014-03-26 15:11:03	1.9(2)	0.0	24.1	17.8	318	156(SSE)	15.9	60.2	100.0	12.9
2014-03-26 15:13:03	0.0(0)	0.0	24.1	17.8	317	162(C)	15.9	61.3	100.0	12.9
2014-03-26 15:15:05	0.0(0)	0.0	24.1	17.8	266	204(C)	15.9	61.3	100.0	12.9
2014-03-26 15:17:06	0.0(0)	0.0	24.2	17.9	324	99(C)	15.9	61.1	100.0	12.9
2014-03-26 15:19:07	1.5(1)	0.0	24.2	17.9	297	227(SW)	15.9	61.0	100.0	12.9
2014-03-26 15:21:08	0.5(1)	0.0	24.2	17.9	315	153(SSE)	15.9	62.2	100.0	12.9
2014-03-26 15:23:10	1.5(1)	0.0	24.2	17.9	315	126(SE)	15.9	60.7	100.0	12.9
2014-03-26 15:25:10	2.1(2)	0.0	24.2	17.9	313	128(SE)	15.9	59.8	100.0	12.9
2014-03-26 15:27:12	0.0(0)	0.0	24.1	18.0	309	132(C)	15.9	60.2	100.0	12.9
2014-03-26 15:29:12	2.4(2)	0.0	23.9	18.0	306	126(SE)	15.9	60.5	100.0	12.9
2014-03-26 15:31:13	1.2(1)	0.0	23.9	18.0	291	146(SE)	15.9	60.5	100.0	12.9
2014-03-26 15:33:14	0.0(0)	0.0	23.9	18.0	259	163(C)	15.9	60.2	100.0	13.0
2014-03-26 15:35:14	1.2(1)	0.0	23.9	18.0	259	156(SSE)	15.9	60.8	100.0	13.0

图2-6　墒情数据试验结果

图2-7　墒情监控视频示意

2.4　Android系统设计与实现

2.4.1　开发环境

系统整体架构由服务器端和手机客户端组成，采用了B/S架构的Web端和服务器C/S架构的手机客户端相结合的方式，服务器端作为数据资源中心为手机客户端提供基础数据支撑，手机客户端在此基础上实现对作物生长信息的采集，从而为服务器提供实时可靠的核心数据来源，为后期进一步数据分析提供基础。

该系统后台服务器为Windows Server 2008，采用Java提供的Webservice服务，后台数据库为Microsoft SQL Server 2008，用以接收手机端采集的测试数据。手机客户端通过调用后台服务器发布的Webservice服务实现数据的传输，以便完成数据的采集。系统程序采用Eclispse和Android Developer Tool开发，图形图像处理采用Photoshop。

2.4.2　手机客户端实现

2.4.2.1　数据实时监测

实时监测模块主要显示监控站点采集的实时数据。数据实时显示主要通过ZigBee的无线网络通信技术、GPRS移动通信技术以及多源感知数据融合与分布式管理技术实现。西华县农业科学研究所（简称西华农科所）试验基地的实时数据监测界面如图2-8所示。该界面可实时显示西华农科所试验基地的风速、风向、土壤温度、土壤湿度、空气温湿度、光合有效辐射以及降水量等环境参数。用户通过智能手机可以直接浏览当前作物生长的实时环境数据，实现各类监测指标的显性化；一旦发现监测指标不正常时，可以通过环境调节设备实现手工或自动化的远程控制，进而保证作物生长环境保持最佳状态。

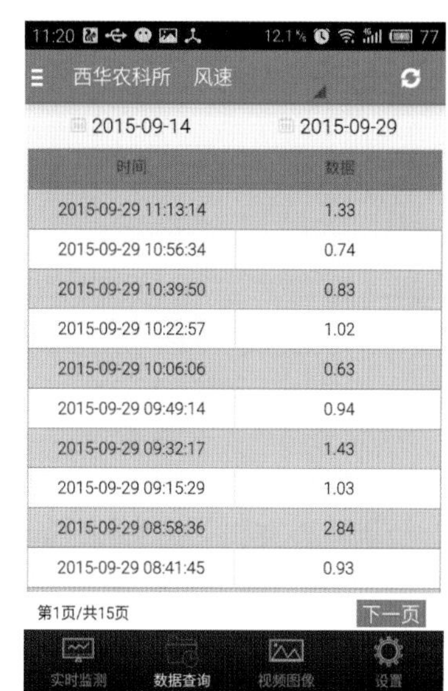

图2-8　数据实时显示

2.4.2.2　数据查询

数据查询主要针对任何时间段大田内风速、风向、土壤温度、土壤湿度、空气温湿度、光合有效辐射以及降水量等环境信息进行查询。查询方式是按照日期选择需要查询的时间段进行查询。查询的数据以列表的形式显示，在用户浏览数据的同时可以直观地观察到对应时间段内的数据变化。西华农科所风速查询界面，如图2-9所示。

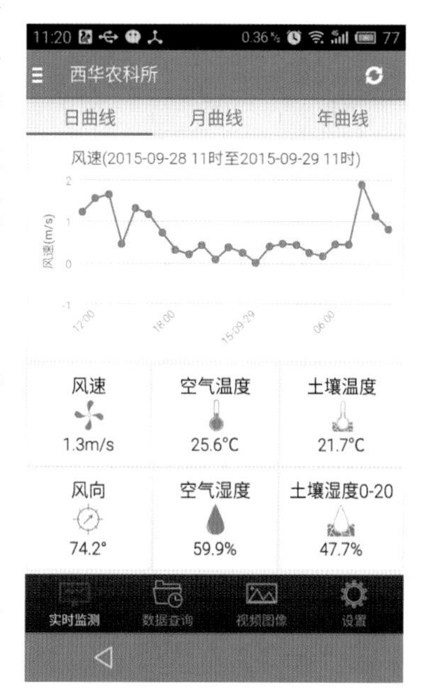

图2-9　历史数据查询

2.4.2.3　视频图像

视频图像模块包括病虫害监测、长势定向监测和360°长势监测。用户进入智慧农田物联网视频监控系统，即可获得作物实时视频图像，如图2-10所示。通过视频图像，可以直观地反映大田作物生长的实时动态，还可以侧面反映出作物生长的整体状态及营养水平；从整体上给农户提供更加科学的种植决策指导。

2.4.2.4 系统测试

图2-10 视频图像示意

利用上述基于智能手机的智慧农田远程监控系统在西华农科所试验基地玉米大田进行试验，对大田玉米进行24 h不间断测试（2015年10月14日），实时获取风速、风向、土壤温度、土壤湿度、空气温湿度、光合有效辐射以及降水量等信息，部分测试数据如表2-1所示。从表2-1可以看出，在24 h内，通过基于Android平台的智慧农田远程监控系统可以实时获取风速、风向、土壤温度、土壤湿度、空气温湿度、光合有效辐射以及降水量等信息。本系统风速测量精度在0.5 m/s以内，风向的测量精度在0.3°以内，空气温度的测量精度在0.5℃以内，空气湿度的测量精度在0.5℃以内，土壤温度的测量精度在0.5℃以内，土壤湿度的测量精度在0.5℃以内，光合有效辐射的测量精度在2 μmol/（m^2·s）以内。24 h内基本不受环境因素影响，数据控制基本稳定，体现了控制系统较强的稳定性。远程控制反应时间在5 s以内，完全达到了系统设计要求。

表2-1 作物生长环境测试数据

时间	风速（m/s）	风向/（°）	空气温度（℃）	空气湿度（%）	土壤温度（℃）	土壤湿度（%）			光合有效辐射[μmol/（m^2·s）]	降水量（mm）
						0～20 cm	20～40 cm	40～60 cm		
8：00	0	164.66	17.12	68.23	15.50	47.36	39.62	36.21	259.83	0
10：00	1.13	147.74	22.68	44.58	15.28	47.39	39.62	36.23	839.90	0
12：00	0.44	170.93	26.31	36.65	15.68	47.41	39.65	36.23	946.66	0
14：00	2.56	143.24	27.96	31.09	16.59	47.49	39.65	36.23	870.12	0
16：00	1.22	139.06	28.44	29.17	17.72	47.58	39.65	36.23	465.27	0
18：00	0	129.40	22.34	47.11	18.49	47.63	39.65	36.21	82.58	0
20：00	0.41	113.58	16.15	66.52	18.70	47.63	39.65	36.21	82.58	0
22：00	0	187.51	17.86	73.08	18.55	47.61	39.65	36.21	82.58	0
24：00	0	169.61	15.81	77.39	18.21	47.56	39.67	36.21	82.58	0
2：00	0.11	52.93	13.06	77.20	16.62	47.49	39.65	36.21	82.58	0
4：00	0	101.27	12.48	70.61	16.29	47.44	39.65	36.18	82.58	0
6：00	0	52.49	11.32	74.73	15.89	47.39	39.62	36.21	82.58	0

2.5　结论与讨论

在农业生产精细管理中，物联网的应用贯穿于大田粮食作物生产中（高峰等，2009），一般面向于对气温、地温、土壤含水量、农作物长势等信息的感知，其决策用于施肥、灌溉、病虫害防治等调节（孙艳红，2010；Roblin et al.，2000；Vellidis et al.，2008）。本研究以大田作物生产为研究对象，构建并实现了作物环境信息监测与诊断系统。该系统的建立为广大用户提供了一个信息交流平台，通过用户需求，专家通过语音视频及时了解大田粮食作物信息，在第一时间现场解答问题，并提出切实可行的应用方案，满足了现代农业生产管理过程各环节的需求。该系统可以使用户在作物生长的任何生育时期和时间段通过客户端及时查询当前的环境参数、作物长势以及视频图像等信息，实时实现数据同步进度查询，进而实现作物生长信息的远程实时监测，提高了监测精度和准确性。该系统的建立为广大用户提供了一个信息交流平台，通过用户要求，专家通过视频图像及时了解大田作物生长信息，在第一时间解答问题，并提出切实可行的应用方案，满足了作物生产管理过程各环节的需求。通过对作物生长过程进行动态环境参数监测和视频图像获取，进一步提高作物环境信息快速决策的精确性。

该系统的主要功能已在不断测试和试用中，初步实现了作物生长远程监测与诊断功能。但在试用中存在监测点不多、网络传输数据量大、语音对话不流畅、视频监控传输的稳定性问题有待进一步改进。如何进一步完善该平台功能，提高平台的适用性、稳定性和可靠性，今后还需进一步研究和探索。

第3章 农田玉米土壤墒情远程监测云平台的设计与应用

在玉米生长发育过程中，土壤水分过多或过少现象相当普遍，这不仅对玉米植株生长造成不利影响，而且直接影响玉米产量和品质。适时适量水分投入是实现玉米高产和水分高效利用的重要途径。王同朝等（2014）研究土壤水分对河南省玉米产量的影响，得出土壤水含率与夏玉米的产量密切相关，当田间持水量达80%时，夏玉米籽粒产量最高。适量的土壤墒情是保证作物健康生长的必要条件，同时也是抗旱、节约水资源的一个重要指标（Nam et al.，2012；Zhu et al.，2017）。传统的土壤墒情监测信息手段落后，方法单一，且耗费人力，不能实时连续在线监测，在生产实践中大多处于试运行状态。由此，寻找和构建一种能快速获取大田玉米土壤墒情信息的监测云平台，有利于在高温干旱寡雨季节对夏玉米进行适时适量的灌溉，以满足玉米对水分的需求，对保证玉米高产稳产有重要的现实意义。前人已经在许多作物上开展了土壤墒情远程监测云平台的构建，樊志平等（2010）开发了基于ZigBee无线传感网络和J2EE三层B/S架构技术的柑橘园土壤墒情远程监控系统，实现对采集数据分析处理和远程实时监控；顾巧英等（2012）利用土壤墒情监测系统，实现对有机葡萄园土壤墒情的实时监测与灌溉决策；蔡甲冰等（2015）设计了土壤墒情的实时监测与灌溉决策系统，实现了作物田间精量灌溉管理和控制。近年来，李楠等（2010）开发了基于3S技术联合的农田墒情远程监测系统，该系统主要解决了土壤墒情采集组网，可以起到定位作用，缺点是通信距离短；杨绍辉等（2010）研发了土壤墒情信息采集与远程监测系统，其缺点是利用GSM手机短信发送信息，无法做到实时读取和本地多台设备联网；杨卫中等（2010）开发了吉林市土壤墒情监测系统，该系统的缺点是使用GSM短信上传，费用高、速度慢、不灵活，无法做到实时采集；刘卫平等（2015）设计了一套基于铱星通信技术的土壤墒情远程监测网络，主要解决了偏远无GPRS信号地区的土壤墒情采集，其缺点是铱星模块成本高，通信费用贵，通信流量极小，无法做到实时测量和高频率测量。从应用现状来看，现有的土壤墒情监测系统还存在更新和进一步完善的空间，以上这些系统均采用无线通信技术，但由于采集点分散、网络通信费成本较高，不易扩展。本研究利用传感器检测技术、网络通信技术和数据分发技术，自主研发土壤墒情远程监测云平台，以实现农田玉米土壤墒情的实时动态监测、在线地图定位、统计分析和短信预警等功能，通过干旱预测模型和灌溉强度模型，解决传统监测的诸多难题和不足，为玉米科学灌溉提供数据支撑。

3.1　系统设计

3.1.1　总体结构

综合考虑农田土壤墒情和所用传感器的功耗大小、监测系统野外使用的方便性和灵活性以及数据采集的准确性，本研究中土壤墒情远程监测系统由土壤温度传感器、土壤湿度传感器、数据采集器、网络通信模块、Internet网络、服务器程序和客户端程序组成（图3-1）。由于玉米根系主要分布在0 ~ 60 cm土层中，因此硬件系统设计主要实时采集3路土壤（上层0 ~ 20 cm、中层20 ~ 40 cm和底层40 ~ 60cm）湿度信息和1路土壤温度信息（图3-1）；同时，由于实时降水量数据以土壤湿度的形式直接反映在土壤湿度传感器上，因而降水量的测量对土壤墒情监测并不是必需的。由图3-1可知，多个土壤墒情采集点通过433 MHz的无线网络组成本地局域网，将采集信息汇总至一个中心点，信息上传网络方式需要根据中心点的情况进行选择，如果中心点有网络，则优先选择有线网络进行数据上传；如果中心点没有网络，则选择GPRS的方式进行数据上传。服务器收到数据后，对数据进行解析操作后，将数据存储在数据服务器内。

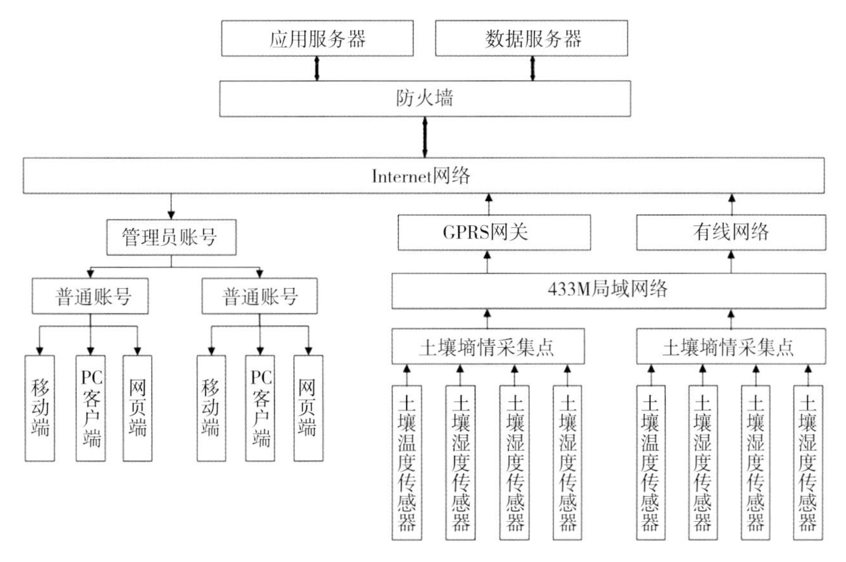

图3-1　土壤墒情远程监测系统结构

由图3-1的左下部分可知，用户登录按照权限可以查看相应的部分，一个管理员账号可以管理多个普通账号，每个普通账号只能查看自己有权限查看的部分。当用户需要查看数据时，首先通过GET或POST向应用服务器请求数据，应用服务器收到请求后，对请求进行解析，然后从数据服务器获取数据后，返回给用户，实现用户的多终端数据查看和管理功能。

3.1.2　硬件设计

本研究中土壤墒情远程监测装置主要包括电源模块、用电管理模块、数据采集模块、控制模块、数据存储模块、通信模块及远程服务器7个部分（图3-2）。①电源模块分别与数据采集模块和控制模块相连，为其供电。②用电管理模块主要控制数据采集模块和控制模块通电。③数据采集模块主要用于实时采集和处理土壤墒情信息，其输出端经控制模块连接数据存储模块，依次经控制模块和通信模块连接远程服务器。④控制模块用于根据远程服务器的指令控制数据采集模块动作，模块采用stm32f104芯片，通过三极管放大电路控制继电器开合，实现控制子电路通/断电。⑤数据存储模块用于对数据采集模块采集到的信息进行存储。通信模块采用GPRS无线通信模块，用于信号传输。⑥远程服务器主要用于接收、存储数据，并且部署监测系统服务器端软件。⑦数据采集模块包括传感器安装尺及设置在传感器安装尺上的土壤温度传感器和土壤湿度传感器，均采用输出信号为4～20 mA的电流型传感器，传感器安装尺上刻有刻度，土壤温度传感器和土壤湿度传感器设置在传感器安装尺的预留插槽位置，在使用时，将传感器安装尺按照刻度埋入地下，能够保证所有点位的传感器安装深度一致，保证土壤墒情监测结果的准确性和可靠性。数据采集模块不间断的采集土壤温度传感器和土壤湿度传感器传输过来的电流信号，并将数据按照系统设定存储时间存储在系统外部存储器中，用于历史数据查询，与此同时，将拷贝一份数据存入数据发送缓存中，当收到远程查询指令时，则将缓存中数据发送给远程服务器。

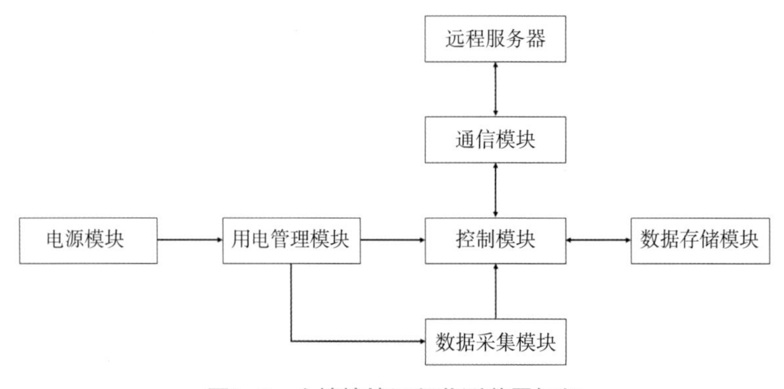

图3-2　土壤墒情远程监测装置框架

电源模块采用太阳能电池板和蓄电池，太阳能电池板与蓄电池相连，太阳能电池板经过太阳照射后，产生电流，通过太阳能充电控制器变压和控制后，给蓄电池和设备充电。如图3-3所示，太阳能电池板设置在墒情监测立杆上，墒情检测立杆由立杆上半部3和立杆下半部6组成，通过螺丝5固定连接，立杆上半部3的顶端设置有太阳能电池板安装支架2，太阳能电池板安装支架2上设置有太阳能电池板托盘；立杆下半部6的底部固定设置有地埋基座7，地埋基座7与立杆下半部6互相垂直，在使用时，地埋基座7和立杆下半部6均埋设于地下，当土回填之后，土的重力压在地埋基座7上，能够保证土壤墒情监测立杆的稳定性。

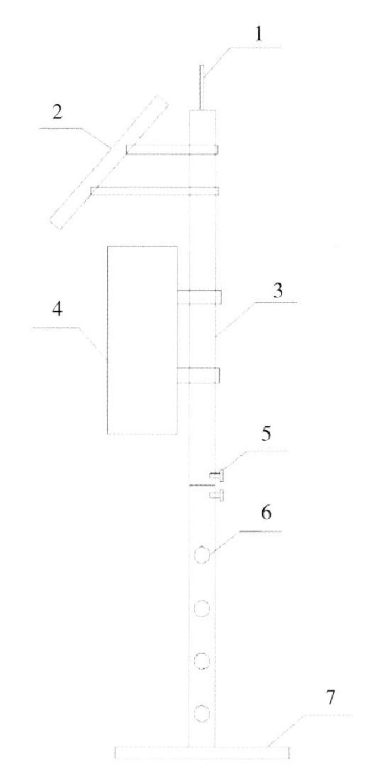

图3-3　土壤墒情监测立杆装置示意

注：1.GPRS/433Mhz天线；2.太阳能电池板；3.设备立杆；4.防水箱；5.伸缩节固定螺丝；6.传感器安装孔；7.地埋基座。

3.1.3　软件设计

本研究中运用Visual Studio 2013作为开发工具，采用B/S与C/S混合开发架构，采用Windows Server 2008操作系统和SQL Server 2008数据库系统，自主研发土壤墒情远程监测云平台，包括Android版、PC版、Web版3种版本。功能结构如图3-4所示。

3.1.3.1　实时监测模块，主要包括实时数据显示、曲线图和预警信息管理等功能

实时数据显示主要通过GPRS无线网络通信技术以及数据分发管理技术实现数据传

输，获取的数据按照自定义的数据格式存入数据库，实时显示当前的土壤温湿度数据，并以折线图的形式显示24 h的数据变化情况。预警信息管理根据传感器设定的阈值向用户发送手机短信，进行预警信息提醒。当土壤温湿度参数出现异常时，系统通过手机短信的方式及时准确地发出警报提醒，从而可以使用户做出相应的对策。

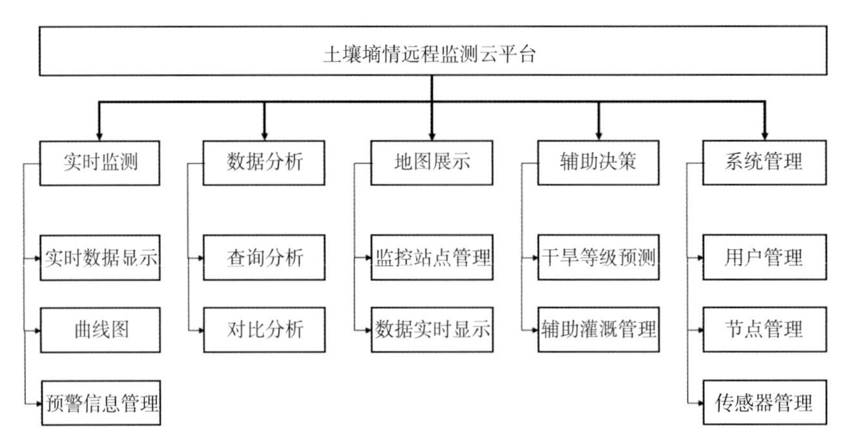

图3-4　土壤墒情远程监测云平台功能结构

3.1.3.2　数据分析模块，主要包括查询分析和对比分析等功能

该模块可为用户提供数据查询、导出下载及统计分析等服务。尤其对玉米生产过程中监测到的土壤墒情参数进行处理分析，以相应的图表形式呈现，辅助用户及时了解玉米生长情况。查询分析主要以用户选择区域及节点信息、传感器、时间类型、显示方式、开始结束时间来查询“所有数据”“小时均值”“日均值”“月均值”等数据，查询分析结果均以表格形式显示，对比分析则是以折线图、柱状图、区域面积图显示监测指标的变化情况。

3.1.3.3　地图展示模块，主要包括监控站点管理和数据实时显示等功能

该模块可直观地为用户提供监控站点位置和数据实时显示的在线地图定位。以REST发布的河南省矢量化地图方式加载并展示所有用户管理下的节点信息，通过配置经纬度信息加载所有监控站点最新采集数据展示。

3.1.3.4　辅助分析模块，主要包括干旱等级预测和辅助灌溉管理等功能

该模块可以根据当前墒情监测站采集到的数据情况，利用灰色预测模型，通过一定时间的数据观察和记录，对可能出现干旱的地区进行预测。辅助灌溉管理功能是根据实时墒情监测数据和干旱预测结果进行评价，若旱情短期内结束，提醒管理者注意作物长势状况；若旱情在一段时间内会蔓延，则根据旱情的等级，提醒管理者进行灌溉，提醒的内容包括当前干旱等级、干旱预计持续时间、干旱区域、灌溉强度等信息。

3.1.3.5 系统管理模块，主要包括用户管理、节点管理和传感器管理等功能

该模块详细记录了系统所有的操作记录。用户管理是系统管理员对所有用户登录名称、密码等其他基本信息进行权限设置与管理。节点管理是系统管理员对所有节点信息名称、位置、硬件编号、获取方式、采集命令等其他基本信息进行设置与管理。传感器管理是系统管理员对节点下硬件所包含的所有传感器采集数据的基本信息进行设置与管理。

3.2 系统应用

3.2.1 系统的安装与应用

本研究中土壤墒情远程监测云平台于2015年在河南省永城市主要院县合作示范区首次安装，安装数量为19套。以永城市为例，图3-5是监测平台在玉米大田实际运行情况。系统自2015年安装以来运行状况良好，玉米根区埋设3层土壤温湿度传感器，每隔3min自动监测土壤温湿度数据。监测的数据可以通过GPRS或有线方式传输至数据服务器，存储在数据库，便于进一步挖掘和分析。

图3-5 田间土壤墒情监测站

3.2.2 墒情监测数据显示与分析

实时监测模块主要针对农田玉米生产中的土壤温湿度进行实时监测。如图3-6所示，PC版用户通过点击云平台实时监测界面左侧区域中永城A组土壤墒情某个监控站点列表，在右侧区域相应显示土壤墒情的实时数据。以永城市1号演集镇土壤墒情数据为例，该数

据包括土壤温度、土壤湿度信息，用户可以及时了解当前玉米生长的墒情信息，并根据这些信息进行适量灌溉。如图3-7所示，选择传感器、时间类型和显示方式等信息，通过开始和结束时间来查询土壤墒情数据，系统将以多种信息显示方式（数值、曲线、柱状图等），可实时同步监测多站点墒情，提供强大的数据存储、分析、曲线等功能。

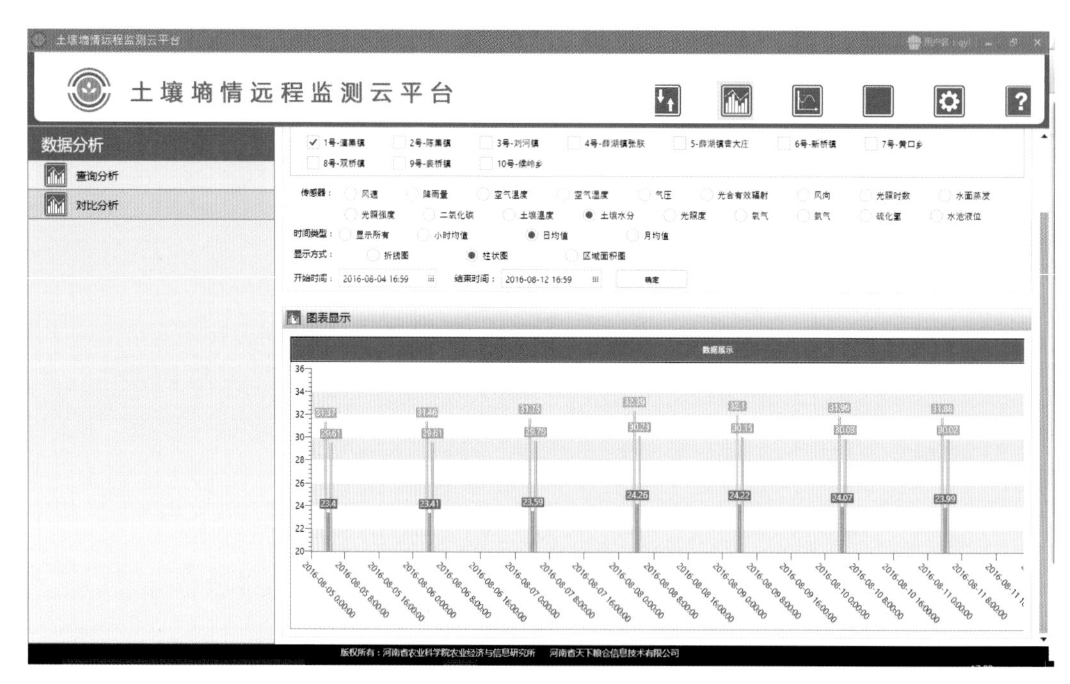

图3-6　PC版土壤墒情监测数据实时显示界面

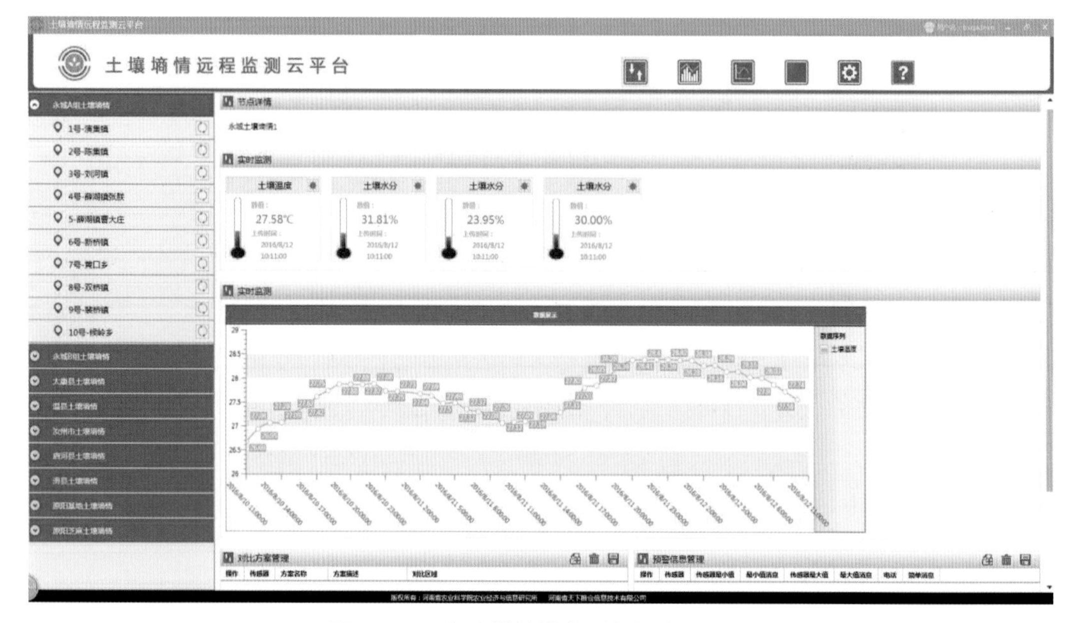

图3-7　PC版土壤墒情监测数据分析界面

3.2.3 运行成本分析

土壤墒情监测站每次上传数据包大小为19字节（5字节设备ID，2字节设备功能代码，8字节数据内容，2字节校验，2字节服务器状态），目前设备使用的移动物联卡为10元包70 MB流量/月，一个月70 MB的数据流量可以支持每分钟高达80条以上的数据传输［（70 × 1024 × 1024）/19］/（30 × 24 × 60）= 89。若数据量大可以选择20元包150 MB/月，并且移动物联卡有充6个月包月费用送6个月包月费用的“充六送六”活动。

3.3 结论与讨论

3.3.1 结论

云平台能够满足农田玉米土壤墒情科学监测的需求，为玉米实现精准灌溉提供了在线数据采集与分析平台，也为研究其他作物的精准灌溉提供借鉴。

3.3.2 讨论

监测土壤水分和土壤温度的数据及其变化规律是玉米生产的重要工作，从水源到玉米产量形成的整个过程，做好土壤墒情的监测预报，有利于指导节水灌溉。通过对夏玉米生产全过程的墒情监测，实现土壤墒情信息的实时采集，进而保证夏玉米最适宜的生长环境，从而可以提高玉米生产过程中的精准化管理水平。

赵雷（2014）利用GSM（全球移动通信系统）无线通信网络发送土壤墒情信息，通过上位机软件对地处偏僻、偏远并且相对面积比较大的农田进行实时土壤墒情监测。张绪利（2015）设计了基于GIS（地理信息系统）土壤墒情信息采集和远程监控系统，实现了土壤墒情数据的采集、传输、存储及历史数据的查询，解决了土壤墒情数据传输距离远以及对其进行实时监测的问题。宋晗（2016）提出了基于Zigbee的土壤墒情自动监测系统，实现了土壤墒情的数据采集和远程数据传输。孙岩（2016）设计了一套便携式土地墒情监测系统，利用GPRS实现监测系统和中心服务器的数据传输，可以随时随地检测土壤墒情并实时显示。本研究采用太阳能供电方式，无需连接外部电源和有线网络，可选择任意地点安装，不影响玉米耕种收获；同时节能环保，达到省电省网功效。在任何有手机信号的地方，土壤墒情设备与服务器可以进行点对点的通信，能够长时间连续实时监测农田玉米土壤剖面不同深度土壤墒情的变化情况，监测的数据可以通过GPRS或有线方式传输至数据服务器，对任意时间段内对玉米土壤墒情进行曲线分析，为玉米科学灌溉和管理提供技术支撑。

第4章 基于物联网技术的作物虫情采集监测预警系统构建

目前，我国农作物重大害虫监测预警信息的调查采集主要依靠观测、调查、统计以及大田普查、黑光灯诱集、性诱剂诱捕相结合的方式。其中，人工调查需要基层农技人员深入田间实地，调查时间长且劳动强度大，记录的调查结果还需再次录入计算机以实现数据的电子化，增加了额外的工作量。黑光灯诱集效果好，但是诱集种类多、数量大，仍需定期取样后进行室内分类统计，不仅时效性差且工作量大，相似的近源种类昆虫难以区分，容易造成统计误差（方加兴等，2016；侯艳红等，2017；高巨虎等，2011；张国彦等，2005；杨向东等，2010；王林聪等，2016）。而性诱剂诱捕以利用昆虫性信息素为原理，对指定的田间昆虫进行诱集，方法简单、应用广泛。利用性诱芯进行害虫测报，技术原理成熟可靠，但是需要测报人员定期取样，带回室内人工分析统计，消耗大量人力和时间，调查数据质量差，测报结果具有一定的延时性；对无趋光性和没有性外激素的害虫种类无法进行诱集监测。

本研究针对性诱测报时效性较差，害虫田间调查数据电子化程度低等问题，利用视频监测、远程传输、图像处理等信息技术，改进害虫性诱测报方式，研发了专用的昆虫远程性诱测报装置；开发了基于Android智能手机的害虫虫情田间采集APP端（以下简称APP端），优化了害虫信息的采集和统计方式，构建了作物虫情采集监测预警系统（以下简称采集监测系统）。该系统以服务器为基础，通过远程性诱测报装置和APP端采集害虫信息，由管理员用户登录系统维护虫情等相关信息，统计整理后的害虫整体发生情况通过Web端首页进行综合展示，监测点用户通过登录系统查询本地害虫发生情况，并以手机短信的方式向指定群体发布虫害预警信息。

4.1　系统设计

4.1.1　整体功能及结构设计

采集监测系统通过APP端，实现田间虫情信息的电子化采集录入、上传等功能，提升田间害虫信息采集的效率，并可查看相关的虫情发生动态信息；结合Web端软件及远程性诱测报数据，实现监测点用户对本地害虫虫情发生数据的在线化管理和应用，并通过采集监测系统设置信息接收通讯录，向指定人群发布虫情预警信息。

采用分层架构设计采集监测系统。从技术框架上，系统主要分为3个层面，一是以APP端和远程性诱测报装置相结合的数据采集层；二是通过4G、WLAN网络组成的数据传输层；三是对数据进行管理的Web端应用、APP端查询的数据应用层（图4-1）。

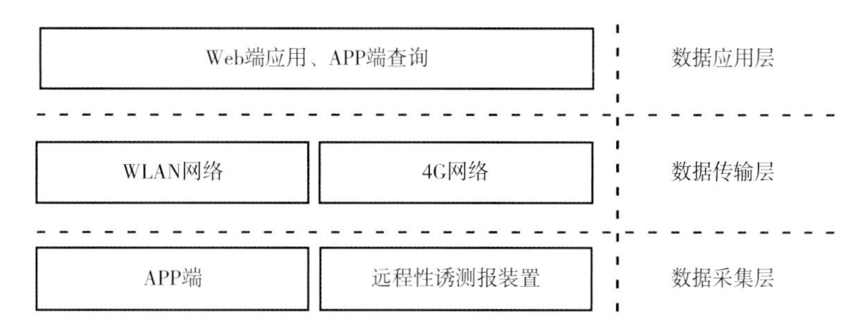

图4-1　系统分层架构

采集监测系统由系统服务器及后台数据库、APP端、用户Web端组成，采用了C/S和B/S混合架构。APP端位于Android智能手机上，由用户完成田间虫情数据采集并上传至虫情信息数据库，为C/S结构；用户Web端通过对服务器的链接，完成对预警发布数据库和虫情信息数据库的访问，在Web端实现虫情数据管理和监测预警等应用，为B/S结构（图4-2）。

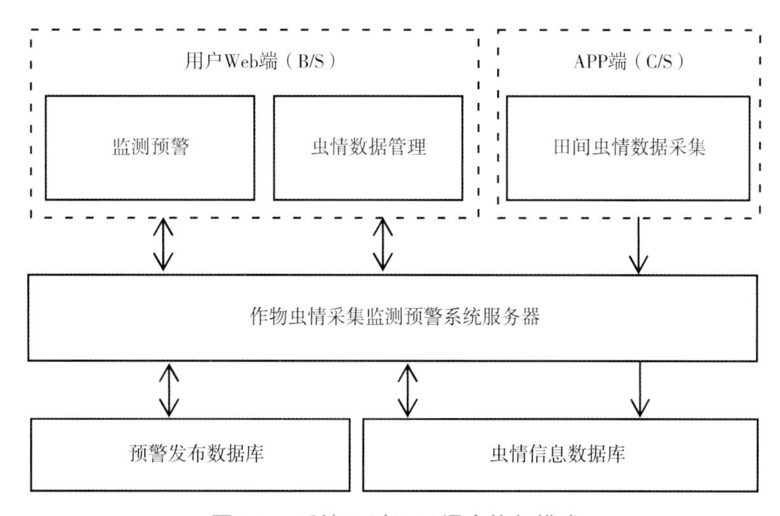

图4-2　系统B/S与C/S混合构架模式

4.1.2 角色权限及功能模块设计

系统角色设计为监测点用户、管理员用户2种，监测点用户使用APP端和Web端账户；管理员用户使用Web端账户。2种角色登录系统Web端后显示不同的界面，相应的功能模块分别进行设计：监测点用户界面为用户信息维护、虫情信息管理、监测预警3个功能模块，其中虫情信息管理包含虫情信息补录、查询2个子模块，监测预警包含预警阈值设置、通讯录管理、预警信息推送3个子模块。管理员用户界面为系统管理、虫情信息管理、虫情信息查询、虫情基本信息4个功能模块，其中系统管理包括用户信息管理、站点信息维护、FTP目录管理3个子模块，虫情信息管理包括APP调查信息管理和性诱图像管理2个子模块，虫情基本信息包括作物信息、虫名虫态信息、作物与害虫关系3个子模块（图4-3）。

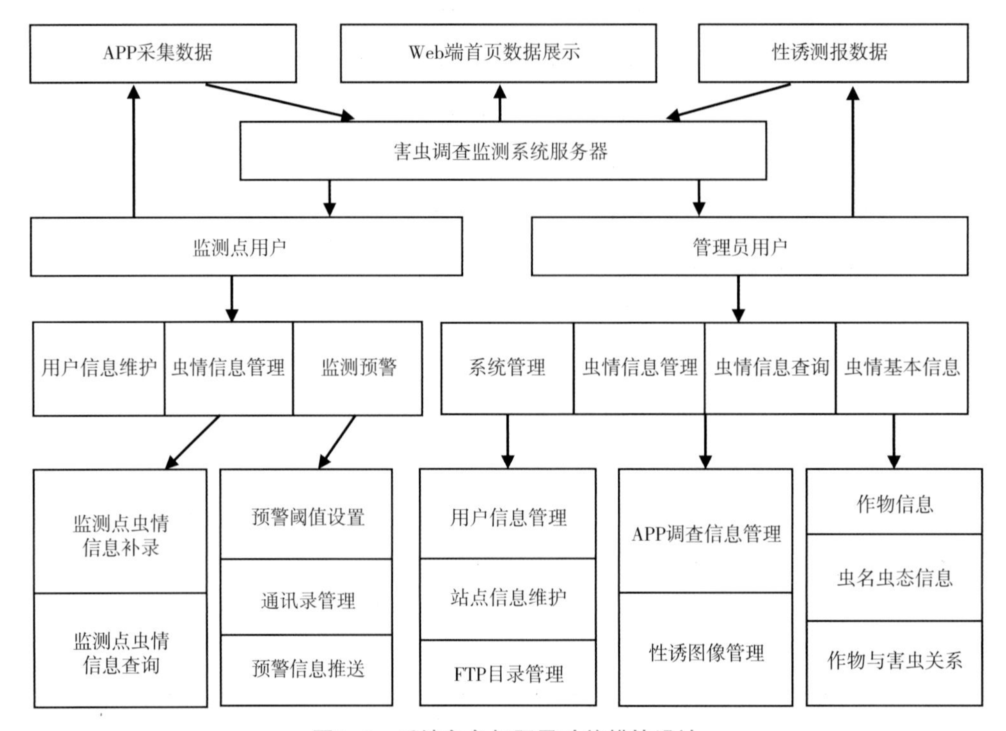

图4-3 系统角色权限及功能模块设计

4.1.3 工作流程设计

采集监测系统由监测点用户使用APP端进行田间调查，完成虫情信息的采集和上传；管理员用户通过管理远程性诱测报装置FTP路径，实现装置自动采集远程性诱图片并回传至服务器进行数据采集。监测点用户在Web端对虫情信息进行查询统计和通讯录、阈值的设置，并完成预警信息的编辑和推送；管理员用户对服务器及虫情数据库进行管理维护，完成虫情数据的统计分析和信息展示和维护（图4-4）。

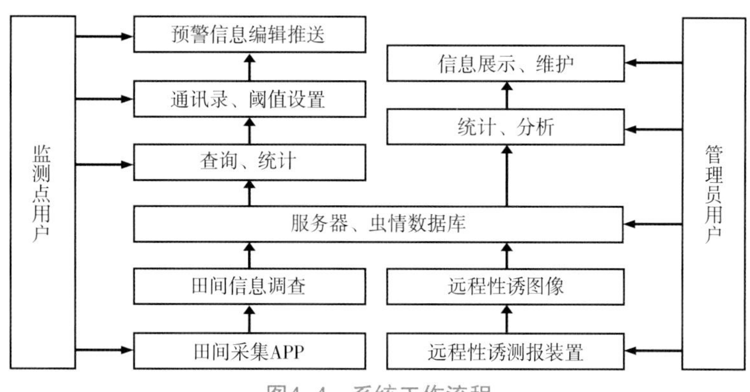

图4-4　系统工作流程

4.1.4　远程性诱监测装置硬件设计

采集监测系统涉及的远程性诱监测装置主要包括电源、电源控制器、微型摄像头、诱虫陷阱、4G路由器5个部分。①电源，通过电源控制器后与摄像头和路由器相连实现供电。②电源控制器为KG316T型DC12V时控开关，依据实际需要进行设置，控制摄像头、路由器供电的时间段。③微型摄像头选用DV-IP903P型130万像素微型网络摄像头，体积小巧适合安装于诱集箱体，并可设置上传图像的FTP文件路径。④诱虫陷阱由昆虫性诱芯和粘虫板组成，用于诱杀所监测的目标昆虫。⑤4G路由器为SIM卡插卡式工业路由器，用于图像数据无线通信上传至服务器。

电源由太阳能板、蓄电池及充电控制器组成。太阳能板接受阳光产生电流，通过充电控制器变压后给蓄电池充电。太阳能板置于立杆顶端，下方一侧为测报诱集箱体，另一侧为设备集成安装的防水箱。测报诱集箱体顶端为防雨罩，罩内安装微型摄像头，摄像头正对下方平台上的粘虫板和诱芯；另一侧防水箱内安装电池、电源控制器、4G路由器等（图4-5）。

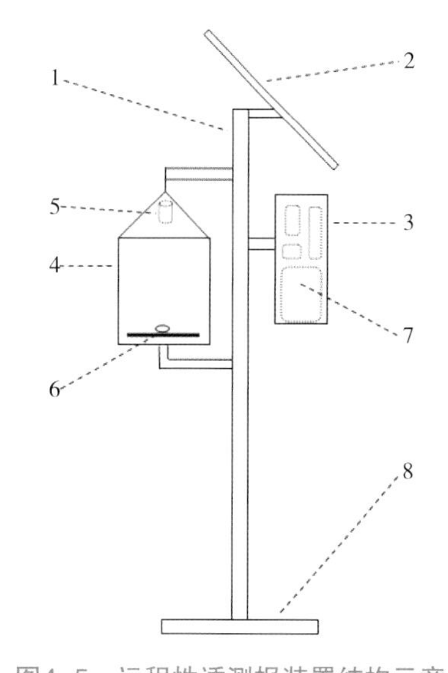

图4-5　远程性诱测报装置结构示意

注：1.立杆；2.太阳能电池板；3.防水箱；4.测报诱集箱体；5.微型摄像头；6.性诱芯及粘板；7.电池、电源控制器、4G路由等；8.地埋基座。

4.2　系统实现

4.2.1　系统开发环境

APP端：基于Android Studio对系统开发；程序语言：Java；Android 4.0.3以上系统。Web端：基于Visual Studio 2017集成开发环境，开发语言C#、Asp .net；Windows 7操作系统以上。

4.2.2 关键技术原理

远程性诱测报装置主要以远程视频监控系统的定时拍照功能为基础，集合4G无线传输技术，实现性诱图像的定时采集和回传；对不同种类的诱虫图片进行图像预处理，构建SVM识别模型，并基于OpenCV的Adaboost级联分类的树状结构，进行OpenCV的Traincascade程序进行分类器训练，实现图像计数；通过后台集成SMS（Short messaging service）移动电话短信的云服务功能，实现监测点用户向指定人员发布预警信息。

4.2.3 功能实现

本系统以Microsoft Visual Studio 2015作为开发工具，采用B/S模式，后台服务器采用Windows Server 2008操作系统和SQL Server 2008数据库系统。APP端采用Java语言和Android 4.0.3以上版本开发，系统后台服务器为Windows Server 2008，采用Java提供的Web Service服务，后台数据库为Microsoft SQL Server 2008，用以接收APP端上传的田间采集数据，或监测点用户Web端录入数据。性诱测报系统通过后台设置FTP文件夹和回传路径，获得远程性诱测报装置回传的诱集图像，图像处理后的数据，录入后台服务器。APP端，Web端及图像处理数据，采用统一格式的数据库表头字段，实现了数据的标准化，达到了APP端和Web端数据共享和兼容。

4.2.4 APP端

APP端仅提供监测点用户登录账号，是监测点用户进行田间虫情信息调查采集的手机客户端。登录后主要分为查询、录入、管理3个模块。其中数据录入模块，用于监测点用户采集虫情信息，通过依次点选作物、虫名、虫态，填写数量及备注信息后，保存在APP端本地（图4-6）；采集的数据在管理模块中，由监测点用户通过点击相应选项进行上传。

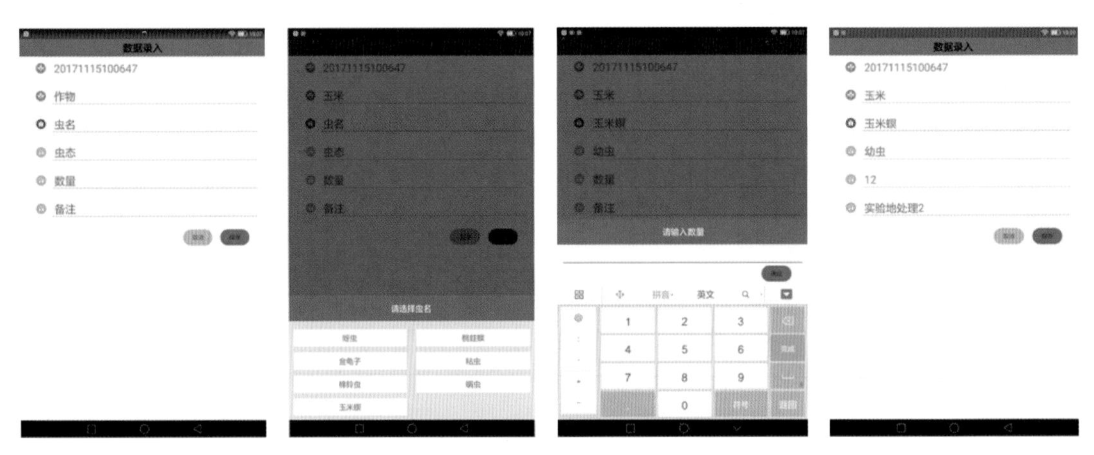

图4-6 害虫虫情田间采集APP数据录入模块

4.2.5　Web端

监测点用户通过用户名和密码进入站点界面，显示为个人中心、虫害信息、监测预警3个模块。通过虫害信息模块，可以筛选、查看、下载来自本监测点的虫情相关信息数据，并提供信息添加界面，方便监测点用户对虫情信息补充完善。监测预警模块，由监测点用户设置所监测目标害虫的预警阈值，并管理本监测点范围内的种植户等相关人员的名单和手机号信息，进行信息推送通讯录的设置；当目标害虫发生情况达到预警阈值时，由监测点用户在短信推送界面选择需要发送的人员，编写预警信息后进行短信推送（图4-7）。

作物虫情采集监测预警系统

个人中心
虫害信息
监测预警
预警管理
通讯录设置
短信推送

通讯录列表

姓名：陈 手机号码：18738175221
姓名：杨 手机号码：15090516791
姓名：赵柳 手机号码：15100120013
姓名：王二 手机号码：15100210567
姓名：王七 手机号码：15200330021
姓名：李四 手机号码：18112346120
姓名：臧 手机号码：15237130652
姓名：张三 手机号码：18137170809
姓名：赵 手机号码：15838367937

群发人员列表：所有人员

发送短信内容：

发送

© 2017 - 河南省农业科学院 农业经济与信息研究所

图4-7　监测点用户预警信息推送

管理员用户通过用户名和密码进入管理界面，显示为系统管理、虫害信息管理、统计报表、虫情基本信息4个模块。虫情信息管理模块，一是管理各监测点用户APP端上传的包括地点、时间、作物、虫名和虫态、数量信息等在内的虫情数据库；二是管理远程性诱测报信息，通过后台图像识别程序分析远程性诱测报装置回传的诱集图像，统计并录入虫情数据库（图4-8）。

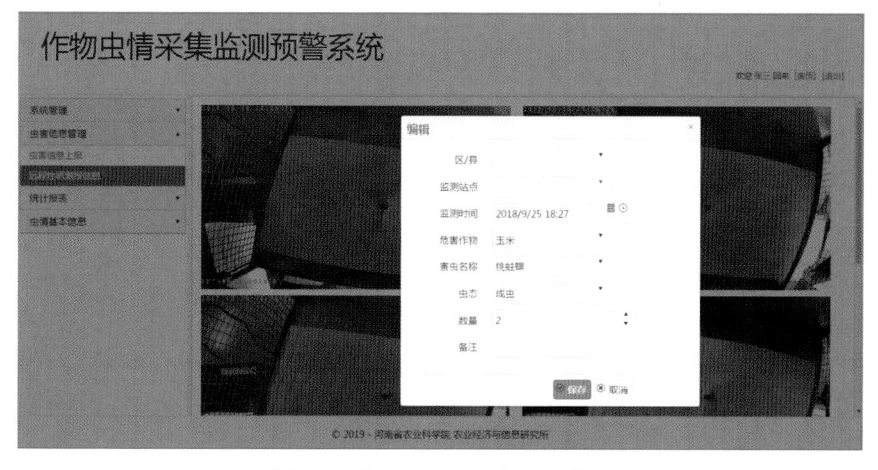

图4-8　管理员用户图像处理界面

4.3 实例应用

本系统的远程性诱测报装置，于2018年在中国农业科学院郑州果树研究所的灵宝市寺河乡果园基地得到实地试用。监测目标害虫为苹小卷叶蛾（*Adoxophyes orana* Fisher von Roslerstamm），8月28日放置性诱芯和白底粘虫板，每天采集诱集图像，8月30日开始诱集到第1只苹小卷叶蛾雄蛾，至9月6日诱集到9只雄蛾，与普通的性诱诱集结果没有明显差异。采集监测预警系统及远程性诱测报装置性能稳定，监测结果可靠（图4-9）。

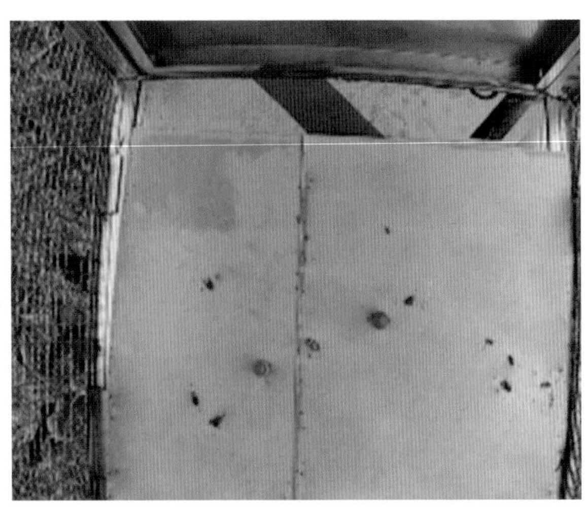

图4-9　远程性诱测报装置应用及其对苹小卷叶蛾诱集

4.4 结论与讨论

本研究以害虫虫情田间采集APP端进行虫情数据采集与远程性诱测报装置采集图像相结合的方式，构建了作物害虫虫情监测预警系统，提高了田间调查工作的效率，提升了虫情监测的信息化水平。随着移动通信技术和智能手机的快速发展，开发专用的APP软件进行相关信息的采集，已成为农业生产中虫害管理的趋势，国内已有学者开发了相关APP，实现了棉蚜发生信息、枸杞病虫信息等的实时采集（周文杰等，2016；李小文等，2018）。在害虫信息自动采集方面，应用红外线技术对诱集到的虫体进行计数统计目前已经实现，该项技术对湖北、安徽两地的蔬菜斜纹夜蛾及西安地区玉米害虫的监测验证试验中，害虫发生动态的峰期与常规性诱监测的峰期基本一致，但虫量统计数值与实际诱集结果存在误差（彭卫兵等，2017；罗金燕等，2016；杨秀君等，2016）。

本系统应用物联网技术提高了作物不同种类害虫信息采集与分析的工作效率，同时改进了害虫性诱测报的时效性，保存了性诱图像的原始资料，方便进行人工校验，保证了性诱测报数据的准确性，便于基层农技人员精准掌握农田虫害实时动态并发出虫害预警，有利于及时做好虫害预防措施，促进植保工作的良性发展。

第5章 不同生态条件下小麦新品种产量的基因型与环境互作分析

5.1 研究背景

河南省是我国小麦主产区，近5年来种植面积稳定在566.67万hm^2以上，占全国小麦种植总面积近1/4，总产3 753.15万t，对扛稳我国粮食安全重任具有重要的保障作用（河南省统计局等，2017）。作物产量的形成主要取决于基因型、环境及基因型与环境的互作效应，而基因型与环境的互作效应决定了品种在生产中的稳产性和适应性（王汉霞等，2018；刘卫星等，2020）。品种区域试验旨在对育成新品种的丰产性、稳产性和适应性进行全面鉴定，是品种审定的重要依据（程媛媛等，2021；张毅等，2020）。由于品种的遗传背景不同，地区间产量差异悬殊，精准鉴定出适应性好、高产稳产的新品种相对困难。因此，在保证小麦高产的基础上，同步提高品种的丰产性、稳产性和适应性，是育种工作者长期聚焦的热点问题。

在科学评价区域试验中品种的稳产性和适应性方面，GGE双标图（Genotype main effects and genotype-environment interaction effects）模型分析结果不仅可以用图形直观展示，还可解析区域试验数据的内在成分（Yan，2001）。近年来，国内外专家学者已将GGE双标图应用到小麦（孙宪印等，2021）、水稻（李雪等，2021）、玉米（曾旭辉等，2020）、棉花（许乃银等，2017）、花生（邓丽等，2021）、油菜（张毅，2018）、谷子（宋慧等，2020）、大豆（王金生等，2020）等作物品种的稳产性分析、品种适宜种植区域划分研究中，且均基于1年试验数据。在河南省小麦新品种区域试验中，目前关于不同生态条件下小麦新品种产量的基因型与环境互作的稳产性和适应性尚不清楚。因此，应用2018—2020年不同生态条件下河南省小麦区域试验的8个小麦新品种产量数据，利用数理统计方法对小麦新品种的丰产性进行分析，采用GGE双标图对小麦新品种的稳产性和适应性进行评价，以期为河南省小麦新品种的推广和利用提供技术支撑。

5.2 材料和方法

5.2.1 试验设计

供试材料为2018—2020年连续2年参加河南省小麦区域试验的8个小麦新品种，以百农207为对照，见表5-1。试验设置在河南省不同生态条件下的3个地点进行，包括商丘市农业科学院试验地、洛阳市农林科学院试验地和新乡市农业科学院试验地。试验采用随机区组排列，3次重复，每个小区小麦新品种种植6行，面积不小于13 m^2，种植密度270万株/hm^2，按照试验方案要求在适播期内播种，田间管理措施高于普通大田。成熟期后全区收获计产。

表5-1 参试材料名称及选育单位

编号	品种名称	选育单位
1	百农207	河南科技学院
2	禾麦53	甘肃润丰源农业开发有限责任公司
3	农科大888	新乡市农业科学院
4	濮大1030	濮阳职业技术学院
5	盛科188	河南盛科威种业科技有限公司
6	泰禾896	河南泰禾种业有限公司
7	偃亳369	河南省杰琳农业科技有限公司
8	智优33号	河南省才智种子开发有限公司

5.2.2 气象条件

各地点小麦生育期间10月到翌年5月的降水数据来源于中国气象数据网（http://data.cma.cn/）。由图5-1可看出，随着生育进程递进，2年小麦季降水量均呈现“锯齿形”变化且幅度较大，3个地点2019—2020年降水量明显高于2018—2019年。商丘市、洛阳市、新乡市小麦生育期间2年平均降水量分别为199.8mm，181.3mm，112.1 mm，新乡市降水量均低于商丘市和洛阳市。

5.2.3 数据处理

试验数据使用Microsoft Excel 2013进行处理，地理空间分布图采用ArcGIS 10.7制作，方差分析和相关分析使用SAS统计软件完成，参试品种的稳产性和适应性采用GGE-biplot软件进行评价。

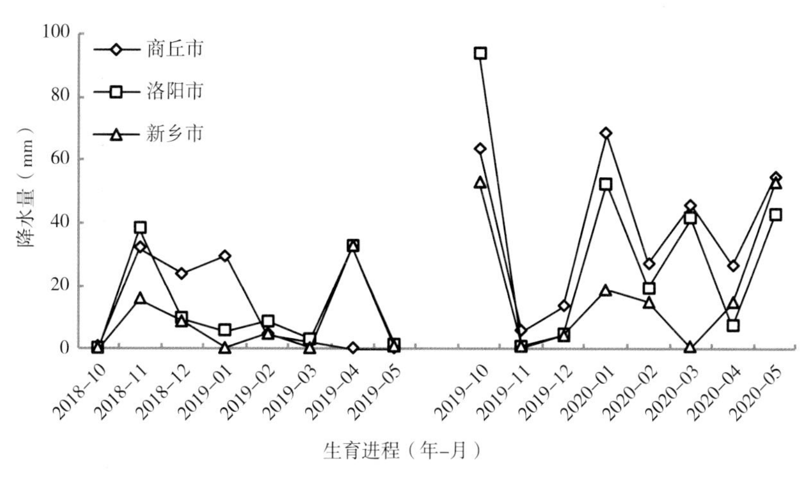

图5-1 不同生态条件下小麦新品种生育期降水的时空分布

5.3 结果与分析

5.3.1 小麦产量的多因素方差分析

对2018—2020年3个地点8个小麦新品种产量进行方差分析（表5-2）。年份、地点、品种及其之间的互作中除了年份×品种之外对小麦产量的影响均达到了极显著水平（$P<0.01$）。在各因素对产量的贡献率上，以年份和地点的贡献率较大，分别为38.63%和32.86%，年份×品种对小麦产量的贡献率最小，仅为1.31%。因此，充分发挥育成小麦新品种的产量潜力应重视年份和地点的影响。

表5-2 小麦产量多因素的方差分析

变异来源	自由度 *DF*	平方和 *SS*	均方 *MS*	*F*	*P*	贡献率（%）
区组	2	833 998.40	416 999.20			
年份（Y）	1	24 281 539.39	24 281 539.39	313.23**	0.000 1	38.63
地点（L）	2	20 651 341.18	10 325 670.59	133.20**	0.000 1	32.86
品种（C）	7	3 929 183.97	561 312.00	7.24**	0.000 1	6.25
年份×地点（Y×L）	2	6 207 488.59	3 103 741.79	40.04**	0.000 1	9.88
年份×品种（Y×C）	7	824 797.12	117 828.16	1.52	0.169 9	1.31
地点×品种（L×C）	14	4 337 368.45	309 812.03	4.00**	0.000 1	6.90
年份×地点×品种（Y×L×C）	14	2 621 003.15	187 214.51	2.42**	0.006 2	4.17
误差	94	7 286 850.29	77 519.68			
总计	143	70 973 570.54				

注：贡献率（%）$=SS_{变因}\times100/(SS_{总}—SS_{误}—SS_{区组})$；*和**分别表示在0.05和0.01概率水平上显著。

5.3.2 不同生态条件下小麦品种的丰产性分析

5.3.2.1 不同年份、地点对小麦产量的影响

由表5-3可以看出，在两年试验中商丘地点平均产量最低，显著低于洛阳和新乡地点平均产量；其中2018—2019年洛阳地点平均产量最高，与新乡地点的平均产量相当，均显著高于商丘地点平均产量；2019—2020年新乡地点的平均产量最高，显著高于商丘和洛阳地点平均产量。2019—2020年3个地点的平均产量均低于2018—2019年，洛阳地点减产15.75%，新乡和商丘地点分别减产7.16%和5.66%。

表5-3 不同年份、地点对小麦产量的影响

地点	产量（kg/hm^2）			增产率（%）
	2018—2019年	2019—2020年	平均值	
商丘市	7 753.77 ± 258.09b	7 315.15 ± 212.25b	7 534.46 ± 169.61b	-5.66
洛阳市	8 876.98 ± 234.53a	7 478.60 ± 328.08b	8 177.79 ± 273.30a	-15.75
新乡市	8 748.28 ± 378.03a	8 121.47 ± 374.86a	8 434.88 ± 305.55a	-7.16
平均值	8 459.68 ± 181.60	7 638.41 ± 206.11	8 049.04 ± 176.59	-9.71

注：同列不同小写字母表示处理间差异显著（P<0.05）。下表同。

5.3.2.2 不同年份、品种对小麦产量的影响

由表5-4可知，泰禾896在两年试验中的平均产量为8 168.81 kg/hm^2，在8个品种中位居首位，与除百农207之外的其他6个品种的产量差异不显著；百农207在2年试验中的平均产量为7 629.99 kg/hm^2，在8个品种中产量最低，与其他7个品种的产量差异均达到显著水平。在两年3点试验中偃亳369、智优33号和禾麦53产量变幅最大，变异系数为8.68%，8.20%，8.08%；濮大1030的产量变幅最小，变异系数为4.29%。

2018—2019年试验中，智优33号的平均产量最高，显著高于百农207、禾麦53、农科大888、濮大1030和偃亳369，与其他2个品种产量差异不显著；百农207的平均产量最低，与其他7个品种的产量差异均达到显著水平；偃亳369在3个地点中的产量变幅最大，变异系数为11.81%，濮大1030的变幅最小，变异系数为5.21%。

2019—2020年试验中，农科大888平均产量最高，与其他7个品种的产量差异均达到显著水平，除农科大888和百农207外其他6个品种平均产量差异不显著；百农207的平均产量最低，与除濮大1030和智优33号外其他5个品种的产量差异均达到显著水平；智优33号在3个地点中产量变幅最大，变异系数为9.56%，濮大1030和泰禾896变幅较小，变异系数分别为3.37%和4.22%。

表5-4　不同年份、品种对小麦产量的影响

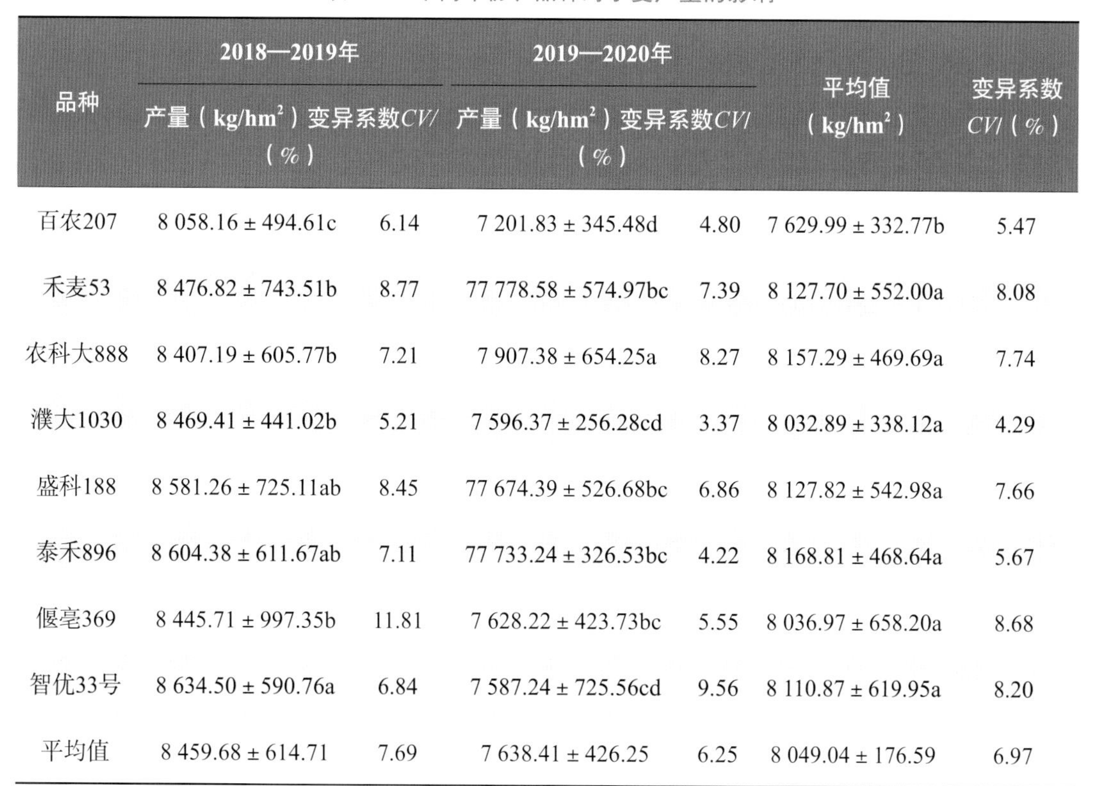

品种	2018—2019年		2019—2020年		平均值（kg/hm²）	变异系数CV/（%）
	产量（kg/hm²）	变异系数CV/（%）	产量（kg/hm²）	变异系数CV/（%）		
百农207	8 058.16 ± 494.61c	6.14	7 201.83 ± 345.48d	4.80	7 629.99 ± 332.77b	5.47
禾麦53	8 476.82 ± 743.51b	8.77	77 778.58 ± 574.97bc	7.39	8 127.70 ± 552.00a	8.08
农科大888	8 407.19 ± 605.77b	7.21	7 907.38 ± 654.25a	8.27	8 157.29 ± 469.69a	7.74
濮大1030	8 469.41 ± 441.02b	5.21	7 596.37 ± 256.28cd	3.37	8 032.89 ± 338.12a	4.29
盛科188	8 581.26 ± 725.11ab	8.45	77 674.39 ± 526.68bc	6.86	8 127.82 ± 542.98a	7.66
泰禾896	8 604.38 ± 611.67ab	7.11	77 733.24 ± 326.53bc	4.22	8 168.81 ± 468.64a	5.67
偃亳369	8 445.71 ± 997.35b	11.81	7 628.22 ± 423.73bc	5.55	8 036.97 ± 658.20a	8.68
智优33号	8 634.50 ± 590.76a	6.84	7 587.24 ± 725.56cd	9.56	8 110.87 ± 619.95a	8.20
平均值	8 459.68 ± 614.71	7.69	7 638.41 ± 426.25	6.25	8 049.04 ± 176.59	6.97

5.3.2.3　不同年份、地点、品种对小麦产量的影响

由表5-5可知，2018—2019年试验中，商丘地点中濮大1030产量最高，显著高于偃亳369、百农207和禾麦53，与其他4个品种的产量差异不显著；偃亳369的产量最低，与禾麦53和百农207产量差异不显著，与其他5个品种的产量差异达到显著水平。洛阳地点中泰禾896产量最高，显著高于盛科188和百农207，与其他5个品种的产量差异不显著；百农207的产量最低，与除盛科188外的其他6个品种产量差异均达到显著水平。新乡地点中盛科188产量最高，与除偃亳369和智优33号外的其他5个品种产量差异均达到显著水平；百农207的产量最低，与除濮大1030和农科大888之外的其他5个品种产量差异均达到显著水平。

2019—2020年试验中，商丘地点中盛科188的产量最高，智优33的产量最低，但8个品种的产量差异不显著。洛阳地点中泰禾896产量最高，与除了濮大1030外其他品种的产量差异均显著；百农207的产量最低，显著低于濮大1030和泰禾896，与其他品种的产量差异均不显著。新乡地点中农科大888的产量最高，与除了禾麦53外的其他品种产量差异均达到显著水平；百农207的产量最低，与除了濮大1030和泰禾896外其他品种的产量差异均达到显著水平。

表5-5　不同年份、地点、品种对小麦产量的影响

年份	品种	产量（kg/hm^2）		
		商丘市	洛阳市	新乡市
2018—2019年	百农207	7 493.91 ± 229.59bc	8 416.82 ± 171.22c	8 263.74 ± 301.09c
	禾麦53	7 631.43 ± 158.12bc	9 029.13 ± 96.29ab	8 769.89 ± 131.04b
	农科大888	7 825.00 ± 242.16ab	9 034.07 ± 140.21ab	8 362.50 ± 44.44c
	濮大1030	8 065.98 ± 309.49a	8 940.25 ± 247.44ab	8 402.01 ± 190.63c
	盛科188	7 831.17 ± 220.43ab	8 634.09 ± 124.46bc	9 278.50 ± 205.05a
	泰禾896	7 927.71 ± 242.04ab	9 118.02 ± 189.13a	8 767.42 ± 292.58b
	偃亳369	7 301.08 ± 238.71c	8 908.15 ± 308.47ab	9 127.89 ± 155.43ab
	智优33号	7 953.88 ± 316.49ab	8 935.31 ± 290.42ab	9 014.32 ± 83.47ab
	平均值	7 753.77 ± 258.09	8 876.98 ± 234.53	8 748.28 ± 378.03
2019—2020年	百农207	7 050.72 ± 494.44a	6 957.64 ± 171.22c	7 597.11 ± 170.41e
	禾麦53	7 415.64 ± 471.59a	7 478.60 ± 262.96bc	8 441.51 ± 278.17ab
	农科大888	7 421.81 ± 435.85a	7 648.96 ± 73.08bc	8 651.38 ± 232.82a
	濮大1030	7 303.55 ± 438.19a	7 779.82 ± 696.59ab	7 705.75 ± 105.88e
	盛科188	7 641.31 ± 111.63a	7 165.04 ± 592.58bc	8 216.83 ± 172.49bc
	泰禾896	7 363.55 ± 424.74a	7 982.28 ± 190.34a	7 853.89 ± 144.83de
	偃亳369	7 347.25 ± 559.78a	7 421.81 ± 535.82bc	8 115.60 ± 56.08cd
	智优33号	6 977.39 ± 67.78a	7 394.66 ± 242.55bc	8 389.66 ± 33.40bc
	平均值	7 315.15 ± 212.25	7 478.60 ± 328.08	8 121.47 ± 374.86

5.3.3　不同生态条件下小麦品种的稳产性分析

由图5-2可以看出，采用GGE双标图的“稳产性”功能图对2018—2019年试验数据分析结果表明，第1主成分（PC1）的效应为54.81%，第2主成分（PC2）的效应为31.32%，基因型和环境互作效应为86.13%。2018—2019年各参试品种的稳产性表现：智优33号（Zy33）、禾麦53（Hm53）和百农207（Bn207）稳产性最好，泰禾896（Th896）和农科大888（Nkd888）稳产性较好，濮大1030（Pd1030）和盛科188（Sk188）稳产性较差，而偃亳369（Yb369）稳产性最差。

2019—2020年参试品种的稳产性分析结果表明，第1主成分（PC1）的效应为

50.61%，第2主成分（PC2）的效应为36.55%，基因型和环境互作效应为87.16%。2019—2020年各参试品种的稳产性表现：偃亳369（Yb369）和百农207（Bn207）稳产性最好，禾麦53（Hm53）、农科大888（Nkd888）、智优33号（Zy33）和盛科188（Sk188）稳产性较好，泰禾896（Th896）和濮大1030（Pd1030）稳产性较差。

综合2018—2019年、2019—2020年区域试验中参试品种的稳产性表现，百农207（Bn207）、禾麦53（Hm53）、农科大888（Nkd888）和智优33号（Zy33）稳产性较好。

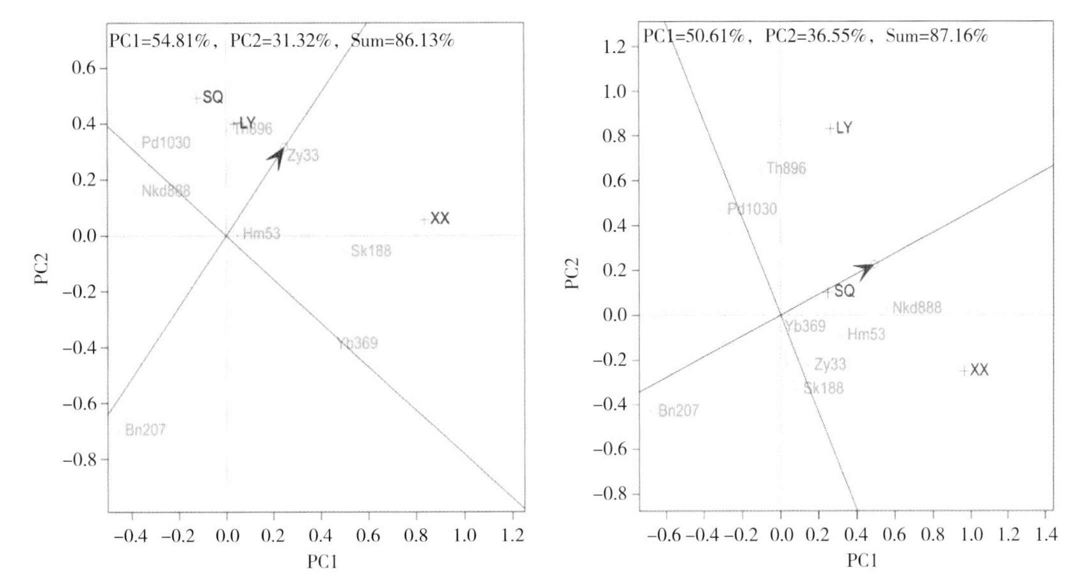

图5-2　基于GGE双标图分析小麦品种在2018—2019年（左）和2019—2020年（右）的稳产性

注：+SQ代表商丘试点位置、+LY代表洛阳试点位置、+XX代表新乡试点位置。带×的图标为品种简称。下同。

5.3.4　不同生态条件下小麦品种区域适应性分析

GGE双标图的“品种区域适应性”功能图主要用于确定品种的适宜种植区。由图5-3可以看出，2018—2019年各参试品种中位于多边形角顶的品种为智优33号（Zy33）、泰禾896（Th896）、濮大1030（Pd1030）、农科大888（Nkd888）、百农207（Bn207）、偃亳369（Yb369）和盛科188（Sk188）。其中智优33号（Zy33）和泰禾896（Th896）适宜种植区域为洛阳市（LY），濮大1030（Pd1030）和农科大888（Nkd888）的适宜种植区域为商丘市（SQ），盛科188（Sk188）的适宜种植区域为新乡市（XX）。

2019—2020年各参试品种中位于多边形角顶的品种为农科大888（Nkd888）、泰禾896（Th896）、濮大1030（Pd1030）、百农207（Bn207）和盛科188（Sk188）。农科大888（Nkd888）的适宜种植区域为新乡市（XX）和商丘市（SQ），泰禾896（Th896）和濮大1030（Pd1030）的适宜种植区域为洛阳市（LY）。

综合2018—2019年、2019—2020年品种区域适应性表现，农科大888（Nkd888）、泰禾896（Th896）和盛科188（Sk188）是适应性较好的品种。

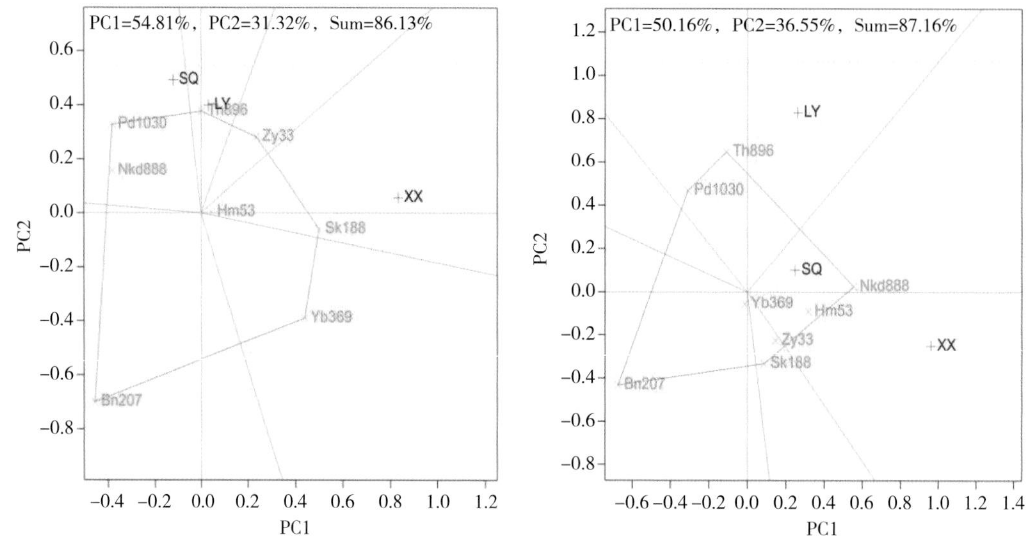

图5-3 基于GGE双标图分析小麦品种在2018—2019年（左）和2019—2020年（右）的适应性

5.4 讨论与结论

5.4.1 环境对小麦产量的影响

区域试验不仅是鉴定品种优劣的试验，也是气候类型、栽培管理方式、品种互作试验，每年有大量的观察记载数据，是研究良种良法配套最好的参考依据。在区域试验中，基因型与环境互作效应普遍存在，环境因素对作物产量的影响较大（董宛麟等，2020；胡实，2015），而基因型也是造成作物产量差异的主要原因。Yan（2001）研究发现河南、山西和陕西的中西部旱地的小麦全生育期总降水表现出增加趋势，而出苗—抽穗期总降水有助于提高产量。Nicholls（1997）研究认为，相同地区、相同作物产量的年际变化主要由气候因素导致。本研究条件下，年份、地点及其互作对小麦产量的影响均达到极显著水平；2019—2020年3个地点小麦平均产量均低于2018—2019年，洛阳减产15.75%，新乡和商丘分别减产7.16%，5.66%；产量降低主要是由于降水时间分布不均、春季发生倒春寒、开花期赤霉病发生严重、灌浆期连续高温和持续降水引起。

5.4.2 基因型对小麦产量的影响

小麦产量不仅受气候因素、土壤因素、生态条件、栽培管理措施的影响，更重要的是受品种自身基因型的控制（李文旭等，2021；胡洵瑀等，2019；Geng et al.，2019；吴芬等，2020）；品种因素对产量的影响较大，由品种更新导致的全球小麦总体产量的增加量平均每年可达产量潜力的1%（Senapati et al.，2020）。品种更替对小麦产量增长的贡献率为45.60%，栽培管理对小麦产量提升的贡献率为34.34%（王兰，2019），而气候因素对小麦产量增加的贡献率为11.03%（唐为安等，2011）。本试验结果表明，年份、地点对小麦产量的贡献率分别为38.63%和32.86%，而品种对小麦产量的贡献率仅占6.25%；与外界环境条件相比，品种对小麦产量的贡献率相对较小，而年份、地点的波动对小麦产量的影响较大。

5.4.3　小麦新品种的丰产稳产性

小麦区域试验参试品种的丰产稳产性是选育优良品种的基本依据，是新品种审定和推广的重要依据。在品种审定过程中，对小麦产量性状的丰产稳产性也有要求，主要依据参试品种在不同生态环境下的综合表现进行评价。封清明等（1994）研究认为，地点效应是影响小麦丰产性和稳产性的主要因素，而丰产性和稳产性没有相关性。本研究表明，小麦新品种的稳产性主要由基因型控制，同时还受不同生态条件的影响，稳产性在丰产性前提下才有意义，稳定的低产没有实际意义。本研究中，禾麦53、农科大888和智优33号具有较好的丰产性稳产性，而百农207可实现稳产但其丰产性较差。

从2018年开始，在国家区域试验和生产试验中，百农207已成为河南省和黄淮南片小麦新品种区域试验的对照品种。近年来，在育种工作者的不断努力下，小麦育种水平逐渐提高，育成的小麦品种不仅产量更高，而且综合抗性更好，因此大部分参试新品种的丰产稳产性均比对照品种百农207好。百农207是10 a前审定的品种，作为目前生产上的主导品种，与其同时代审定的品种相比，丰产性稳产性突出；与目前生产上其他品种相比优势明显，推广面积较大，可能再过几年之后，随着新品种层出不穷，百农207会被目前区试中表现优异的新品种取代。

5.4.4　小麦新品种的适应性

在区域试验中，基因型与环境互作效应是影响作物品种适应性的关键因素，对提高作物育种目标至关重要（Xu et al.，2014；姚金保等，2021）。在评价小麦新品种的适应性方面，GGE双标图具有直观清晰、图文并茂的特性，可为其他作物品种的综合评价提供借鉴。在品种区域适应性划分中，由于不同品种的适宜种植区存在差异，因此对品种的适应性要求较高，对育种工作者提出新的挑战。在实际试验中研究发现，高产稳产兼备广适性的品种很少。本试验研究表明，综合2 a品种区域适应性表现，农科大888（Nkd888）、泰禾896（Th896）和盛科188（Sk188）具有较好的适应性。

本试验结果表明，年份、地点、品种以及年份×地点、地点×品种等对小麦产量的影响较大；不同年份、地点小麦新品种产量存在较大差异，泰禾896、农科大888、盛科188、禾麦53、智优33号、偃亳369和濮大1030的丰产性表现较好。通过GGE双标图分析了2018—2020年不同生态条件下河南省小麦区域试验的产量数据，稳产性结果表明，百农207（Bn207）、禾麦53（Hm53）、农科大888（Nkd888）、智优33号（Zy33）稳产性较好；适应性结果表明，农科大888（Nkd888）、泰禾896（Th896）和盛科188（Sk188）的适应性较好。研究结果为小麦新品种的合理利用提供了科学依据，具有一定的参考价值。

第6章

基于无人机数码影像的小麦品种植株密度和株高估算

小麦作为世界上重要的粮食作物，为全球约1/3的人口提供食物（Sharma et al.，2015；Zhao et al.，2021）。2021年，全球小麦种植面积2.23亿hm^2，产量7.76亿吨。影响小麦品种的因素有很多（Wang et al.，2021），植株密度和株高是重要的农艺性状，可用于预测作物生长、估计作物产量以及评价田间管理效益（Eitel et al.，2016）。因此，及时准确地获取冬小麦植株密度和株高信息，对于精准管理和育种决策具有重要意义。

在实际生产中，传统的小麦植株密度和株高监测方法是人工测量，费时费力，无法及时获得小麦植株密度和株高数据，对小麦生长具有破坏性（Zang et al.，2019；Yang et al.，2017；Niu et al.，2018）。随着无人机技术的快速发展（Fang，2020；Hang et al.，2020），利用无人机遥感平台监测小麦生长信息已成为研究热点（Hansen et al.，2003；Hassan et al.，2019；Su et al.，2019；Gilliot et al.，2021）。无人机在农业中的应用主要是由于其成本低、操作简单和灵活性高（Candiago et al.，2015；Hodgson et al.，2016）。Oehme et al.（2022）认为，玉米株高与抗倒伏性和产量有关，具有较高的遗传力和多基因性，是玉米育种中的一个重要性状。Hassan et al.（2019）提供了无人机小麦孕穗期和灌浆期的株高数据，并将其与传统小麦进行了比较测量。Madec et al.（2017）使用激光雷达和UAV来估计植株高度。Liu et al.（2022）建立了3个模型来估计田间玉米幼苗数量，线性回归模型可以很好地识别玉米幼苗数量。Jin et al.（2017）利用无人机搭载数码相机获取小麦苗期图像，采用支持向量机方法可以实现田间小麦种植密度的准确统计。Liu et al.（2017）认为，出苗时的植株密度是由播种密度和出苗率决定的。Wilke et al.（2021）提出了一种利用高通量无人机图像数据评估谷物植株密度的新方法。上述研究主要采用遥感测量方法提取特征，提取方法相对简单，然而植株密度和株高的组合分析尚未进行。

本研究的目的是利用无人机搭载RGB相机估计小麦新品种植株密度和株高。为此，首先基于无人机影像提取苗期小麦覆盖度，建立小麦覆盖度与植株密度之间的关系，然后进行株高提取，分别构建冬小麦不同生育期株高监测模型，探讨利用无人机数码影像估算冬小麦植株密度和株高的监测效果，为冬小麦的田间管理提供科学依据。

6.1 材料与方法

6.1.1 试验地概况

于2020—2021年在河南省农业科学院河南现代农业研究开发基地的冬小麦育种试验地开展试验，试验地具体位置信息如图6-1所示。试验地位于北纬35°0″44′，东经113°41″44′，气候类型属暖温带大陆性季风气候，年平均气温为14.4℃，多年平均降水量为549.9 mm，全年日照时数2 300 ~ 2 600 h，冬小麦—玉米轮作为该地区的主要种植模式。供试土壤耕层20 cm土壤全氮含量0.87 g/kg，全磷含量0.45 g/kg，有机质含量15.98 g/kg，铵态氮0.17 mg/kg，硝态氮7.15 mg/kg，速效磷22.80 mg/kg，速效钾171.8 mg/kg。

本研究材料来自2020—2021年参加河南省小麦区域试验的82个小麦品种，以百农207和周麦18为对照。试验采用随机区组排列，播种日期为2020年10月9日，种植密度195万株/hm^2，共设有501个小区，每个小区冬小麦新品种种植6行，3次重复，小区面积12 m^2。

复合肥料为750 kg/hm^2（包括210 kg/hm^{2}的纯氮，112.5 kg/hm^{2}的P_2O_5，37.5 kg/hm^2 K_2O）和牛粪7 500 kg/hm^{2}作为基肥施用。滴灌分别在越冬期（450 m^3/hm^2）、拔节期（750 m^3/hm^2）和开花期（900 m^3/hm^2）进行喷灌。拔节期施用纯氮123 kg/hm^2，结合灌溉。根据试验项目要求，试验田管理措施高于普通大田。

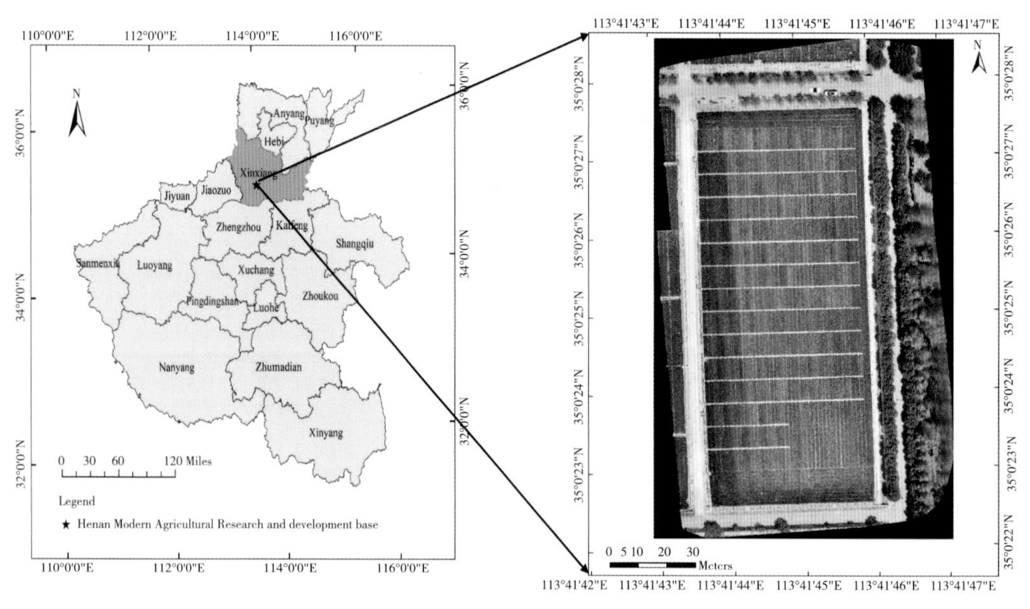

图6-1　试验地具体位置信息

6.1.2　地面数据获取

在苗期（2020年11月10日）获取小麦新品种植株密度数据。小麦植株密度实测方法：每个小区随机选取0.5m两行小麦样点，采用人工调查统计每个小区小麦的苗数。在拔节期（2021年3月31日）、孕穗期（2021年4月19日）、开花期（2021年4月29日）和灌浆期（2021年5月22日）分别获取4个关键生育期小麦品种株高数据，在每个小区的周围和中间位置随机选择5株小麦植株，用直尺测量小麦株高。

6.1.3　无人机数码影像数据获取

与地面数据采集时间一致，分别在关键生育期获取小麦品种无人机高清数码影像。试验采用大疆四旋翼电动无人机精灵4 Pro，机身重量约1 380 g，最大飞行速度20 m/s，续航时间20 min。相机的影像传感器是1/2.3英寸CMOS，有效像素为2 000万。影像采集时间为上午10：00，天气晴朗无云，航拍时无人机飞行高度25 m，飞行速度3 m/s，航向重叠度和旁向重叠度均为80%。飞行采用自动起飞规划的航线，共规划12条航线，如图6-2所示，航拍完成后采用自动返航的方式降落。由于受天气条件影响，飞行时航线可能发生轻微偏移，每次采集影像数会有所不同，如表6-1所示。

图6-2　无人机自动航拍路线

表6-1　不同小麦生育时期无人机数码影像获取时间及影像数量

生育期	采集时间	图像数量（幅）
苗期	2020年11月10日	970
拔节期	2021年3月31日	970
孕穗期	2021年4月19日	972
开花期	2021年4月29日	972
灌浆期	2021年5月22日	973

6.1.4 数码影像数据处理

6.1.4.1 作物表面模型建立

每次无人机航拍后，采集的无人机图像数据需进行预处理，使用Pix4D mapper软件对原始图像数据进行拼接，得到研究区域试验田的数字正射影像（DOM）和数字表面模型（DSM）。具体处理流程为：首先将各生育期的空间位置信息和数码影像导入到软件中，得到拍摄时无人机的空间位置和姿态；然后对齐影像并生成无人机飞行区域的密集点云，在生成的密集点云基础上建立空间格网和空间纹理，最后生成无人机数字正射影像（DOM）和数字表面模型（DSM）。

6.1.4.2 基于DOM的小麦植株密度提取

根据每张图像的GPS定位信息对拼接后的影像进行裁剪，裁剪出定位点对应的地块，用于对研究区影像进行二值化处理，提取小麦植株覆盖度。基于预处理后的无人机数字正射影像（DOM）计算小麦植株覆盖度，小麦植株覆盖度是通过计算影像中小麦植株像素与裸地像素的比值来实现；建立覆盖度与植株密度之间的关系模型，从而估算整个研究区内的小麦植株密度。

6.1.4.3 基于DSM的小麦株高提取

结合地面控制点（GCP），利用Pix4D mapper软件，将获得的小麦品种拔节期、孕穗期、开花期和灌浆期无人机数码影像进行拼接处理，分别生成各生育时期小麦新品种的DSM。不同生育时期小麦新品种高清数码影像进行拼接处理生成DSM，其中裸地、拔节期、孕穗期、开花期和灌浆期分别标记为DSM_0、DSM_1、DSM_2、DSM_3、DSM_4。由于裸地DSM_0是播种后裸地的影像，将其视为地表基准面，用于各生育时期小麦DSM_i与裸地DSM_0之差提取株高（H_i）方法（Forlani et al.，2018），如图6-3所示。公式如下：$H_i = DSM_i - DSM_0$，$i=1$，2，3，4。

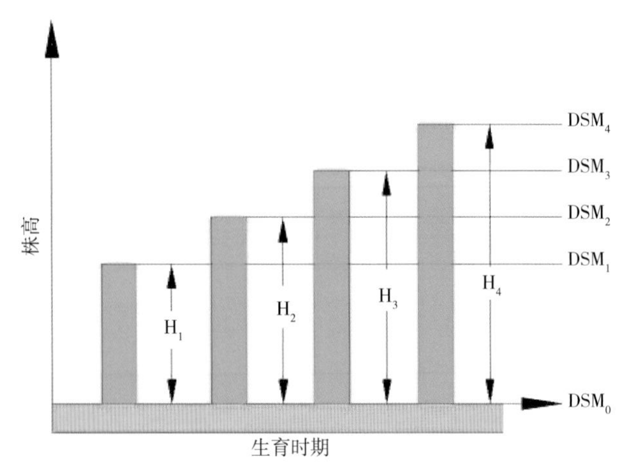

图6-3 基于DSM的小麦株高提取方法

6.1.5　统计分析

覆盖度是整个图像中绿色像素占像素数量的比值。选取决定系数（R^2）和均方根误差（RMSE）作为评价估算模型与验证模型的指标，R^2越大，模型拟合性越好；RMSE越小，模型的估测精度越高。具体计算公式如下。

$$R^2 = 1 - \frac{\sum_{i=1}^{n}(x_i - y_i)^2}{\sum_{i=1}^{n}(x_i - \overline{x})^2}$$

$$\text{RMSE} = \sqrt{\frac{\sum_{I=1}^{n}(x_i - y_i)^2}{n}}$$

式中，x_i为测得的植株高度，$\overline{x}$为测得植株高度的平均值；y_i为估计的植株高度；n为样本数量。

6.2　结果与分析

6.2.1　不同生育期小麦品种植株密度和株高

不同生育期小麦品种田间影像，如图6-4所示。可以清楚地观察到，小麦品种小区边界明显，各小区小麦长势均匀一致，小区间叶色差异明显。由于小麦品种有82个，以20个小麦品种为例，测得的植株密度和株高数据见表6-2。在苗期图像检测中，由于麦苗密度高、遮挡及交叉重复严重，增加了小麦植株密度检测的难度和精度。在大田实际调查中，

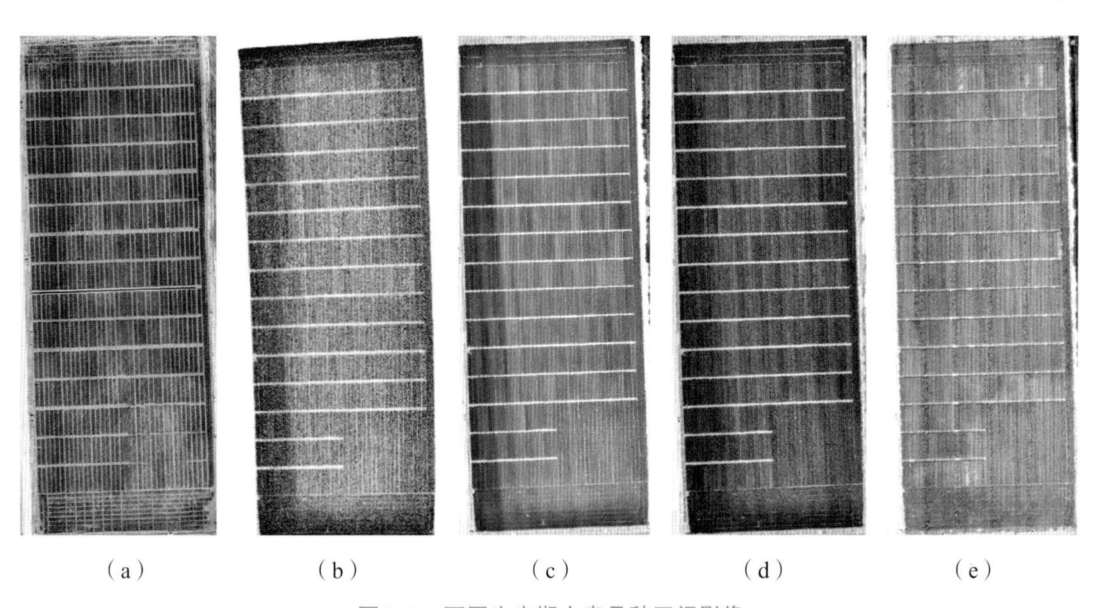

（a）　（b）　（c）　（d）　（e）

图6-4　不同生育期小麦品种田间影像

株高测定方法是以塔尺等长度测量工具测量田间小麦植株从地面到顶部的垂直距离，不仅操作效率低，还会因操作规范不统一而产生主观误差（Iqbal et al.，2017；Watanable etal.，2017）。然而，通过对几个小麦植株取样获得的高度不足以代表田间所有植株的变化（Chang et al.，2011；Khan et al.，2018）。

6.2.2 基于覆盖度的小麦品种植株密度估测

基于图像处理方法计算小麦品种的覆盖度，与实测小麦品种植株密度进行分析，结果如图6-5所示。覆盖度与植株密度之间具有很好的相关性，R^2达到了0.82，说明利用覆盖度估算小麦植株密度的方法是可行的，且具有较高的精度。结果表明，覆盖度与小麦植株密度之间存在较强的相关性，覆盖度可以用来反映小麦真实的植株密度状况。

出苗时的小麦植株具有相对简单的结构和颜色，图像质量非常重要（Liu et al.，2017）。本研究植株密度仅限于苗期与其他研究一致（Aich et al.，2018）。与其他研究相比（Sankaran et al.，2015），为了获得植株密度的精确估计，本研究方法并不局限于空间分辨率非常高的图像数据。在未来的研究工作中，我们将以卷积神经网络为主干网络对麦苗图像的视觉特征进行表达，以基于点标注的深度计数模型为基本框架进行麦苗计数。此外，我们将设想将此方法应用于其他作物计数，以证明其在解决遮挡和重叠问题时的鲁棒性。

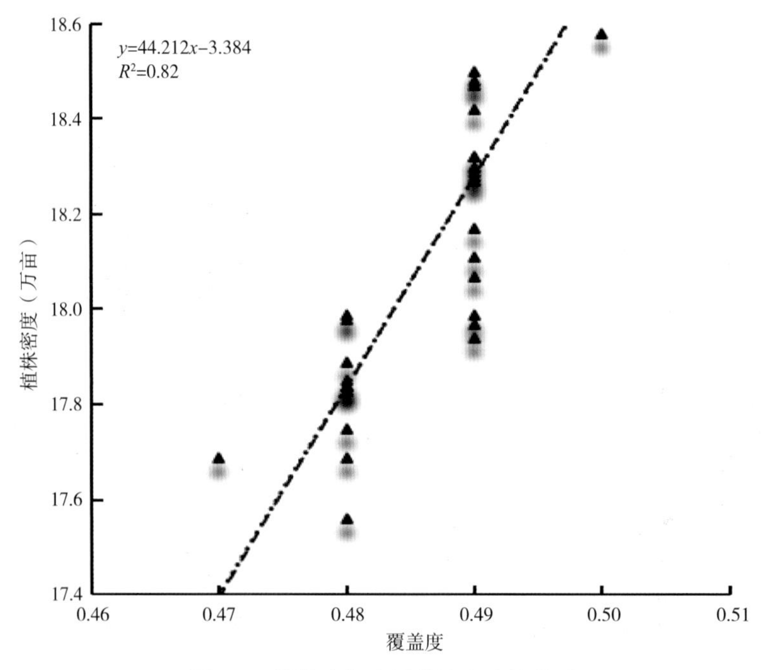

图6-5 覆盖度与实测植株密度的关系

6.2.3　基于DSM的小麦株高提取

根据DSM结合GCP信息，分别获得拔节期、孕穗期、开花期和灌浆期对应的H_{dsm1}、H_{dsm2}、H_{dsm3}和H_{dsm4}，其结果分布如图6-6所示。每个生育期可以识别出501个小麦品种，

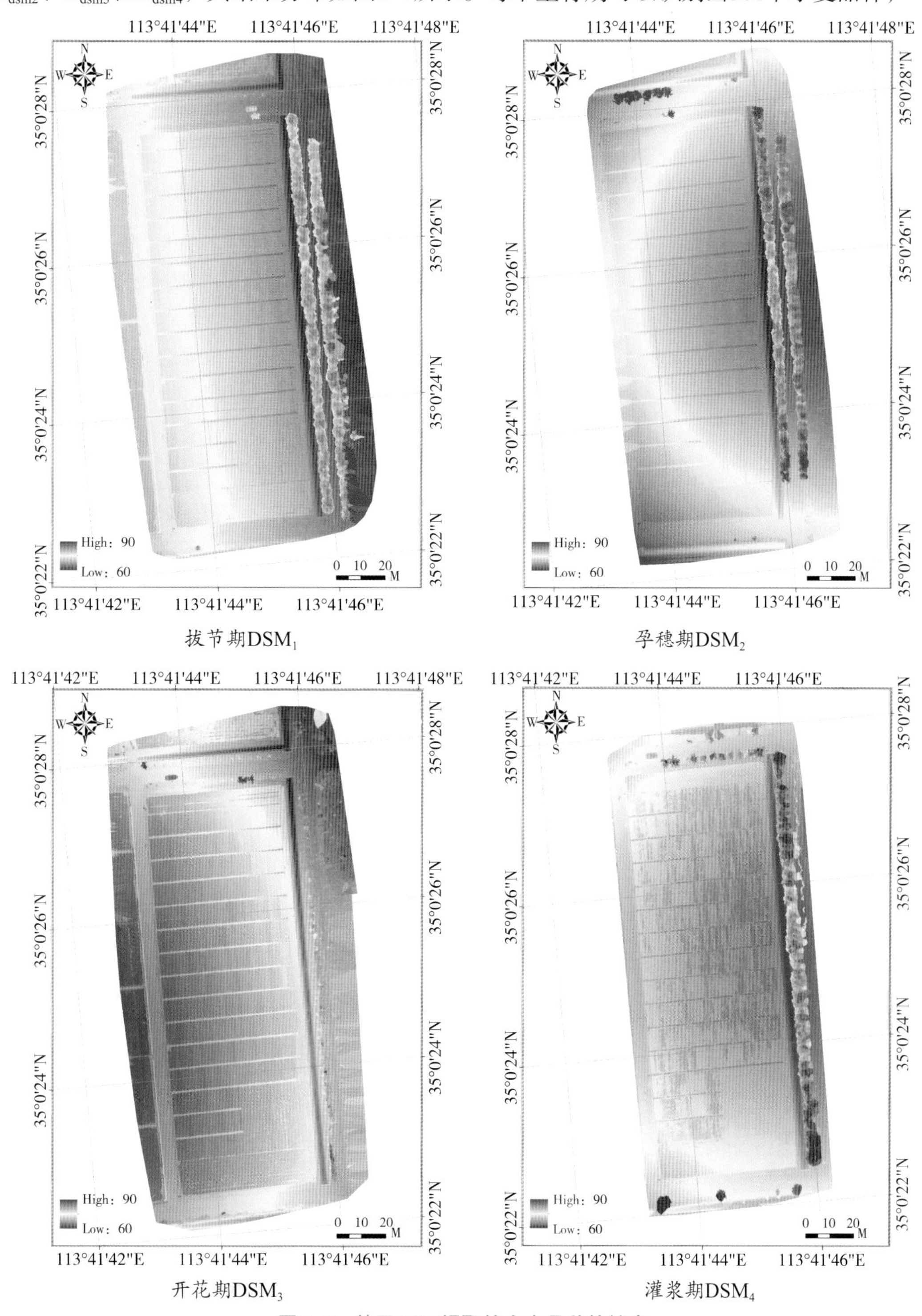

图6-6　基于DSM提取的小麦品种的株高

共得到4个生育时期2004个小麦株高数据。

随机选择20个小麦品种的实测株高和提取株高如表6-2所示，全生育期内，基于DSM提取的小麦品种株高效果较好。对提取的小麦株高与实测的小麦株高进行分析，R^2和RMSE分别为0.96和6.32cm，说明利用DSM提取的小麦品种株高精度较高。表6-3显示了冬小麦在4个不同生长阶段的提取株高和实测株高之间的关系。随着生长进程，R^2、RMSE和归一化RMSE（NRMSE）先增加后降低，R^2为0.83 ~ 0.90。

6.2.4 基于DSM提取株高与地面实测

从图6-7中可以看出，从拔节期至开花期，小麦品种地面实测株高和利用DSM提取的小麦株高均呈线性快速增长趋势，开花期之后，株高变化趋势基本恒定；其中拔节期至开花期株高增长最快，灌浆期有所降低，主要因为冬小麦在进入灌浆期后，小麦籽粒逐渐成熟饱满，麦穗质量增加，变重的麦穗在垂直于地面的方向上发生一定程度的弯曲，导致株高变矮。全生育期内，基于DSM提取的株高均低于实测株高。

表6-2 20个小麦品种在不同生长阶段的植株密度和株高

品种名称	苗期密度（株/hm²）	株高（cm）							
		拔节期		孕穗期		开花期		灌浆期	
		实测值	预测值	实测值	预测值	实测值	预测值	实测值	预测值
藁8901	2.64×10^6	65	59.6	87.0	71.5	79.0	71.4	79.0	72.5
隆平麦3号	2.64×10^6	66.5	60.5	92.3	88.6	79.7	72.6	78.0	72.6
富麦701	2.66×10^6	76.5	70.2	103	93.5	76.0	70.6	85.0	80.4
泛育麦20	2.66×10^6	72.0	68.5	83	77.8	90.5	81.5	82.0	75.6
华麦15080	2.67×10^6	68.4	63.4	88.3	81.2	90.2	84.2	82.0	74.8
淮核16174	2.69×10^6	70.5	69.2	97	81.6	87.7	81.6	89.0	82.6
保丰1707	2.67×10^6	72.0	68.5	93.5	89.5	97.9	90.2	93.0	86.9
郑麦18	2.70×10^6	76.5	72.4	83.7	78.6	97.1	91.6	90.0	82.6
安科1605	2.72×10^6	76	71.9	86.4	80.1	97.7	91.5	87.0	81.9
轮选124	2.69×10^6	76.4	71.2	89.2	87.2	86.3	81.4	90.0	83.4
益科麦17118	2.76×10^6	71.0	66.8	74.6	70	93.5	88.5	92.0	86.4
科麦2号	2.69×10^6	59.0	54.9	77.0	71.2	99.0	91.7	91.0	85.6
郑麦162	2.73×10^6	63.3	59.6	79.0	71.4	94.0	89.5	87.0	81.5
周麦37号	2.70×10^6	64.3	59.2	72.0	69.5	74.4	69.8	82.0	79.6
泛麦26	2.75×10^6	55.0	51.8	83.9	78.2	76.5	71.6	92.0	86.5
冠麦9号	2.78×10^6	68.2	62.9	84.0	79.4	90.0	82.9	87.0	84.6
西农1125	2.73×10^6	65.4	61.2	81.6	76.8	94.5	79.5	82.0	76.3

（续表）

品种名称	苗期密度（株/hm^2）	株高（cm）							
		拔节期		孕穗期		开花期		灌浆期	
		实测值	预测值	实测值	预测值	实测值	预测值	实测值	预测值
西农172	2.76×10^6	64.6	59.8	90.5	81.6	89.6	81.4	88.0	81.9
涡麦33	2.78×10^6	73.0	69.4	89.5	85.4	86.0	81.6	89.0	82.5
西农285	2.75×10^6	71.5	66.4	82.0	78.6	87.0	81.5	82.0	78.9

表6-3　冬小麦在4个不同生长阶段的估算株高与实测株高之间的关系

生长阶段	样本量	线性回归			
		回归	R^2	RMSE（cm）	NRMSE（%）
拔节期	100	$y=0.941\ 8x-1.793\ 2$	0.84	6.17	6.17
孕穗期	100	$y=0.938\ 4x-0.531\ 4$	0.90	6.29	6.29
开花期	100	$y=0.913\ 9x+1.240\ 3$	0.89	6.93	6.93
灌浆期	100	$y=0.868\ 0x+5.851\ 7$	0.83	5.86	5.86
总计	400	$y=0.962\ 1x-2.800\ 4$	0.96	6.32	1.58

注：RMSE为均方根误差；NRMSE为归一化RMSE。

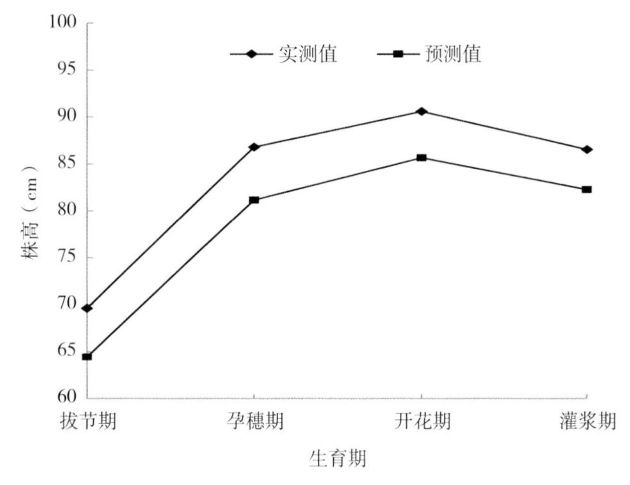

图6-7　地面实测与DSM提取的小麦株高

6.3　讨论与结论

近年来，基于无人机遥感数据的作物株高提取研究得到了广泛应用，其适用性和准确性受到了大量农业研究人员的关注。与其他株高监测方法相比，该方法对仪器设备的要求较低，监测精度好，无损高效，具有在生产中大规模应用的潜力（Jimenez-berni et al.，2018；Li et al.，2016；Vescovo et al.，2016；Singh et al.，2015）。本研究中模型的总体预测精度低于Madec et al.（2017），原因可能是每个小麦品种地块的种植面积和种植密度都是按照小麦育种的要求种植，导致实测株高总体较小，影响了模型的预测精度。本研究中，基于苗期的UAV图像提取了冬小麦的覆盖度，并构建了覆盖度与植株密度之间的关系，具有很好的相关性，R^2达到了0.82。

遥感测高一般获取田间作物在自然状态下自然株高，与农学测量植株长度不同；当作物的自然株高与真实植株长度有差异时，可以尝试通过多种传感器协同进行株高提取。刘治开等（2019）研究表明，为探索快速准确获取作物株高的方法，利用无人机可见光图像采集系统，获取冬小麦拔节期至成熟期的高清数码图像，建立冬小麦拔节期、抽穗期、灌浆期及成熟期的DOM和DSM，并对模型进行验证。陶惠林等（2019）研究指出，基于无人机高清数码影像生成冬小麦的DSM，利用DSM提取出冬小麦的株高。颜安等（2020）研究报道，以无人机搭载高清数码相机构成低空遥感平台，获取花铃期棉花品种影像；利用拼接软件与高清数码影像，生成研究区DOM和DSM，提取棉花株高。郭涛等（2020）研究认为，基于各生育时期小麦品种DOM和DSM，分别构建不同生育时期株高估测模型。本研究表明，提取的株高和实测株高高度拟合，R^2和RMSE分别为0.96和6.32 cm。结果表明，利用UAV航拍图像预测冬小麦植株密度和株高具有良好的适用性，基于DSM提取的冬小麦品种株高精度较高，可为冬小麦育种提供理论依据和技术参考。

第7章

增强局部上下文监督信息的麦苗计数方法

7.1 研究背景

小麦是我国重要的粮食作物，保持小麦的持续高产对维护我国的粮食安全具有重要意义（王晶晶等，2022）。在小麦生长过程中，麦苗株数是制约产量的关键因素，麦苗过于稀疏或稠密极大地影响小麦产量。因此，及时准确地统计麦苗株数将为后续的出苗率估算、产量预测和籽粒品质评估等生产环节提供重要科学依据（籍凯，2019）。

传统的麦苗计数工作主要依赖于人工在田间进行数苗，存在经济成本高、劳动力消耗大和计数效率低等问题，并且计数结果易受主观因素影响。随着深度学习的发展，使用深度神经网络进行目标对象自动计数正成为新的研究热点。与人工数苗方法相比，使用深度神经网络对采集到的麦苗图像进行分析，进而自动检测麦苗株数，可打破时空限制和对农业专家的依赖，提高劳动效率。

已有学者使用深度学习技术对细胞（Xie et al.，2018）、人群（Liu et al.，2022；Zhang et al.，2021；Shu et al.，2022）、猪只（王荣等，2022；杨秋妹等，2023；胡云鸽等，2020）和麦穗（黄硕等，2022；杨蜀秦等，2022；张领先等，2019）等目标对象进行计数。这些方法可被分为两类：基于目标检测的方法和基于密度图回归的方法。基于目标检测的方法主要使用YOLO、SSD和Faster R-CNN等检测器对图像中的目标对象进行检测（薛卫等，2022；张璐等，2021；李林等，2021），之后得到目标对象的数目。这类方法不仅可以提供目标对象的计数结果，还可以通过边框提供目标对象的位置信息。然而，这类方法在训练阶段需要标注大量的目标对象边框作为标签（Nguyen et al.，2022）；麦苗细小且相互之间存在遮挡、重叠和扭曲等现象，使得麦苗边框标注费时费力。同时，根据麦苗点标注结果自动生成伪框图的方法容易出错，并需要手动进行后处理。基于密度图回归的方法（Zhang et al.，2016，；Lempitsky et al.，2010；高云等，2021；孙俊等，2021；

鲍文霞等，2020）对目标对象使用点标注生成密度图，以作为模型的学习目标，之后对模型预测出的密度图求积分得到目标对象的计数值。目前，具有代表性的方法有CSRNet（Li et al.，2018）、CANet（Liu et al.，2019）、SCAR（Gao et al.，2019）、BL（Ma et al.，2019）和DM-Count（Wang et al.，2020）等。CSRNet使用空洞卷积以提高拥挤场景下的计数精度。CANet组合多个不同大小感受野获得的特征以自适应地对不同尺度的上下文信息进行编码。SCAR引入注意力机制以获取像素和人群上下文之间的关联信息。BL使用贝叶斯损失函数，从点标注构建密度贡献概率模型以弥补密度图的不足。DM-Count将分布匹配用于计数任务，并设计了新的优化策略以度量真实值与预测值之间的相似性。总体而言，这类方法的麦苗标注成本不高，但不能标识出麦苗的准确位置。这不利于种植规划和良田培育等下游任务；且易受透视图失真的影响，导致模型的鲁棒性不强。

SONG et al.（2021）提出的P2PNet为目标对象计数提供了新的解决方案。P2PNet直接将点标注结果作为学习目标，之后预测出所有目标对象的点坐标，从而得到计数结果。与上述两类计数方法相比，P2PNet不需要对训练样本中的目标对象进行框标注，也不需要通过点标注生成伪密度图或伪框图间接得到学习目标。这不仅显著降低了训练样本的标注成本，还减少了间接生成学习目标导致的模型计数性能下降的风险。并且，P2PNet可明确标识出目标对象的位置，更能满足下游任务的应用需求。由以上分析可知，P2PNet更适于复杂场景下的麦苗计数。

但是，P2PNet直接用于麦苗计数的性能较差。一方面，麦田中的枯叶、不同光照角度导致麦苗图像出现不同方向和尺寸的阴影，为计数模型带来干扰噪声，严重影响P2PNet的性能。另一方面，麦田中土块对麦苗的遮挡以及麦苗生长稠密时叶片间的重叠，导致P2PNet的误判。

农业专家对麦苗人工计数时，对于不易判别的困难样本，通常根据麦苗的局部根茎信息、叶片发育的全局信息判断麦苗为一株还是多株。受此启发，本章对P2PNet进行改进，提出增强局部上下文监督信息的麦苗计数模型P2P_Seg。首先，引入局部分割分支改进网络结构，以增强麦苗的局部上下文监督信息，引导网络的注意力到麦苗根茎部区域，并减弱上述杂物、光照和土块等带来的噪声。之后，设计逐元素点乘机制融合分割分支提取到的麦苗局部根茎信息与基础网络提取到的叶片发育全局信息，以模仿农业专家结合麦苗的根茎信息和叶片发育的全局信息应对遮挡和重叠造成的计数困难。最后，将融合后的特征信息通过点回归分支和分类分支以预测麦苗的位置与株数。

7.2 研究区概况与数据

7.2.1 研究区概况

试验地位于河南省现代农业研究开发基地的小麦试验区，地处北纬35°00″28′，东经

113°41″48′，海拔高度为97 m。试验采用完全随机区组设计，播种日期为2021年10月15日，共有400个小区，每个小区面积为36 m^2。

7.2.2 研究数据

研究数据主要通过数据采集、预处理、图像标注和数据集划分4个步骤获取。研究数据的主要制作流程如图7-1所示。

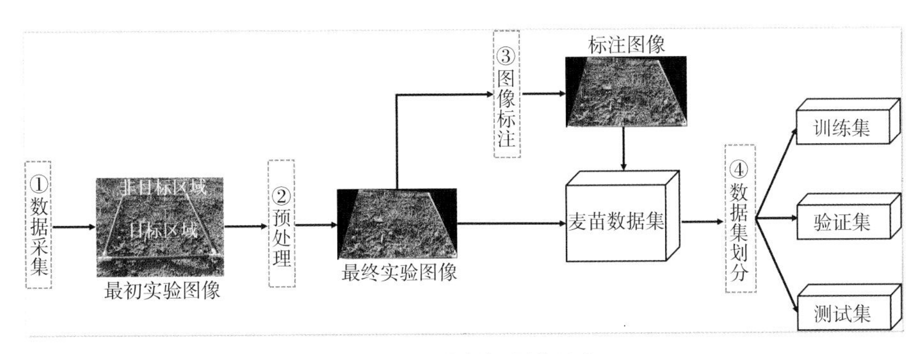

图7-1　研究数据制作流程

7.2.2.1　数据采集

实验采用型号为HONOR 20 PRO的智能手机，相机像素为4 800万像素，传感器类型为BSI CMOS，光圈f/2.2。拍摄时间为2021年11月，小麦正处于苗期。主要对使用1m × 1m红色矩形框标出的目标计数区域进行采样，共采集到317幅麦苗图像，分辨率为4 000像素 × 3 000像素。剔除画质模糊或存在严重遮挡的图像，共筛选出295幅图像作为最初实验图像。

7.2.2.2　数据预处理

数据预处理的目的是对红色矩形框外的非目标计数区域进行黑色填充和冗余剔除，其流程如图7-2所示。为避免非目标区域麦苗对计数结果的影响，使用预处理工具对非目标区域进行黑色填充（步骤①）。为避免后续用于数据增强的随机裁剪操作可能得到大面积的非目标计数区域，从而干扰目标区域的计数结果，对非目标区域进行最大程度的冗余剔除（步骤②）。经过以上两个步骤，得到最终实验图像。

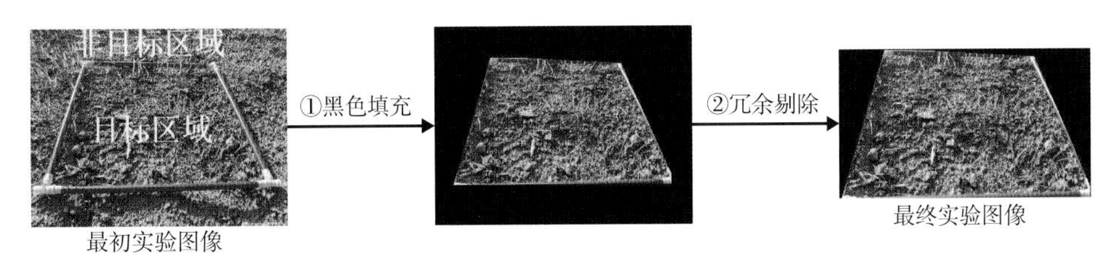

图7-2　麦苗图像预处理步骤

7.2.2.3 图像标注

麦苗形态细小且易出现遮挡、重叠等现象，这使得基于框标注的方法非常困难，因此采用成本较低、方便快捷的点标注方法。一个点标注表示对应麦苗在图像中的点坐标。采用Wang et al.（2020）开发的标注工具进行数据集标注。该标注工具不仅能够对图像进行分块标记，而且可对分块区域进行随机缩放。对于麦苗图像中较为稠密、遮挡和重叠较为严重的区域，使用该工具对其放大再进行标注，有效地提高了标注速度与质量。标注区域为特征相对明显的麦苗根茎部，便于后续网络的训练。

使用上述方法对295幅图像进行点标注，共标注32 237株麦苗。其中，单幅图像总标记点的最大值为321，最小值为18；平均每幅麦苗图像约标记109株麦苗。不同密度等级的麦苗标注图像如图7-3所示。

（a）密度偏小

（b）密度中等

（c）密度偏大

图7-3 不同密度等级的麦苗标注图像

7.2.2.4 数据集划分

经过标注可得到295幅最终实验图像及对应的标注点，它们共同构成麦苗数据集。接着，按照6：1：3的比例将麦苗数据集随机划分为训练集、验证集和测试集。其中训练集、验证集和测试集分别含有177、29、89幅麦苗图像。麦苗数据集划分结果如表7-1所示。

表7-1 麦苗数据集划分结果

数据集	图像数量（幅）	麦苗总数（株）
训练集	177	19 622
验证集	29	2 849
测试集	89	9 766
合计	295	32 237

7.3 研究方法

7.3.1 P2PNet

P2PNet为目标计数提供了新的解决方案，是一个基于点标注的计数模型，以点的形式标注出目标对象的位置坐标，然后直接把标注结果作为模型的学习目标。P2PNet以VGG16_bn（Simonyan et al.，2014）为骨干网络，提取目标对象的全局特征；之后将全局特征同时送入点回归分支和分类分支以分别生成目标对象的候选点和每个候选点对应的置信度分数；最后根据分类结果从候选点中筛选出目标对象的位置坐标。位置坐标的总数即为目标对象的计数结果。

7.3.2　P2P_Seg整体框架

为减少光照、遮挡和重叠等因素对麦苗计数的影响，本文对P2PNet进行改进，引入麦苗局部分割分支以增强麦苗局部上下文监督信息，提出增强局部上下文监督信息的麦苗计数模型P2P_Seg。其网络架构如图7-4所示。首先，基础网络提取麦苗图像的全局特征，得到全局特征图F_0。其次，麦苗局部分割分支生成局部特征图F_1，以提取麦苗局部上下文监督信息。然后，特征融合模块的逐元素点乘机制融合麦苗的全局信息与局部上下文信息，生成融合后的特征图F_2。最后，通过点回归分支与分类分支分别预测出麦苗的候选点位置坐标及其对应的置信度分数。

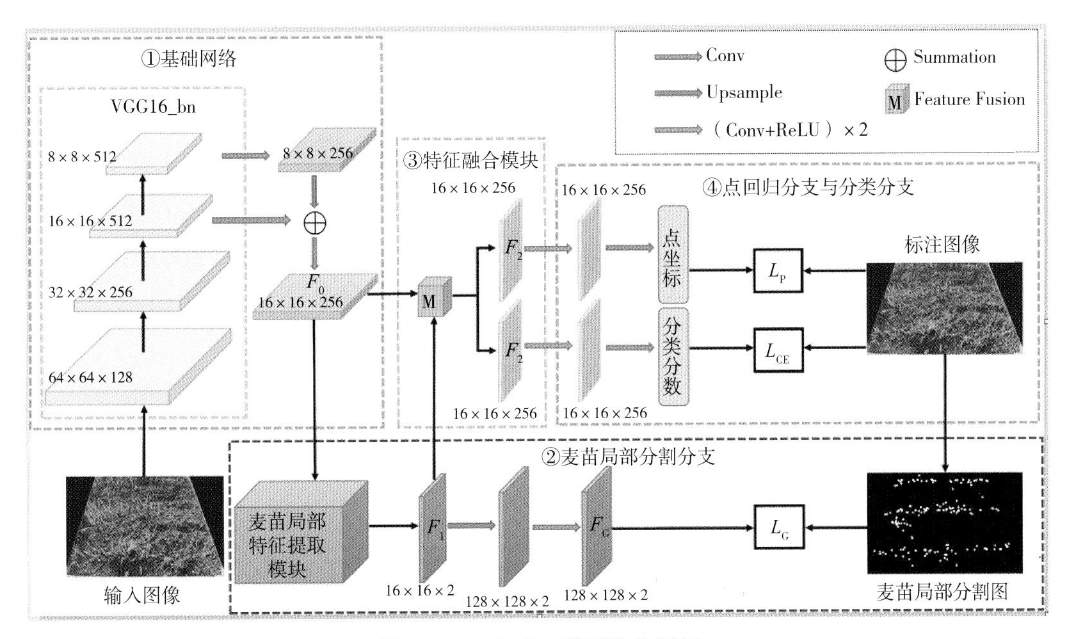

图7-4　P2P_Seg模型整体框架

上述基础网络、点回归分支与分类分支继承自P2PNet。与原始P2PNet不同，为融合麦苗的局部根茎信息和全局叶片发育信息，以对抗光照、遮挡和重叠等因素的干扰，P2P_Seg从基础网络得到全局特征图F_0后，并未将其直接送入点回归分支和分类分支，而是引入麦苗局部分割分支以提取麦苗局部特征图F_1。将F_0与F_1融合后得到的特征图F_2作为点回归分支与分类分支的输入，预测候选点位置坐标及其对应的置信度分数。

7.3.3 麦苗局部分割分支

麦苗局部分割分支旨在提取麦苗根茎部的局部上下文监督信息，具有两个用途。第一，集中模型的注意力到点标注的麦苗根茎部目标区域，忽略光照导致的阴影和田间枯叶等噪声的干扰。第二，当麦苗标注点位置被土块等杂物遮挡时，可以提供更多的上下文参考信息，提高模型的计数精度。麦苗局部分割分支包含的关键技术有麦苗局部分割图生成和麦苗局部特征提取模块设计。

7.3.3.1 麦苗局部分割图

麦苗局部分割图是由点标注结果生成的体现麦苗局部上下文监督信息的图像。该分割图是麦苗局部分割分支的学习目标。麦苗局部分割分支使得计数网络在将点标注作为学习对象的基础上，又同时利用麦苗局部分割图提取出麦苗局部上下文信息。这对计数网络起到更强的监督作用。

麦苗局部分割图是二值图像，图像上每个像素的值为0或1。值为0的区域为非麦苗根茎部目标区域；值为1的区域为本文所关注的麦苗根茎部目标区域，即局部上下文监督信息区域。给定一幅带有N个点标注的麦苗图像，点标注的位置在麦苗的根茎处，用$P=\{p_i|i\in\{1,2,\cdots,N\}\}$表示该图像内所有麦苗的点标注坐标，其中$p_i=(x_i, y_i)$表示第$i$株麦苗的坐标。分别生成$N$个以$p_i$为圆心、$\sigma$为半径的圆域；圆域内的像素值为1、圆域外的像素值为0，从而得到麦苗局部分割图G。圆域半径σ决定了每株麦苗的根茎部目标区域的大小。Shi et al.（2019）通过将图像分割成局部区域块，提出了核估计器σ_{pi}，以估计目标对象的尺寸。原始的核估计器σ_{pi}未考虑麦苗在整体图像上的分布，可能会得到过大或过小的麦苗根茎部目标区域，如图7-5a所示。过大的麦苗根茎部目标区域会引入额外的噪声，过小的麦苗根茎部目标区域不能充分表示上下文信息。因此，本文在原始核估计器σ_{pi}的基础上，考虑麦苗的整体分布，对所有点标注对应的核估计器σ_{pi}求平均，得到了更适合估计麦苗根茎部目标区域大小的圆域半径σ，从而得到如图7-5b所示的麦苗分割图。上述麦苗局部分割图G和圆域半径σ的生成过程为：

$$G(p)=\begin{cases}1 & (p_i\in P\text{且}\|p-p_i\|2\leqslant\sigma^2)\\0 & (\text{其他})\end{cases} \tag{1}$$

$$\sigma=\frac{1}{N}\sum_{i=1}^{N}\sigma_{p_i} \tag{2}$$

式中，p为麦苗局部分割图中的像素位置；p_i为第i株麦苗的坐标；$\|p-p_i\|$为p与p_i间的欧氏距离。

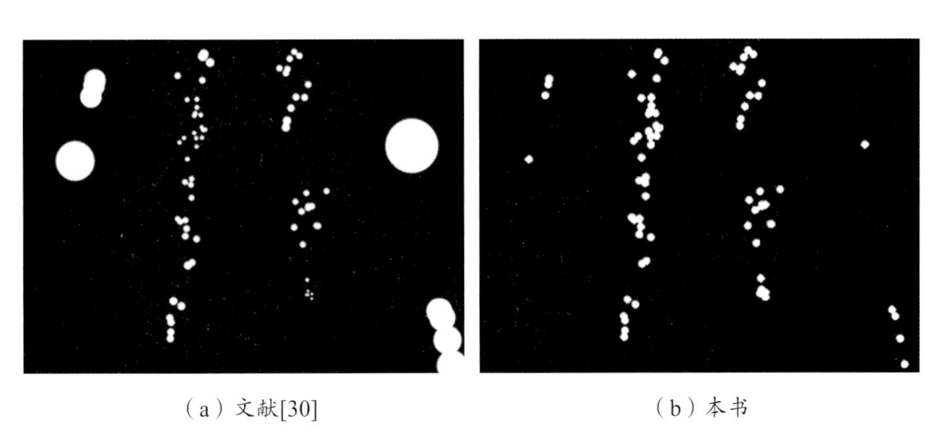
（a）文献[30]　　（b）本书

图7-5　不同的麦苗局部分割

7.3.3.2　麦苗局部特征提取模块

麦苗局部特征提取模块是麦苗局部分割分支的重要组成部分，旨在生成局部特征图F_1。本文设计的麦苗局部特征提取模块如图7-6所示，主要由降维卷积单元和卷积层组成。

降维卷积单元的作用是在不改变输入特征图尺寸的前提下将其通道数减半，由连续2个3×3卷积层与ReLU激活函数交替组成。其中，第1个3×3卷积层将输入特征图的通道数减半；第2个3×3卷积层继续提取深层特征，不改变特征图的尺寸。为了提高网络模型的非线性表达能力，每层卷积之后采用ReLU函数进行非线性激活。同时，在两个卷积层之间使用残差连接以对抗梯度消失。

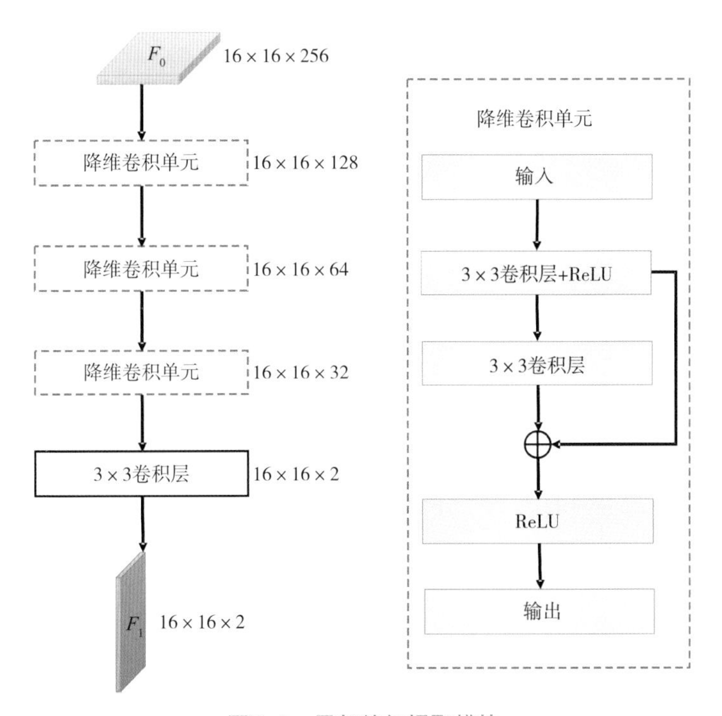

图7-6　局部特征提取模块

麦苗局部特征提取模块的输入为16×16×256的全局特征图F_0。首先，F_0经过连续3次的降维卷积单元，其尺寸依次变为16×16×128、16×16×64、16×16×32。接着，保持F_0的尺寸不变，使用3×3卷积层将其通道数变为2，分别对应麦苗根茎部和非麦苗根茎部的特征图。这两个特征图拼接在一起，得到尺寸为16×16×2的局部特征图F_1。F_1表征麦苗根茎部的高层语义信息，也是本文强调的麦苗局部上下文监督信息。

局部特征图F_1的生成过程计算公式如下。

$$F_1 = f_1 [f(F_0)] \tag{3}$$

式中，f（·）为连续3次的降维卷积单元操作；f_1（·）为卷积函数。

预测分割图F_G的生成过程计算公式如下。

$$F_G = f_1 [f_2(F_1)] \tag{4}$$

式中，f_2（·）为上采样函数。

如图8-4所示，局部特征图F_1的作用有两个：F_1用来与全局特征图F_0进行融合，进而实现麦苗局部上下文监督信息与全局信息的融合；F_1依次经过8倍最近邻插值法上采样、3×3卷积层生成预测分割图F_G，从而在网络训练阶段实现对麦苗局部分割分支的优化。上采样使得预测分割图F_G的尺寸与麦苗局部分割图的尺寸保持一致；3×3卷积层平滑上采样产生的噪声，以得到数学性质更稳定的特征表达。

7.3.4 特征融合模块

本文设计的特征融合模块如图7-7所示。首先，将尺寸为16×16×2的局部特征图F_1送入一个softmax层，得到两个尺寸为16×16的张量。每个张量的元素值被归一化到[0, 1]，表示对应每个像素被网络判定为麦苗根茎部和非根茎部两个类别的概率。其次，对表征局部上下文监督信息的麦苗根茎部特征张量执行repeat操作、复制256次，得到尺寸为16×16×256的新特征图。最后，将新特征图与全局特征图F_0逐元素点乘，得到融合后的特征图F_2。F_2融合了麦苗的局部根茎信息与全局特征信息，进一步增强网络对麦苗的识别能力，从而有效提高麦苗计数的准确率。

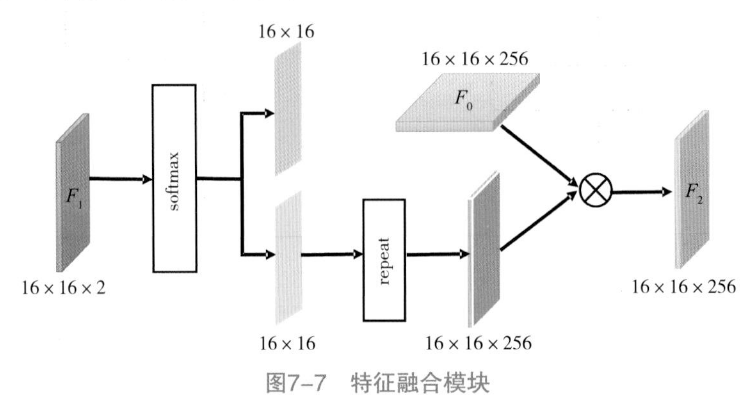

图7-7 特征融合模块

7.3.5　损失函数

如图8-4所示，为了更充分地训练P2P_Seg，分别对点回归分支、分类分支和麦苗局部分割分支设计了L_P、L_{CE}、L_G损失函数。

点回归分支预测出M个候选点坐标，分类分支生成M个对应的置信度分数。在训练阶段，首先使用Song et al.（2021）提出的一对一匹配策略对网络生成的候选点坐标与标注点坐标进行一对一匹配。与标注点坐标匹配成功的N个候选点坐标即为预测的麦苗位置坐标。它们对应的置信度分数标签为1；剩余候选点坐标被分类为背景点，这些背景点对应的置信度分数标签为0。这N个麦苗预测坐标与真实标注点坐标之间的距离越小越好，因此使用欧氏距离优化点回归分支。分类分支则使用交叉熵损失函数（Cross entropy loss function，CE）进行优化。点回归分支的损失函数L_P和分类分支的损失函数L_{CE}分别表示如下。

$$L_P = \frac{1}{N}\sum_{i=1}^{N} \| p_i - \hat{p}_i \|^2 \tag{5}$$

$$L_{CE} = -\frac{1}{M}\sum_{i=1}^{M} [y \lg \hat{c}_i + (1-y)\lg(1-\hat{c}_i)] \tag{6}$$

式中，$\hat{p}_i$为与第i株麦苗的点标注坐标p_i匹配成功的候选点坐标；$\hat{c}_i$为候选点坐标$\hat{p}_i$对应的置信度分数，即$\hat{p}_i$被预测为麦苗的概率；y为类别标签，值为0或1。

分割分支生成的预测分割图F_G是像素级二分类结果。为缓解前景类与背景类之间存在的样本不平衡问题，减少对计数精度的影响，本文引入Shi et al.（2019）提出的逐像素加权焦点损失L_G为：

$$L_G = -\frac{1}{2}\sum_{l \in \{0,1\}} f_3(w^{(l)} G^{(l)} (1 - F_G^{(l)})^{\gamma} \lg(F_G^{(l)})) \tag{7}$$

其中，

$$w = 1 - \frac{f_4(G^{(l)})}{f_4(G)} \tag{8}$$

式中，w为权重；l为通道对应的索引值，值为0或1；$G^{(l)}$为标签分割图中上标为l的通道形成的张量；$F_G^{(l)}$为预测分割图中上标为l的通道形成的张量；f_3（·）为对张量的所有元素值求算数平均数；γ为超参数，根据焦点损失（focal loss）（Lin et al.，2017）的推荐设置为2；f_4（·）为对张量的所有元素值求和。

组合上述点回归分支、分类分支和麦苗局部分割分支的损失函数，得到总损失函数L计算公式如下。

$$L = L_{CE} + \lambda_1 L_P + \lambda_2 L_G \tag{9}$$

式中，λ_1为超参数，在实验中设为0.002；λ_2为超参数，在实验中设为0.005。

7.4 实验与结果分析

7.4.1 实验设置

实验使用的计算机配置为Intel（R）Core（TM）i7-10600 CPU @ 2.90GHz；GPU为NVIDIA GeForce RTX3090，显存容量为24GB。实验使用PyTorch作为深度学习框架，设置训练批次为8、训练轮数为1 000、学习率为0.000 1，采用Adam算法进行优化。基础网络在ImageNet上进行了预训练，其训练学习率设置为0.000 01。采用随机裁剪和随机旋转对训练样本进行数据增强，每幅图像被随机裁剪为4份，每份尺寸为128像素 × 128像素。随后，对裁剪后的图像进行概率为0.5的随机旋转。

7.4.2 评价指标

使用平均绝对误差（Mean absolute error，MAE）和均方根误差（Root mean square error，RMSE）评价模型的性能。MAE用来衡量网络的计数准确率；其值越小，表明麦苗株数的预测值越接近真实值。RMSE用来衡量网络的稳定性；其值越小，表示网络的稳定性越强、鲁棒性越好。

7.4.3 麦苗根茎部区域的影响

为评估不同麦苗根茎部区域对麦苗计数结果的影响，对比本文提出的圆域半径σ生成方法和Shi et al.（2019）提出的核估计器σ_{pi}生成方法所得到的不同麦苗局部分割图对P2P_Seg计数性能的影响。实验结果如表7-2所示。

表7-2　不同麦苗局部分割图对P2P_Seg的影响

方法	MAE	RMSE
文献（Shi et al.，2019）方法	6.56	8.08
本文方法	5.86	7.68

由表7-2可知，使用本文的麦苗局部分割图作为麦苗局部分割分支的学习目标时，可得到更准确地计数效果。这说明本文提出的圆域半径σ生成方法能得到尺寸更为合理的麦苗根茎部目标区域，从而使得P2P_Seg的计数性能更好。

7.4.4 与其他方法的对比

为进一步验证P2P_Seg的性能，在自建麦苗数据集上与CSRNet、CANet、SCAR、

BL、DM-Count和P2PNet进行对比实验。其中，前5种方法为基于密度图的计数方法，P2PNet为基于点标注的计数方法。如表7-3所示，P2P_Seg的MAE为5.86，RMSE为7.68，与P2PNet相比分别降低了0.74、1.78。同时，与其他计数方法相比，P2P_Seg的两种计数误差亦最小。这说明增强局部上下文监督信息可以提高P2P_Seg对麦苗的识别能力，从而显著提高计数精度。

表7-3　在麦苗数据集上不同方法的实验结果对比

方法	MAE	RMSE
CSRNet	26.98	31.71
CANet	34.25	41.19
SCAR	21.24	27.11
BL	6.62	9.45
DM-Count	6.54	9.97
P2PNet	6.60	9.46
P2P_Seg	5.86	7.68

图7-8展示了上述网络在部分测试样例上的可视化结果。图8-8a为点标注的结果，直接作为P2PNet与P2P_Seg的真实值。图8-8b为由点标注生成的密度图像，作为基于密度图计数方法的真实值。图8-8c至图8-8i分别为CSRNet、CANet、SCAR、BL和DM-Count的计数结果，通过密度图进行可视化展示；密度图的颜色越深，说明麦苗密度越大。这些基于密度图方法的计数准确率不高，生成的密度图不能直接标识出麦苗的位置，无法为下游任务提供更多的支撑信息。最后两列分别为P2PNet和P2P_Seg的预测结果，这些结果均为更

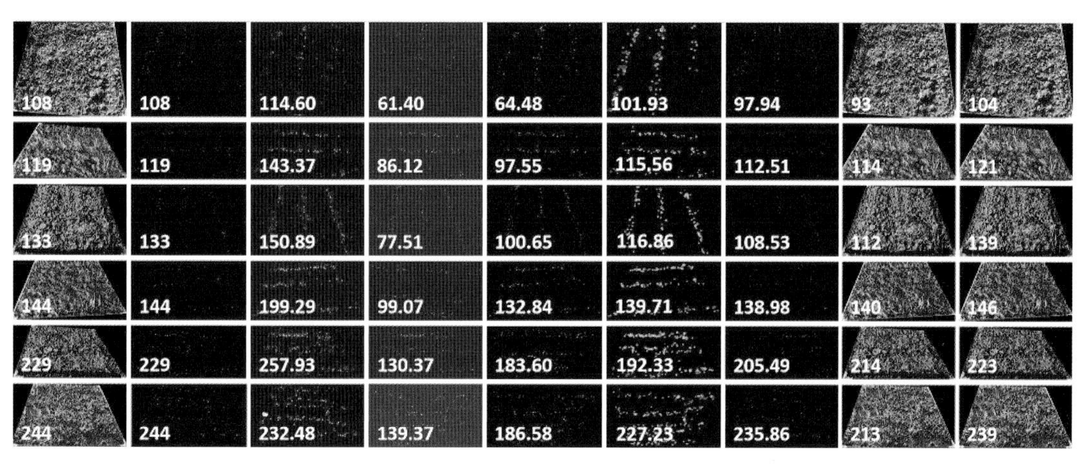

(a)标注图像　(b)密度图像　(c)CSRNet　(d)CANet　(e)SCAR　(f)BL　(g)DM-Count　(h)P2PNet　(i)P2P_Seg

图7-8　不同方法计数结果的可视化

加直观的麦苗坐标。由于P2P_Seg引入了局部分割分支以增强局部上下文监督信息，在对受遮挡、重叠和光照等因素影响的麦苗图像计数时，其预测值更接近真实值，计数误差更小。从顶部第1行到底部第6行，图像中麦苗逐渐由稀疏变得稠密，并且图像中存在枯叶、光照导致的阴影等噪声，给现有的计数网络识别带来了不小的挑战。但是，本文提出的P2P_Seg通过增强局部上下文监督信息，将注意力集中在麦苗根茎部，使其尽可能忽略其他噪声，从而显著提高了麦苗计数的准确率。同时，在处理不同稠密程度的麦苗图像时，P2P_Seg皆取得最好的计数结果，表现出更好的泛化性能。

7.4.5 应用测试分析

为测试本文提出的P2P_Seg在实际大田环境下开展麦苗自动计数的性能，将训练好的模型在实际获取的89幅大田图像上进行麦苗计数。表7-4列出了部分大田图像上的计数结果。这些图像按照麦苗密度等级分为3类：密度偏小、密度中等和密度偏大。其中，图像1～5为密度偏小麦苗图像，图像6～10为密度中等麦苗图像，图像11～15为密度偏大麦苗图像。从中可以看出，P2P_Seg在所有密度等级大田麦苗图像上都取得了最好的计数结果。

表7-4 部分大田图像上不同方法的麦苗计数结果对比

图像编号	真实值	预测值						
		CSRNet	CANet	SCAR	BL	DM-Count	P2PNet	P2P_Seg
1	75	82	48	44	65	60	65	70
2	90	92	52	60	81	86	82	88
3	99	127	70	86	97	98	92	100
4	108	115	61	64	102	98	93	104
5	119	143	86	98	116	113	114	121
6	133	151	78	101	117	109	112	139
7	139	182	103	127	136	138	127	142
8	144	199	99	133	140	139	140	146
9	144	120	75	84	132	132	133	135
10	146	193	98	130	133	142	153	145
11	157	179	89	102	152	150	147	163
12	167	155	81	102	137	138	134	153
13	175	201	109	139	149	156	158	177
14	229	258	130	184	192	205	214	223
15	244	232	139	187	227	236	213	239

表7-5使用MAE和RMSE对这些计数结果进行统计对比。在密度偏小大田麦苗图像上，P2P_Seg的MAE和RMSE分别为2.80和3.16，在所有方法中最好。在密度中等大田麦苗图像上，P2P_Seg的MAE和RMSE分别为4.20和5.12，在所有方法中最好。在密度偏大大田麦苗图像上，P2P_Seg的MAE和RMSE分别为6.60和7.71，在所有方法中最好。

表7-5　不同密度等级麦苗图像的计数结果对比

密度等级	统计量	CSRNet	CANet	SCAR	BL	DM-Count	P2PNet	P2P_Seg
密度偏小	MAE	13.62	34.77	27.56	6.02	7.22	9.00	2.80
	RMSE	17.12	35.48	29.41	6.84	8.76	9.62	3.16
密度中等	MAE	37.27	50.59	26.39	9.63	9.12	11.00	4.20
	RMSE	39.89	51.78	32.25	10.86	12.43	12.42	5.12
密度偏大	MAE	20.08	84.63	51.73	23.04	17.29	21.20	6.60
	RMSE	21.33	86.07	52.74	25.55	19.36	23.08	7.71

7.4.6　误计数和漏计数情况分析

受成像角度、麦苗密度和杂物遮挡等因素的影响，P2P_Seg的计数结果存在误计数和漏计数的情况。图8-9展示了这些情况，其中误计数区域用矩形标识、漏计数区域用椭圆标识。

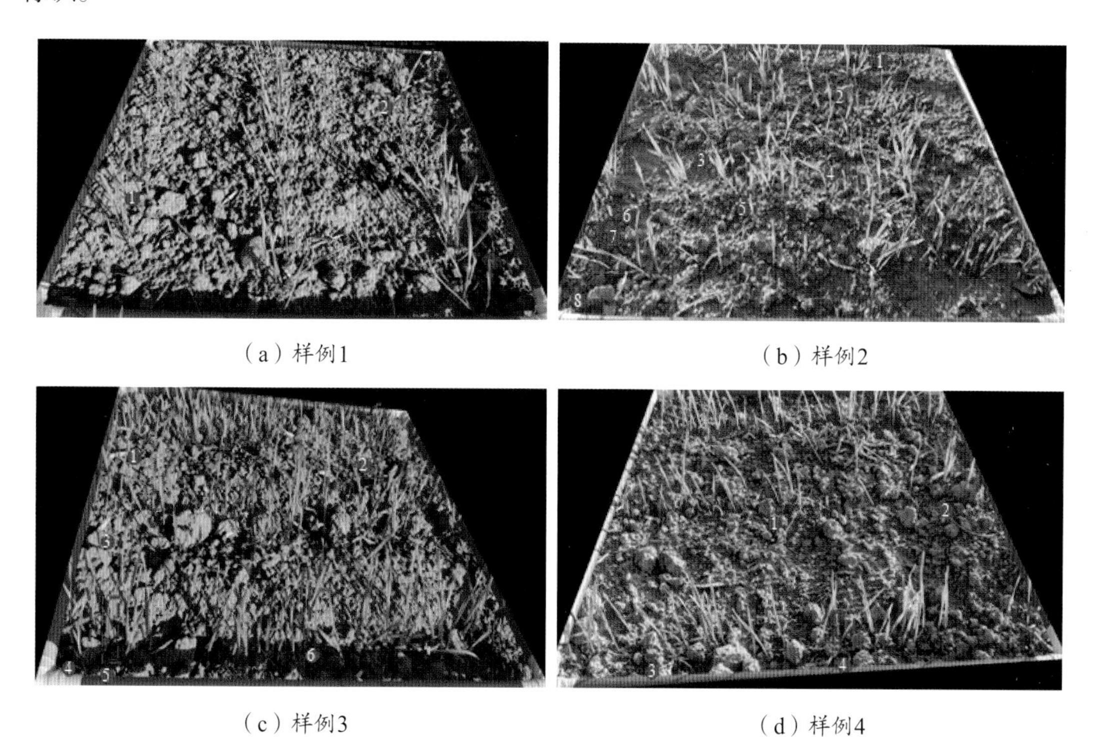

（a）样例1　（b）样例2

（c）样例3　（d）样例4

图7-9　漏计数和误计数情况展示

误计数的主要原因包括成像角度不佳、麦苗相互遮挡和杂物遮挡等。如图7-9a所示，因为成像方向与麦苗所在行平行，出现较严重的麦苗相互遮挡，从而出现误计数（图7-9a的区域①、②），尽管该区域的麦苗密度偏小。随着麦苗稠密程度增加，麦苗相互遮挡变得严重，这会导致误计数，如图7-9b的区域⑤和图7-9c的区域⑤所示。此外，杂物遮挡致使麦苗根茎部未完全展露也会出现误计数（图8-9d的区域④）。

漏计数的主要原因包括麦苗相互遮挡、杂物遮挡和苗株细弱等。麦苗相互遮挡导致的漏计数现象较为普遍，如图7-9b的区域①、②、⑥、⑦、⑧和图7-9c的区域①、②、③、④、⑥所示。同时，杂物遮挡导致的麦苗根茎部未完全展现（图7-9d的区域①）或发育迟缓导致的苗株细弱（图7-9d的区域③）也会引起漏计数。

7.5　结论

第一，针对光照、遮挡和重叠等因素导致的现有计数模型性能受限问题，提出增强局部上下文监督信息的麦苗计数模型P2P_Seg。该模型在P2PNet的基础上引入麦苗局部分割分支以获取更多的麦苗局部上下文监督信息，并使用逐元素点乘机制融合局部上下文监督信息与基础网络提取的全局信息。对网络结构的改进和专门设计的特征融合策略提高了模型的特征提取能力，增强了模型对光照、遮挡和重叠等因素的对抗能力，提高了模型的鲁棒性，显著减少了模型对麦苗的误计和漏计。

第二，在自建麦苗数据集上，与其他主流计数方法进行了对比实验。结果表明，P2P_Seg的MAE为5.86，RMSE为7.68；与P2PNet相比，分别降低了0.74和1.78。同时，与其他计数方法相比，P2P_Seg的两种计数误差亦最小，计数性能最好。

第三，在实际大田环境下进行的麦苗自动计数测试表明，P2P_Seg在密度偏小、密度中等和密度偏大3种等级的大田麦苗图像上都取得了最好的计数结果。P2P_Seg能够更准确地预测出麦苗的株数，可有效缓解传统人工数苗费时费力的问题。同时，P2P_Seg还能预测出麦苗的位置，为种植规划和良田培育等下游任务提供有效支撑信息，更有助于实际农业生产。

第8章 基于改进注意力机制YOLOv5s的小麦穗数检测方法

小麦是我国重要的粮食作物，2021年我国小麦种植面积2 291.1万hm^2，产量1.34亿t，是世界最大的小麦生产国（赵广才等，2018；杜颖等，2019；王永春等，2021；中华人民共和国国家统计局，2022）。然而，当前国内外环境复杂多变，异常气候及自然灾害频发，粮食安全面临着严峻的挑战。穗数是小麦产量估算的重要指标（Zhang et al.，2007；Gou et al.，2016；Zhou et al.，2021），因此，小麦穗数检测是预测和评估小麦产量的关键，及时准确获取小麦穗数一直是小麦育种及栽培研究的焦点。

在实际生产中，小麦穗数的获取主要包括低通量的人工田间调查和高通量的遥感图像处理。人工田间调查存在主观性强、随机性强、缺乏统一的标准，导致科研人员费时费力、效率低等缺点，不能高效快速地获取麦穗统计结果（陈佳玮等，2021；Li et al.，2021）。而高通量的遥感图像处理是基于遥感影像中不同纹理（杨万里等，2021）、颜色（刘东等，2021）、光谱反射率（Misra et al.，2020）等进行特征融合，使用机器学习检测麦穗图像中的目标，提取麦穗数量。Zhao et al.（2021）提出了一种基于改进YOLOv5的方法，该方法可以准确检测无人机图像中麦穗数量，平均准确率为94.1%，比标准YOLOv5高10.8%，解决了遮挡条件下麦穗检测错误和漏检的问题。Fernandez-Gallego et al.（2018）提出了一种小麦穗数自动算法，用于估算田间条件下的小麦穗数。Lu et al.（2017）研发智能手机应用软件，完成小麦病害穗数检测采集，准确率达96.6%。鲍文霞等（2020）通过数码相机拍摄的田间小麦麦穗图像，采用迁移学习方法，构建了田间麦穗计数函数模型，实现了田间麦穗的计数。

近年来，随着人工智能的快速发展，利用深度学习在麦穗图像检测方面取得了显著进展（Madec et al.，2019；He et al.，2020），在检测精度和速度方面达到了顶级性能（Khoroshevsky et al.，2021；Zhou ct al.，2018；Lu et al.，2021；Wang et al.，2021）。目标检测的单阶段算法有SSD（Liu et al.，2016）和YOLO系列，包括YOLO（Redmon et al.，2016）、YOLO9000（Redmon et al.，2017）、YOLOv3（Redmon et al.，2018）、YOLOv4（Bochkovskiy et al.，2020）和YOLOv5（Ultralytics，2022）。单阶段检测算法也被称为基于回归分析的目标检测算法，其将目标检测问题视为对目标位置和类别信息的回归分析问题，通过一个神经网络模型可直接输出检测结果。考虑到卫星、地面遥感以及无人机的成本和观测局限性，根据研究人员的需求，利用智能手机显著提高了小麦麦穗调查效率。然而，在麦穗图像检测中，由于麦穗密度高、遮挡及交叉重叠严重，导致麦穗检测错误和漏检等问题。同时，由于小麦个体麦穗间形态差异较大，且麦穗颜色与背景一致，进一步增加了小麦麦穗检测难度和精度。

为了解决上述问题，本文提出了采用注意力机制改进YOLOv5s目标检测方法，用于小麦麦穗精准检测。该方法在YOLOv5s网络模型的主干结构的C3模块中引入ECA；同时将GCM插入到颈部结构与头部结构之间；注意力机制可以更有效的提取特征信息，抑制无用信息。该方法提高了YOLOv5s方法在复杂田间环境中的适用性，能够准确检测出小尺度小麦穗数，较好地解决了小麦穗数的遮挡和重叠问题。

8.1 材料与方法

8.1.1 试验地概况

试验地位于河南省农业科学院河南现代农业研究开发基地的小麦区域试验区，地处北纬35°0″44′，东经113°41″44′，如图8-1所示。气候类型属暖温带大陆性季风气候，年平均气温为14.4℃，多年平均降水量为549.9 mm，全年日照时数2 300 ~ 2 600 h，小麦—玉米轮作为该地区的主要种植模式。

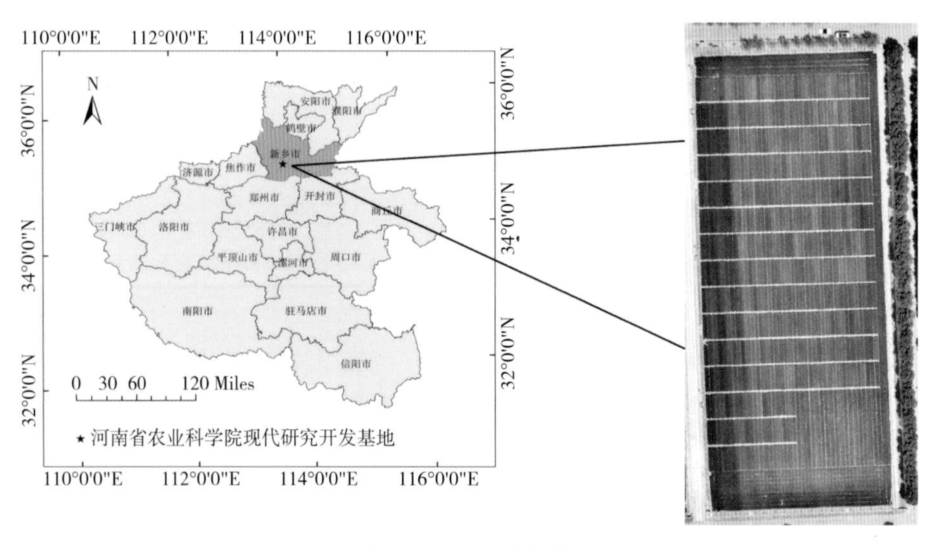

图8-1　试验地位置

试验采用完全随机区组设计，播种日期为2020年10月9日，种植密度195万株/hm^2，共设有501个小区，每个小区冬小麦新品种种植6行，3次重复，小区面积12 m^2。试验田管理措施高于普通大田。

8.1.2　数据采集

8.1.2.1　全球小麦公开数据集

小麦穗图像数据由Global wheat challenge 2021 International Conference on Computer Vision 2021提供的公开数据集（数据来源：https://www.aicrowd.com/ challenges/global-wheat-challenge-2021，于2021年7月6日下载）。该数据集由sample_submission.csv、test.zip 和train.zip组成，包含3 655幅图像，每幅图像的分辨率为1 024像素 × 1 024像素，部分图像示例如图8-2所示。

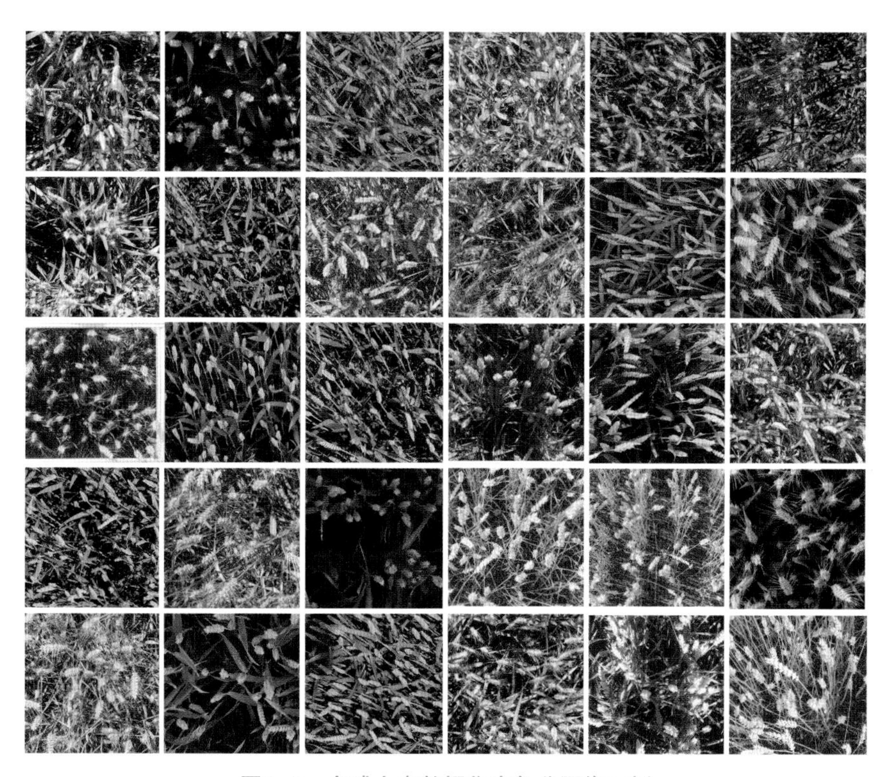

图8-2　全球小麦数据集中部分图像示例

8.1.2.2　图像数据采集

图像采集时间于2021年4月19日和4月20日上午10：00，天气晴朗无云，使用智能手机华为Honor 20 pro获取小麦抽穗期图像，拍摄人员将智能手机固定在手持拍摄杆上，在小麦冠层上方50 cm处垂直拍摄，总共拍摄了560幅图像，每幅图像分辨率为960像素 × 720像素。小麦抽穗期部分图像示例如图8-3所示。

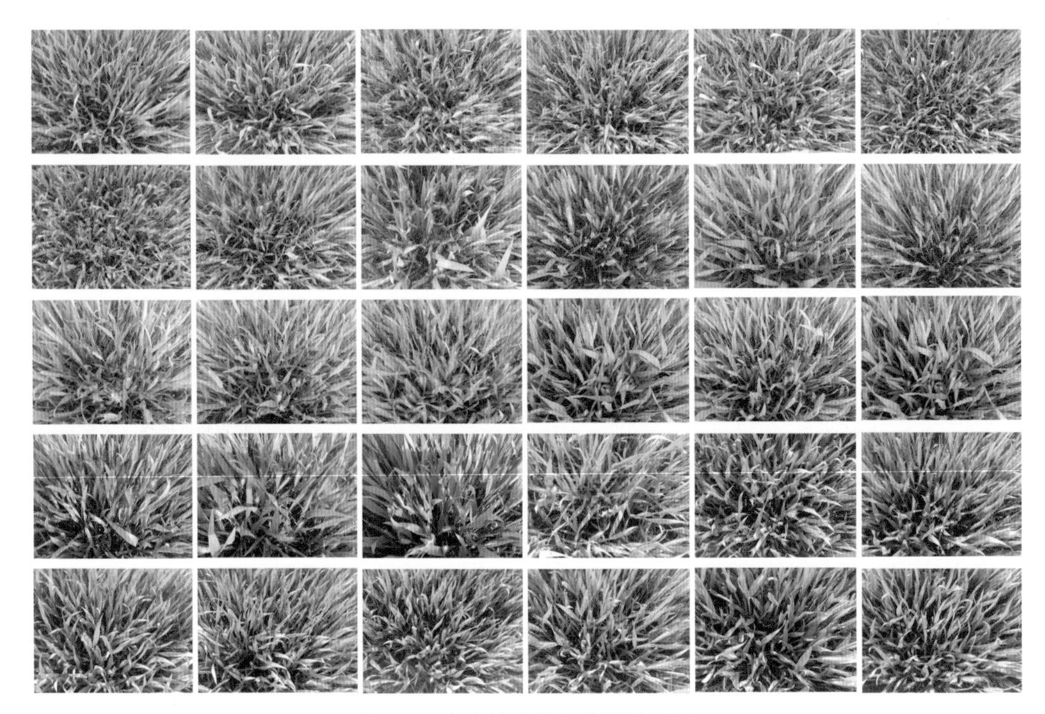

图8-3　小麦抽穗期部分图像示例

8.1.3　数据集构建与标注

根据图像数量，将小麦抽穗期图像作为数据集，构建了小麦穗数YOLOv5s检测模型。该模型使用Global wheat challenge 2021中的train.zip中包含3 655幅小麦麦穗图像和anchor box作为训练集。在自建数据集上检测小麦穗数。根据每幅图像中小麦穗数，筛选出拍摄清晰无遮挡的500幅小麦抽穗期原始图像作为测试集。按照Pascal VOC数据集的格式要求，对自建数据集进行标注，生成.xml类型的标注文件。将原始采集图像统一裁剪为640像素 × 640像素图像。利用Pytorch框架中的Opencv软件对数据集进行数据增强，对采集数据进行明暗度变化、加入高斯噪声、水平翻转以随机旋转。数据增强后，共获得2 500幅图像，将数据集按8：2的比例分为验证数据集和测试数据集。

8.1.4　数据增强

为了提高训练模型的泛化能力，主要采用Mosaic数据增强、自适应锚框计算和自适应图像缩放作为数据增强方法。具体如下。

8.1.4.1　Mosaic数据增强

Mosaic数据增强利用四张图像，并且按照随机缩放、随机裁剪和随机排布的方式对四张图像进行拼接，每一张图像都有其对应的标注框，将四张图像拼接之后就获得一张新的图像，同时也获得这张图像对应的标注框，然后将这样一张新的图像传入到神经网络当中去学习，相当于一下子传入四张图像进行学习了，使模型在更小的范围内识别目标。下图展示了在小麦抽穗期使用Mosaic数据增强的工作流程。图8-4显示了Mosaic数据增强麦穗的工作流程。

图8-4　数据增强工作流程

8.1.4.2　自适应锚框计算

YOLOv5网络模型不是只使用已经标注的anchor box，在开始训练之前会对数据集中标注信息进行核查，计算此数据集标注信息针对默认anchor box的最佳召回率，当最佳召回率大于或等于0.98，则不需要更新anchor box；如果最佳召回率小于0.98，则需要重新计算符合此数据集的anchor box。在YOLOv5中将此功能嵌入到代码中，每次训练，根据数据集的名称自适应的计算出最佳的anchor box，用户可以根据自己的需求将该图像预处理功能关闭或者打开。本文在训练数据前使用了该图像预处理方式。

8.1.4.3　自适应图像缩放

由于大多数图像的长宽比不同，使用传统的图像缩放方式进行缩放和填充后，两端黑边大小也不相同，然而如果填充的过多，则会存在大量的信息冗余，从而影响整个算法的推理速度。为了进一步提升YOLOv5的推理速度，该方法能够自适应的添加最少的黑边到缩放之后的图像中。

8.1.5　田间测量数据采集

与图像数据采集时间一致，小麦穗数测量值以基于图像的人工计数方法采集，基于统一的小麦穗计数标准，选择具有相关农学背景人员分别进行计数，取平均值作为该图像对应的小麦穗数测量值。

8.2　网络模型构建

8.2.1　YOLOv5s网络模型

YOLOv5是YOLO系列的最新产品，在YOLOv4基础上进行改进，运行速度大大提高（张鹏鹏，2021）。YOLOv5网络模型结构主要分为YOLOv5n、YOLOv5s、YOLOv5m、

YOLOv5l和YOLOv5x 5个版本。YOLOv5n参数量最少，但是准确率较低。YOLOv5s在保证较高准确率的同时深度和宽度较小，其他3个版本是在此基础上不断加深加宽，尤其在增强图像语义信息提取时增加了计算量。YOLOv5s具有运行速度快、灵活性高的特点，在模型快速部署上具有较强的优势，网络结构如图8-5所示。该网络由输入端（Input）、主干网络（Backbone）、颈部（Neck）和头部（Head）4个部分组成。输入端的输入图像尺寸大小为640×640×3，并采用Mosaic数据增强、自适应锚框计算和图像缩放等策略对图像进行预处理。主干网络的作用是从输入图像中提取丰富的语义特征，它包括Focus模块、Conv模块、C3模块和SPP模块，在YOLOv5中使用CSPDarknet53作为模型的主干网络。颈部采用FPN和PAN生成特征金字塔，用来增强对多尺度目标的检测。头部是将从颈部传递的特征进行预测，并生成3个不同尺度的特征图。

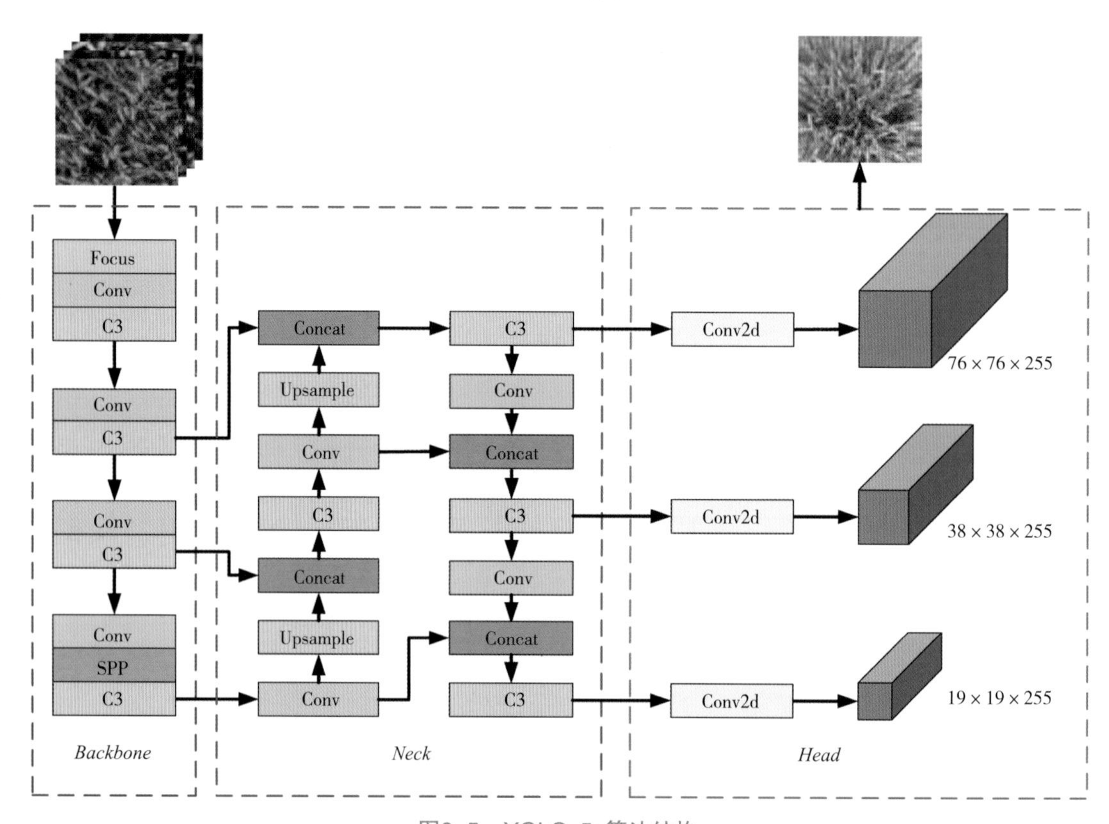

图8-5 YOLOv5s算法结构

Conv模块的结构为Conv2d+BN+SiLU，依次是卷积层、归一化操作和激活函数。

Focus模块的目的是减少模型的计算量，加快网络的训练速度，其结构如图8-6所示。首先将输入尺寸大小为3×640×640的图像切分成4个切片，其中每个切片的大小为3×320×320。然后使用拼接操作将4个切片通过通道维度拼接起来，得到的特征图尺度大小为12×320×320。再经过一次卷积操作，最终得到32×320×320的特征图。

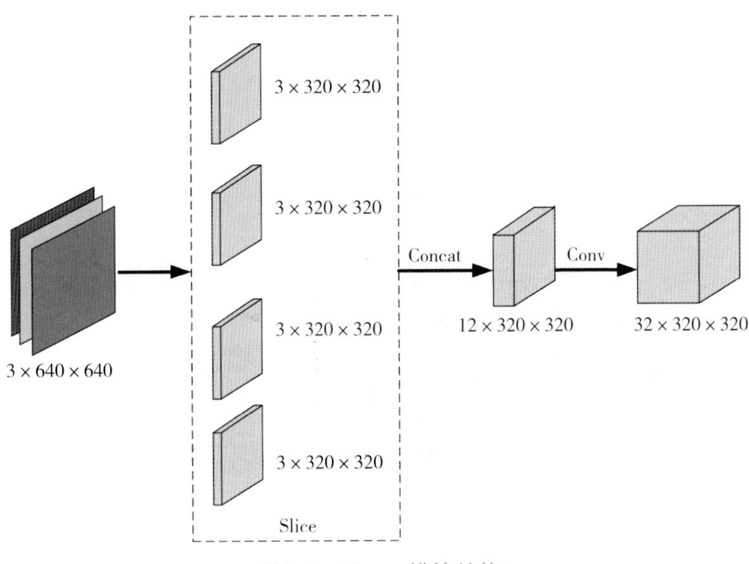

图8-6　Focus模块结构

C3模块主要由Bottleneck模块组成，其目的是更好地提取目标的高级特征。Bottleneck模块主要是由两个连续的卷积操作和一个残差操作组成，其结构如图8-7所示。

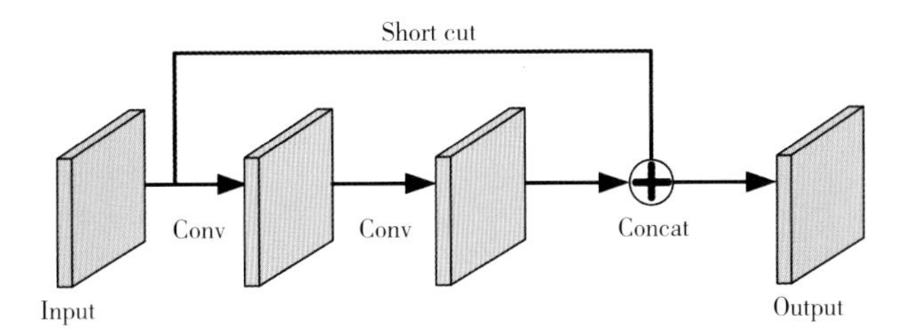

图8-7　Bottleneck模块结构

C3模块是由两个分支组成的，在第一条分支中输入的特征图通过3个连续的Conv模块和多个堆叠的Bottleneck模块；在第二条分支中，特征图仅通过一个Conv模块，最终将两个分支按通道拼接在一起，其结构如图8-8所示。

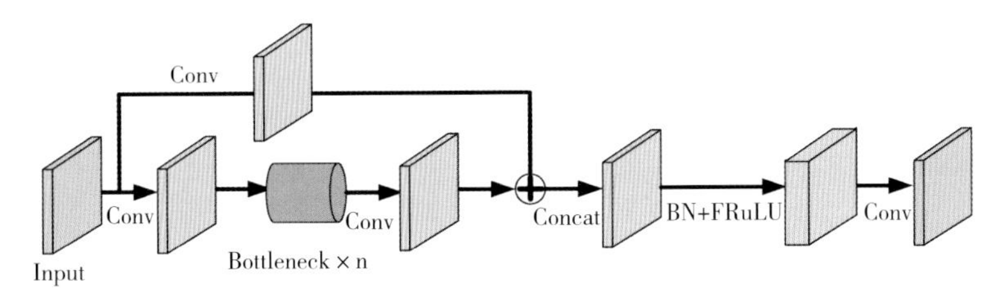

图8-8　C3模块结构

SPP模块是空间金字塔池化模块，用来扩大网络的感受野，其结构如图8-9所示。在YOLOv5s中SPP模块的输入特征图尺寸大小为512 × 20 × 20通过一个Conv模块后通道数减半；然后对特征图使用卷积核分别为5 × 5，9 × 9，13 × 13的最大池化操作，并将3种特征图与输入特征图按通道拼接后在通过一个Conv模块，最终输出的特征图尺寸大小为$512 \times 20 \times 20$。

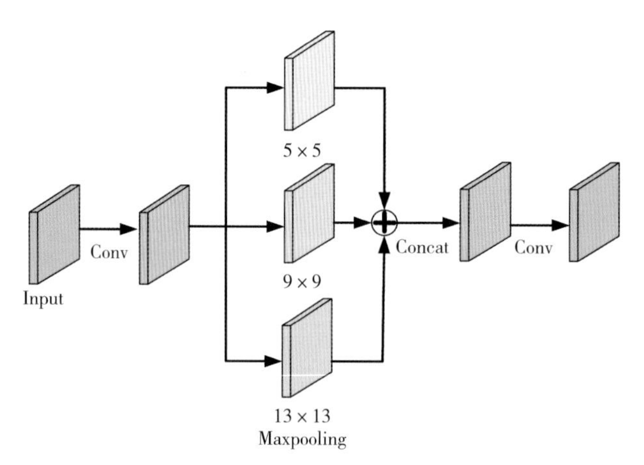

图8-9　SPP模块结构

8.2.2　改进的YOLOv5s网络模型

在YOLOv5网络的5个模型中，YOLOv5s模型的准确率高，参数量较少，检测速度快，可以在硬件设备上部署。小麦麦穗检测和计数研究在YOLOV5s网络模型的基础上进行改进，将注意力机制添加到YOLOV5s中，用于提高网络模型的鲁棒性。

8.2.2.1　注意力机制

卷积神经网络中引入注意力机制，在网络性能提升方面表现出巨大潜能。在计算机视觉领域，注意力机制被广泛应用于自然场景分割、医学图像分割以及目标检测中。其中，最具有代表性的是压缩-激励模块（Squeeze-and-Excitation，SE）模块卷积注意模块（Convolutional Block Attention Module，CBAM）2个模块。虽然SE模块可以提升网络性能，但是会提升模型的复杂度和计算量。CBAM模块忽略了通道与空间的相互作用，从而导致跨维信息的丢失。因此本文选用更加轻量的高效通道注意力模块（Efficient Channel Attention，ECA）模块和可以放大跨维度交互作用的全局注意力机制（Global Attention Mechanism，GAM）。针对小麦麦穗图像中麦穗数量多、分布密集、存在遮挡和重叠等问题，直接使用预训练的YOLOv5x预测准确率高，但是网络的推理速度慢，同时模型的参数量168M，难以在硬件设备上部署。YOLOv5s网络模型的推理速度快，参数量少，但是YOLOv5s的准确率低，直接使用YOLOv5s网络模型来对小麦麦穗进行检测和计数，效果不理想。

（1）引入ECA模块的改进C3模块

ECA模块结构如图8-10所示，输入特征图尺寸大小为$H \times W \times C$，然后经过全局平均池化（Global Average Pooling，GAP）得到尺寸大小为$1 \times 1 \times C$特征图。GAP之后得到的聚合特征，通过一个权重共享的一维卷积生成通道权重。其中，一维卷积涉及超参数k，就是卷积核的尺寸，k视通过对通道维度C的映射确定的。然后对得到的特征图进行$sogmoid$操作后，输出尺寸大小为$1\times1\times C$，并与原始输入特征对应通道相乘，最终输出特征大小为$H\times W\times C$。其中，k计算方式如公式（1）所示：

$$k=\psi(C)=\left|\frac{\log_2(C)}{\gamma}+\frac{b}{\gamma}\right|_{odd} \tag{1}$$

C代表通道维数，$|t|_{odd}$表示距离t最近的奇数，γ设置为2，b设置为1。

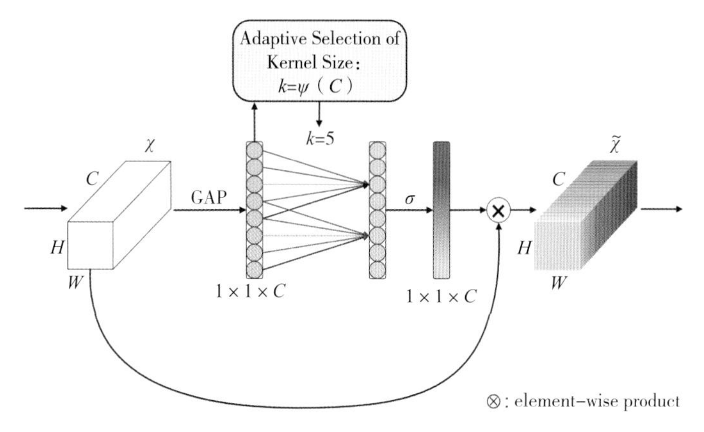

图8-10　ECA模块结构

本研究将ECA模块引入到YOLOv5s网络模型中的主干部分的C3模块中，从而用来提升有用特征，抑制不重要特征，在不额外增加模型参数量的同时提升网络模型检测的准确率。改进后的C3模块命名为ECA-C3模块，结构如图8-11所示。

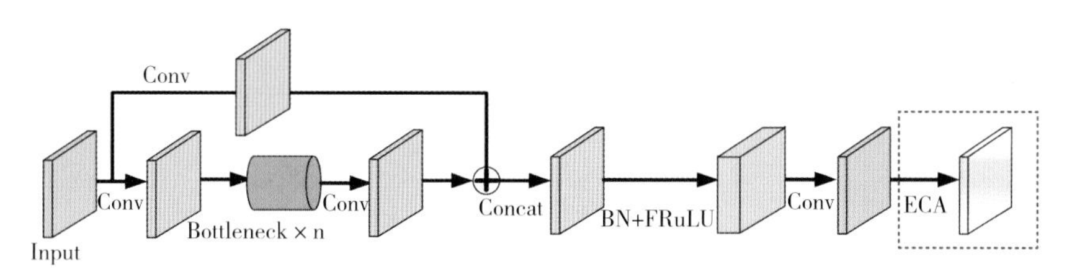

图8-11　改进C3模块结构

（2）引入GAM模块改进的YOLOV5s模型

GAM模块的目的是设计一种可以减少信息弥散的同时可以放大全局维度交互特征的注意力机制。图8-12展示了GAM模块的整个过程。给定输入特征图$F_1\in R^{C\times H\times W}$，中间状态$F_2$和输出$F_3$定义为：

$$F_2=M_C(F_1)\otimes F_1 \tag{2}$$

$$F_3 = M_S(F_2) \otimes F_2 \tag{3}$$

式中，M_C和M_S分别表示通道注意力图和空间注意力图；⊗表示按元素相乘。

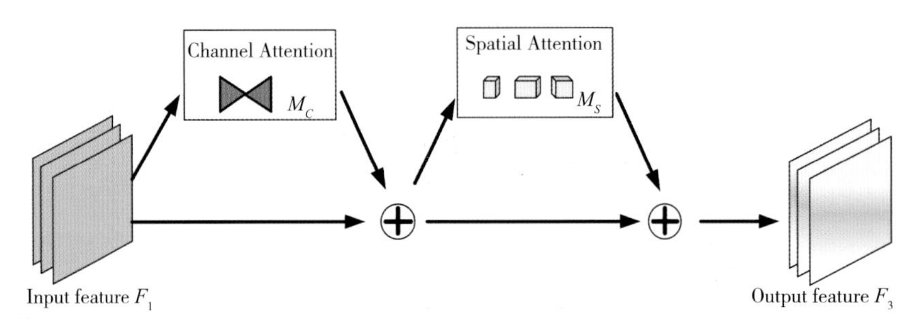

图8-12　ECA模块结构

通道注意力子模块使用三维排列在3个维度保持特征，然后在一个两层的多层感知机（Multi-Layer Perceptron，MLP）放大跨维度的空间依赖。通道注意力子模块的结构如图8-13所示。

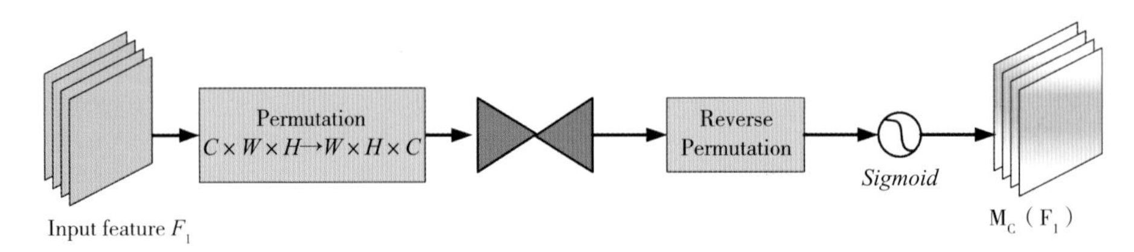

图8-13　通道注意力子模块结构

在空间注意力子模块中，首先使用两个卷积核大小为7×7的卷积操作进行空间信息融合。同时为了消除池化带来的特征丢失，这里删除池化操作以进一步保持特征映射。空间注意力子模块如图8-14所示。

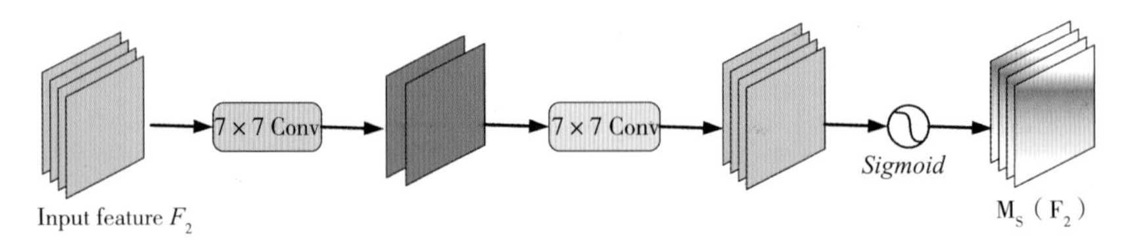

图8-14　通道注意力子模块结构

8.2.2.2　融合注意力机制的YOLOv5s网络模型

改进后的YOLOv5s网络模型如图8-15所示。与原始YOLOv5s不同的时，改进的模型将主干部分的C3模块替换为提出的ECA-C3模块，使网络可以有效地提取目标特征；在颈部和头部之间的二维卷积前添加GAM模块，添加的GAM会增加网络模型的参数量，但是可以使网络捕捉到三维通道、空间宽度和空间高度之间的重要特征。改进的YOLOV5s输入图像尺寸大小为3×640×640，以头部第一条预测分支为例进行说明。

（1）通道注意力建模

首先将通过C3模块得到尺寸大小为256 × 80 × 80的特征图F，经过维度变换得到80 × 80 × 256的特征图；特征图经过一个两层的MLP，并设置通道缩放率为4，先将特征图降维到80 × 80 × 64，再升维到80 × 80 × 256；特征图再次经过维度变换恢复到原始形状大小256 × 80 × 80；采用*sigmoid*函数得到尺寸大小为256 × 80 × 80的通道注意力图$M_C(F_1)$；将原始输入特征图F与$M_C(F_1)$相乘，得到尺寸大小为256 × 80 × 80的特征图F_1。

（2）空间注意力建模

F_1先通过一个7 × 7卷积，并与通道注意力设置相同的通道缩放率，得到的特征图尺寸大小为64 × 80 × 80；再次经过一个7 × 7卷积，使特征图恢复到256 × 80 × 80。采用*sigmoid*函数后得到尺寸大小为256 × 80 × 80的空间注意力图$M_S(F_2)$；将F_1与$M_S(F_2)$相乘得到大小为256 × 80 × 80的输出特征图F_2。

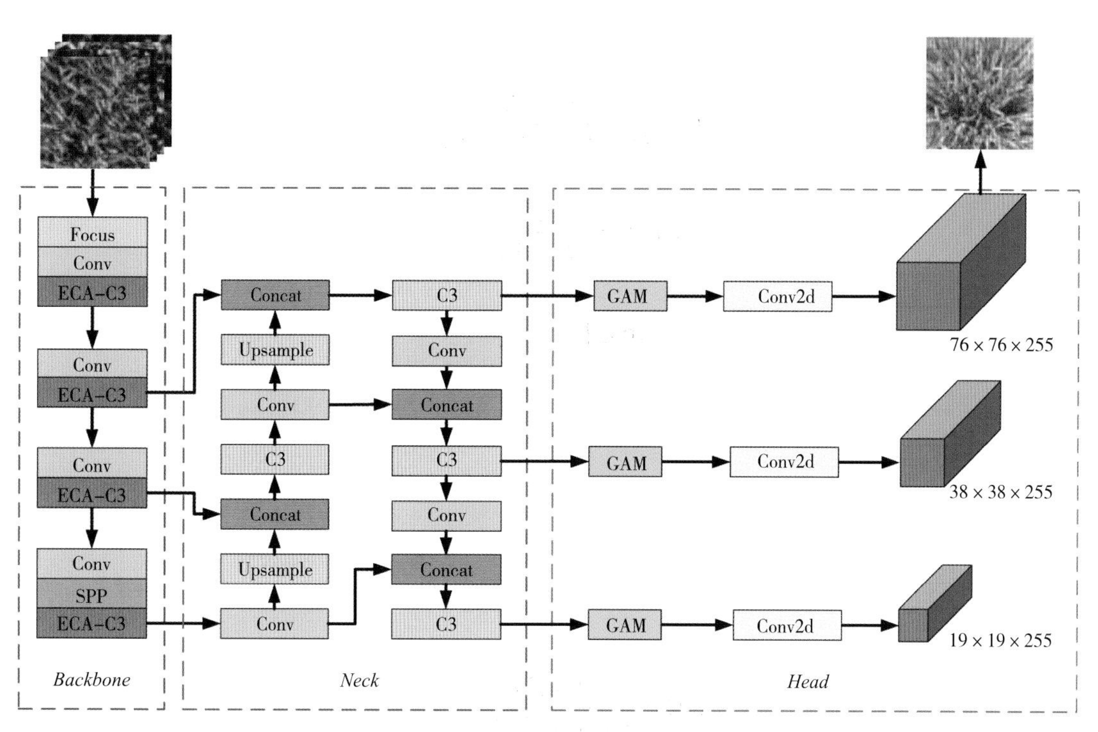

图8-15　改进的YOLOv5s算法结构

8.3　实验结果和分析

8.3.1　实验设备及参数设置

实验采用Pytorch1.10深度学习框架，CUDA11.2。所有实验都是使用Linux Ubuntu18.04 LTS操作系统，Intel® Core™ i7-8700 CPU @3.70GHZ 处理器，Tesla T4 16G

进行实验。本研究实验训练、验证和测试的图像的尺寸大小为640像素×640像素，输入的批次大小设置为8，训练过程共设置60个epoch，训练过程采用SGD优化器，初始学习率为0.01，动量因子为0.937，权重衰减率0.000 5。

8.3.2 评价指标及损失函数

YOLOv5s、YOLOv5x以及改进的YOLOv5s在公开数据集Global wheat challenge 2021随机划分的验证集进行验证，评价指标精确率（Precision）、召回率（Recall）、mAP@0.5以及mAP@0.5：0.95相近，说明3种模型均能达到Global wheat challenge 2021在检测任务的最好性能，因此不选用上述4个评价指标对模型进行评估。本研究主要评估模型对田间采集的小麦麦穗数据作为测试集进行麦穗计数的性能，因此选用准确率（Accuracy，ACC）作为YOLOv5s进行计数的评价指标，使用参数量、计算量（GFLOPs）和推理速度来评估模型性能。其中Accuracy计算公式如下。

$$ACC = \frac{TP + TN}{TP + FN + FP + TN} \tag{4}$$

$$Recall = \frac{TP}{TP + FN} \tag{5}$$

$$\mathrm{mAP} = \int_0^1 P \cdot RdR \tag{6}$$

式中，TP表示真阳性，TN表示真阴性，FP表示假阳性，FN表示假阴性。ACC值越大代表模型的检测效果越好。

本研究选取CIoU作为损失函数来计算定位损失，CIoU可以更好的准确表示预测框与标注框之间的差距，使网络模型在训练过程中具有更好的稳健性。CIoU损失函数的计算公式如下。

$$\mathrm{IoU} = \frac{area(ar \cap tr)}{area(ar \cup tr)} \tag{7}$$

$$\mathrm{CIoU} = 1 - \mathrm{IoU} + \frac{\rho^2(b,\ b^{gt})}{c^2} + av \tag{8}$$

$$\alpha = \frac{v}{(1 - IoU) + v} \tag{9}$$

$$v = \frac{4}{\pi^2}\left(\arctan\frac{w_{gt}}{h_{gt}} - \arctan\frac{w}{h}\right)^2 \tag{10}$$

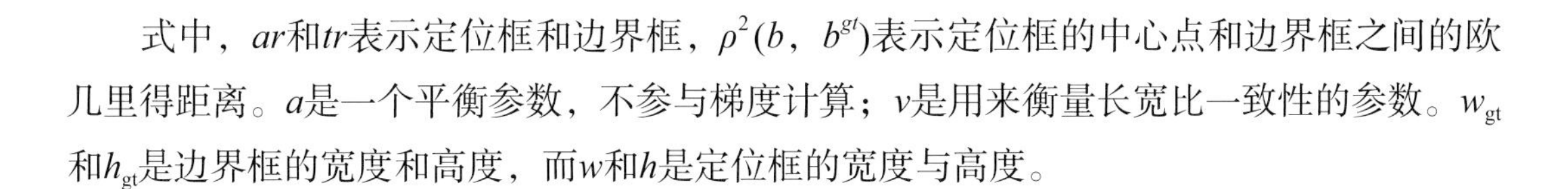

式中，ar和tr表示定位框和边界框，$\rho^2(b, b^{gt})$表示定位框的中心点和边界框之间的欧几里得距离。a是一个平衡参数，不参与梯度计算；v是用来衡量长宽比一致性的参数。w_{gt}和h_{gt}是边界框的宽度和高度，而w和h是定位框的宽度与高度。

$$RMSE = \sqrt{\frac{1}{N}\sum_{i=1}^{N}(p_i - q_i)^2} \tag{11}$$

$$MAE = \frac{1}{N}\sum_{i=1}^{N}| p_i - q_i | \tag{12}$$

式中，N为图像的数量，p_i为i图像中定向检测框的角度，q_i为相应定向边界框的角度。

8.3.3　实验结果定量分析

8.3.3.1　不同模型的评价指标比较

使用YOLOv5s、YOLOv5m、YOLOv5l、YOLOv5x、改进的YOLOv5s和Faster R-CNN用于评估田间采集麦穗数据的评价指标。从表8-1可以看出，Faster R-CNN的评估指标最差，改进的YOLOv5s评估指标优于标准YOLOv5s、YOLOv5m、YOLOv5l的评估指标，并与YOLOv5x的评价指标接近。

表8-1　不同模型的评价指标比较

模型	RMSE	MAE	Recall	mAP@.0.5	Map@.0.5：0.95
YOLOv5s	53.23	41.24	0.887	0.949	0.526
YOLOv5m	51.56	40.83	0.894	0.949	0.522
YOLOv5l	49.71	38.87	0.888	0.947	0.525
YOLOv5x	44.51	33.62	0.913	0.950	0.541
改进YOLOv5s	43.94	34.36	0.911	0.951	0.545
Faster R-CNN	94.57	87.10	0.819	0.862	0.355

上述不同模型对测试图像的平均误差率和平均准确率的评价指标如表8-2所示。YOLOv5x拥有最高的平均准确率，Faster R-CNN具有最低的平均准确率。与标准YOLOv5s相比，改进的YOLOv5s平均准确率提高了4.95%。与YOLOv5m、YOLOv5l相比，改进的YOLOv5s平均准确率提高了4.32%和2.50%，接近YOLOv5x。

表8-2　麦穗图像统计平均误差率和平均准确率

模型	平均误差率（%）	平均准确率（%）
YOLOv5s	33.34	66.66
YOLOv5m	33.29	67.29
YOLOv5l	30.89	69.11
YOLOv5x	27.52	72.48
改进YOLOv5s	28.39	71.61
Faster R-CNN	54.07	45.93

8.3.3.2　不同模型的性能指标比较

表8-3展示了不同模型在参数量、GFLOPs、推理时间、推理速度和GPU资源占用率的对比。虽然标准YOLOv5s参数量、GFLOPs、推理时间、推理速度和GPU资源占用率最低，但检测准确率低。而Faster R-CNN具有最多的GFLOPs、推理时间、推理速度和GPU资源占用率，但效果最差。改进的YOLOv5s参数量、GFLOPs、推理时间、推理速度和GPU资源占用率都大于标准YOLOv5s，小于标准YOLOv5l和YOLOv5x。

表8-3　不同模型的参数数量、GFLOP、推理、推理速度和GPU资源占用率的比较

模型	Parameter quantity（M）	GFLOPs	Inference（Min）	Inference speed（ms）	GPU resource occupancy（G）
YOLOv5s	13.38	15.8	370.5	7.5	1.70
YOLOv5m	39.77	47.9	396.2	11.6	1.80
YOLOv5l	87.90	107.6	415.6	17.3	2.10
YOLOv5x	164.36	204.0	479.9	29.0	2.40
改进YOLOv5s	28.81	31.6	372.5	14.7	2.42
Faster R-CNN	41.30	278.2	755.3	227.7	7.87

表8-4比较了EloU和CloU的平均准确率和推理时间。通过比较EloU和CloU在改进YOLOv5s模型中的效果，使用EloU后的平均准确率略高于CloU，但推理时间显著增加。因此，本研究选择CloU作为损失函数计算定位损失。

表8-4　改进YOLOv5s模型的CIou和EIou的平均准确率和推理时间比较

方法	平均准确率（%）	推理时间（Min）
改进YOLOv5s with CIoU	71.61	372.5
改进 YOLOv5s with EIoU	72.82	405.6

8.3.3.3　不同模型实验结果的定性分析

将标准YOLOv5s和YOLOv5m网络模型与本研究改进的YOLOv5s网络模型在田间环境中对麦穗的识别结果进行了比较，图中红色框标注为算法对麦麦穗的识别结果。从图8-16中可以看出，标准的YOLOv5s、YOLOv5m、YOLOv5l和YOLOv5x网络模型在麦穗密集区域存在严重漏检。相比之下，本研究改进的YOLOv5s对麦穗密集、严重遮挡和较小的麦穗具有较高的识别率和良好的泛化性能，紫色框区域展示了改进的YOLOv5s检测结果的优越性。

图8-17显示了改进的YOLOv5s模型在不同密度和背景下的实验结果。图8-17a、图8-17f显示了麦穗稀疏时的计数结果；图8-17b至图8-17e显示了麦穗密集情况下的计数结果。其中，图8-17b、图8-17d中小麦叶片的颜色与麦穗的颜色相似，图8-17c、图8-17e中小麦叶片颜色为黄色，麦穗颜色为绿色。

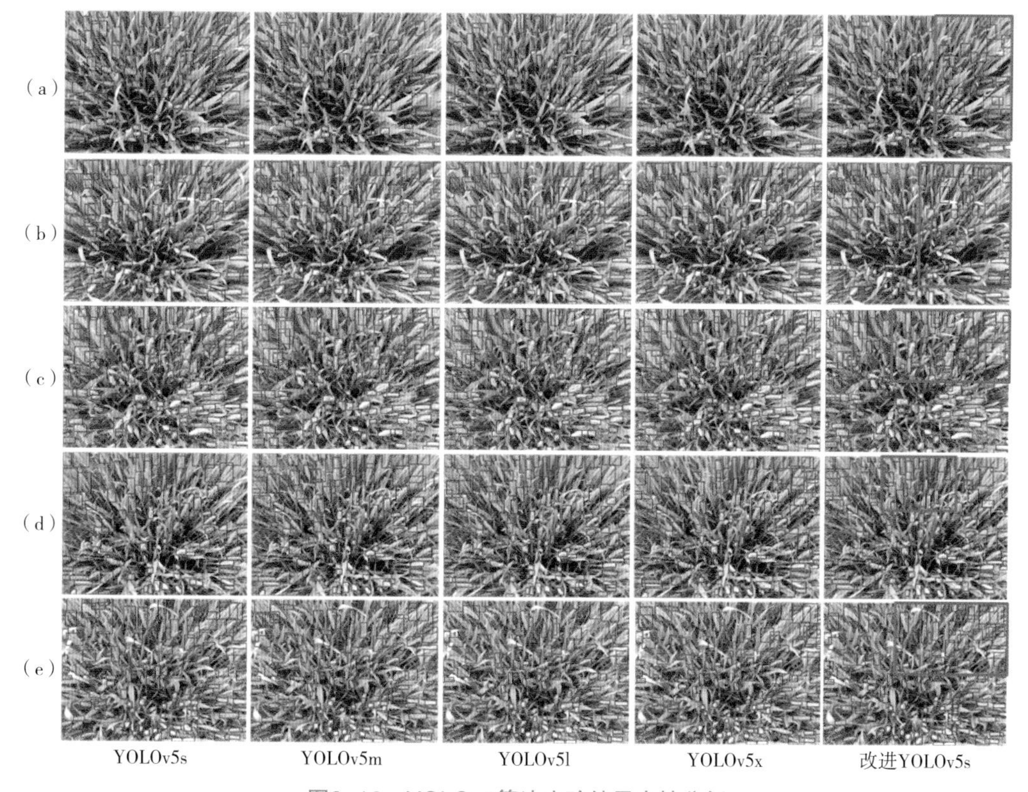

图8-16　YOLOv5算法实验结果定性分析

（a）（b）（c）（d）（e）（f）

图8-17　改进YOLOv5s在不同密度和背景下的实验效果

8.3.3.4　不同模型实验结果的定性分析

采用人工统计与算法统计对麦穗图像进行测试，并计算每张图像中包含的麦穗数量，随机选取10张图像统计结果如表8-5所示，YOLOv5s的麦穗计数实验结果相对最差，YOLOv5x的麦穗计数实验结果与人工统计的最接近，本研究改进的YOLOv5s的实验统计结果与YOLOv5x相近。

表8-5　人工统计与算法统计在麦穗图像测试结果

图像编号	人工统计（个/张）	YOLOv5s统计（个/张）	YOLOv5m统计（个/张）	YOLOv5l统计（个/张）	YOLOv5x统计（个/张）	改进YOLOv5s统计（个/张）
1	91	73	66	83	93	87
2	134	91	106	95	99	112
3	170	113	121	124	135	129
4	172	88	105	105	113	108
5	191	111	113	115	131	137

（续表）

图像编号	人工统计（个/张）	YOLOv5s统计（个/张）	YOLOv5m统计（个/张）	YOLOv5l统计（个/张）	YOLOv5x统计（个/张）	改进YOLOv5s统计（个/张）
6	206	89	109	97	125	98
7	229	119	133	139	154	136
8	182	119	131	132	154	132
9	96	33	37	27	46	37
10	102	84	93	84	92	89

8.4 讨论

穗数是决定小麦产量表型性状的重要指标，麦穗检测是小麦表型研究的热点（Fernandez-Gallego et al.，2019）。本研究麦穗图像数据来源于抽穗期，此时由于小麦麦穗形态差异较大，加上麦穗密度大，被遮挡的部分太多，麦穗特征不明显。在麦穗识别过程中，小麦穗部遮挡的检测存在疏漏问题，导致麦穗计数出现误差。在麦穗检测中，部分图像存在交叉重叠的麦穗没有被识别标记，以及相邻麦穗没有被识别标记，两个麦穗紧密相连被识别为一个麦穗。本研究提出了一种基于改进YOLOv5s的目标检测方法，在麦穗识别过程中修正了这些问题，有效解决了麦穗检测中遮挡、交叉重叠等引起的漏检问题。因此，基于改进YOLOv5s的目标检测方法显著提高了图像中麦穗标记的准确性以及识别能力。

深度学习是目前麦穗识别和检测计数的主要技术手段，利用冬小麦数码图像，获取麦穗的颜色、纹理和形状特征，通过深度学习方法建立麦穗识别分类器，从而实现麦穗识别和检测计数。高云鹏（2019）采用了基于YOLOv3和Mask R-CNN网络的深度神经网络方法，实现了大田小麦穗的自动识别。谢元澄等（2020）提出了基于FCS R-CNN的麦穗检测方法，能够提高大田复杂背景下麦穗识别精度，其统计精度达到92.9%。Alkhudaydi et al.（2019）采用完全卷积网络SpikeletFCN，在提取小麦小穗数时，误差降低了89%。这些研究结果表明，深度卷积神经网络对麦穗计数具有较好的鲁棒性。Zhou et al.（2018）提出了一种支持向量机分割方法，用于可见光图像中分割小麦麦穗。Sadeghi-Tehran et al.（2019）开发了小麦穗数计数系统DeepCount，用于自动识别和统计拍摄麦穗图像中的小麦穗数。本研究中，当输入图像的分辨率较高时，检测精度较高，这与在一般数据集上测试的其他研究结果一致（Singh et al.，2018），本研究在YOLOv5s网络模型的主干结构C3模块中引入ECA，同时将GCM模块插入到颈部结构与头部结构之间，基于改进的YOLOv5s目标检测方法在准确率和效率上均有明显提高，在一定程度上解决了由于麦穗交叉遮挡而导致的麦穗识别不清和遗漏问题，尤其在识别不清晰和漏检方面具有更好的实际应用价值。

在样本极度稠密情况下，小麦穗头重合概率大，而YOLO算法的回归思想基础是将图像划分成网格，即每个网格最多只能预测一个目标物，因此它对于在同一个网格内出现多个目标物体的情况表现不佳，无法全部识别出这多个目标。由于便携性和轻量化网络，采用YOLOv5s作为主模型训练，与YOLOv4相比提升灵活性与训练速度，减少大量参数量以适用于便携设备，而改进后模型需兼顾训练精度和训练速度，增加了参数量，导致训练速度较原模型缓慢。

本研究提出的改进YOLOv5s方法可以实现小麦麦穗的计数，能够满足麦田环境下高通量作业的需求。在今后的研究工作中，我们将对智能手机获取的小麦麦穗图像，逐步优化构建的YOLOv5s网络结构，剖析小麦麦穗检测网络结构，以便获得更好的小麦检测性能。此外，我们将设想使用该方法应用在其他作物计数中，以证明其解决遮挡和重叠问题的鲁棒性。随后，改进的YOLOv5s方法可以省时省力。

8.5 结论

我们开发了一种基于注意力机制改进YOLOv5s的小麦穗数图像检测方法。该方法包括3个关键步骤：麦穗图像的数据预处理、添加注意力机制模块进行网络改进、融合注意力机制的YOLOv5s网络模型。在麦穗计数任务中，改进的YOLOv5s模型的准确率达到71.61%，与标准YOLOv5s模型相比，具有更高的计数准确率。与YOLOv5m相比，改进的YOLOv5sRMSE和MEA分别降低了7.62和6.47，并且性能优于YOLOv5l。实验结果表明，改进的YOLOv5s算法提高了在复杂田间环境中的适用性，可以准确检测小尺度小麦穗数，较好地解决麦穗的遮挡和交叉重叠问题。

第9章

基于改进DM-Count的麦穗自动检测方法

9.1 引言

小麦是全球广泛种植的农作物，是世界上重要的粮食作物，占世界膳食热量20%（hauhan et al.，2020）。2021年全球小麦播种面积为2.23亿hm^2，产量为7.76亿t（Zang et al.，2022）。然而，粮食安全面临着严峻的全球挑战，到2050年，粮食需求将增长69%，以满足97亿人前所未有的需求。随着人口结构的老龄化、耕地面积减少以及异常气候的影响，为小麦产量形成带来了许多不确定性（Su et al.，2023）。在实际生产中，小麦穗数的计数主要依赖于人工在田间进行数穗，存在经济成本高、劳动力消耗大和计数效率低等问题，并且计数结果易受主观因素影响。因此，及时准确地估算小麦穗数为产量预测和品种评价提供重要科学依据。

穗数是制约小麦产量的关键因素，穗数过于稀疏或稠密极大地影响小麦产量（Li et al.，2022）。穗数对小麦产量的影响主要分为两方面，一方面，穗数过低虽然可以保证个体植株的充分发育，但是不利于产量提高；另一方面，穗数过高不仅造成群体过大，而且生长中后期极易引起倒伏，导致产量降低。目前，麦穗的计数方法主要依靠人工选取一定长度的小麦样段进行数穗，然后统计小麦试验地的平均行距，推算单位面积内小麦穗数；这种方法不仅费时费力，且作业环境较差（Kamilaris et al.，2018；Zang et al.，2022；Zhao et al.，2021）。因此，传统的人工数穗方法显然不能满足现代大规模和高效的作物育种需求，采用深度学习进行麦穗图像自动计数研究是解决这一困境的有效途径，深度学习在小麦穗数的应用具有计数快速、准确性高、适应性强等优点，可打破时空限制和对农业专家的依赖，进而提高劳动效率。

近年来，随着计算机视觉技术的快速发展，已有学者使用深度学习方法对细胞（Xie et al.，2018）、人群（Liu et al.，2022；Zhang et al.，2021；Shu et al.，2022）、麦穗

（Zang et al.，2022；Misra et al.，2020；Zhao et al.，2021）等目标对象进行计数，在检测精度方面取得了显著进展，并且应用在实际生产中。这些方法可分为基于目标检测的方法和基于密度图回归的方法。目前农业视觉目标检测算法主要分为一阶段目标检测算法和两阶段目标检测算法，如SSD（Liu et al.，2016）、YOLO（Redmon et al.，2016，；Redmon et al.，2017；Redmon et al.，2018；Bochkovskiy et al.，2020）和Faster R-CNN（Fuentes et al.，2017；Qian et al.，2023）等，这类算法将目标检测问题视为对目标位置和类别信息的回归分析，在训练阶段需要标注大量的目标对象边框作为标签（Nguyen et al.，2022），通过神经网络模型可直接输出检测结果。由于麦穗密度高且相互之间存在遮挡及交叉重叠严重，使得麦穗标注费时费力，导致麦穗检测误计和漏计等问题。基于密度图回归的方法是对目标对象使用点标注生成密度图，作为模型的学习目标，可以更好地捕捉目标的分布和密度信息，之后对模型预测出的密度图求积分得到目标对象的计数值（Zhang et al.，2016；Lempitsky et al.，2010）。目前，具有代表性的检测方法主要包括BL（Ma et al.，2019）、MCNN（Devi et al.，2017）、CSRNet（Li et al.，2018）、SCAR（Gao et al.，2019）、P2PNet（Song et al.，2021）和DM-Count（Wang et al.，2020）等。总体而言，使用这类方法标注麦穗成本不高，但不能标识出麦穗的准确位置，导致模型的鲁棒性不强。

为了解决以上问题，本文对DM-Count进行改进，提出增强局部上下文监督信息的麦穗计数模型DMseg-Count。首先，引入局部分割分支改进网络结构，增强麦穗局部上下文监督信息，降低背景或其他无关区域对计数结果的干扰。其次，设计逐元素点乘机制融合分割分支提取麦穗局部信息和全局信息，模拟农业专家结合不同信息应对遮挡和重叠造成的计数困难。最后，使用融合后的特征信息生成密度图，采用密度分支预测麦穗的计数结果。

9.2 材料与方法

9.2.1 数据集准备

小麦材料种植在河南省农业科学院河南现代农业研究开发基地，地处东经113°41′E，北纬35°0′N，如图9-1所示。田间试验采用完全随机区组设计，2021年10月12日种植，共有68个小区，每个小区面积为2 m^2。

使用型号为华为MATE 40 PRO的智能手机采集数据，相机分辨率为5 000万像素，传感器类型为Sony IMX700，光圈f/1.9。2022年4月20日至5月26日期间采集麦穗图像，之后每隔5天采集一次，此时正处于开花期、灌浆期和成熟期。主要对使用1 m × 1 m白色矩形框标出的目标计数区域进行采样，总共拍摄800张麦穗图像，每张图像分辨率为4 032像素 × 3 024像素。采集的图像通过裁剪得到白色矩形框内的图像，然后经过旋转、翻转等进行数据增强，共获得2 400张图像。将数据集按6：1：3的比例分为训练集、验证集和测试集。

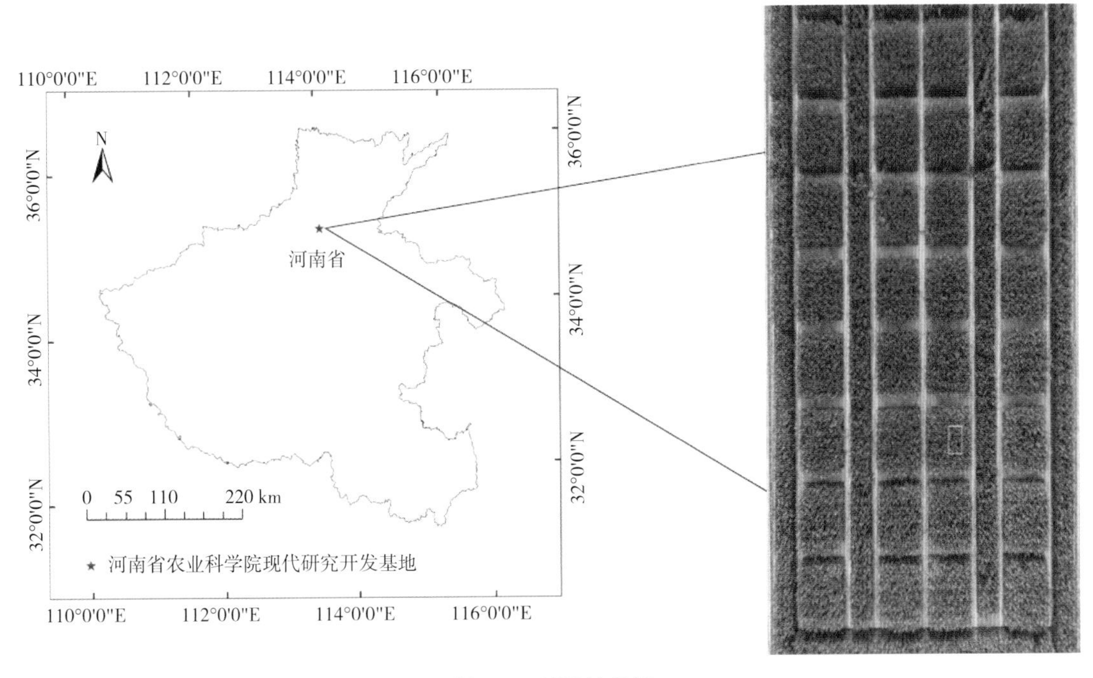

图9-1　试验地位置

9.2.2　数据预处理

数据预处理的目的是对白色矩形框外的非目标计数区域进行冗余剔除。为避免后续用于数据增强的随机裁剪操作可能得到大面积的非目标计数区域，从而干扰目标区域的计数结果，对非目标区域进行最大程度的冗余剔除，得到本研究的最终实验图像。

9.2.3　图像标注

麦穗易出现遮挡、重叠等现象，这使得基于框标注的方法相对困难，因此采用成本较低、方便快捷的点标注方法。一个点标注表示对应麦穗在图像中的点坐标。采用Wang et al.（2020）开发的标注工具进行数据集标注。对于麦穗图像中较为稠密、遮挡和重叠较为严重的区域，使用该工具对其放大再进行标注，便于后续网络的训练。

9.2.4　数据集构建

本研究筛选出拍摄清晰无遮挡的800张麦穗原始图像，每张图像分辨率为4 032像素×3 024像素。800张原始图像经过水平翻转、旋转、随机裁剪、亮度调整进行数据增强和图像去噪，共获得2 400张图像。按照6：1：3的比例将数据集分为训练集、验证集和测试集。为了方便网络训练，将原始图像统一裁剪为512像素×512像素。

9.2.5 深度学习模型

深度学习算法通过前向传播和反向传播技术，使用大规模数据集对神经网络进行训练，从而使其逐渐学习得到高层特征表示并具备模式识别能力。通过选择合适的深度神经网络架构并不断调整网络参数，使得模型逐渐优化并提取出有用的信息，从而解决复杂的任务。本研究选择9种最先进的深度学习模型：BL、MCNN、CSRNet、SCAR、P2PNet、DM-Count和DMseg-Count，相关架构如表9-1所示。所有模型都使用迁移学习方法进行了预训练，图9-2展示了图像采集、图像处理、模型选择和模型性能示意图。BL使用贝叶斯损失函数，从点标注构建密度贡献概率模型以弥补密度图的不足。MCNN基于多列卷积神经网络，以便捕捉不同尺度的特征。CSRNet使用空洞卷积以提高拥挤场景下的计数精度。SCAR引入注意力机制以获取像素和人群上下文之间的关联信息。P2PNet直接将点标注结果作为学习目标，之后预测出所有目标对象的点坐标，从而得到计数结果。DM-Count将分布匹配用于计数任务，并设计了新的优化策略以度量真实值与预测值之间的相似性。通过详细的研究和实验证明，我们发现表9-1中列出的模型在麦穗计数任务中具有很好的适用性。我们进行了对比实验，使用了常见的性能评估指标如MAE、RMSE等，结果显示这些模型在麦穗计数任务中表现出色。尽管这些模型最初是为人群统计设计的，但我们对其进行了一些调整和微调，以满足麦穗计数任务的特殊需求，并取得了显著的改进。因此，我们可以确信这些模型在麦穗计数任务中是可行且有效的选择。

表9-1 麦穗计数的深度学习模型架构

模型	Backbone network	Image input size	ReLU layer	Max pooling layer	Convolution layer	Fully connected layer
BL	VGG19	512×512×3	18	4	19	0
MCNN	VGG19	560×600×3	13	6	14	0
CSRNet	VGG19	560×600×3	16	3	18	0
SCAR	VGG19	560×600×3	21	3	25	0
P2PNet	VGG16	128×128×3	21	4	29	0
DM-Count	VGG19	512×512×3	19	4	19	0
DMseg-Count	VGG19	512×512×3	25	4	33	0

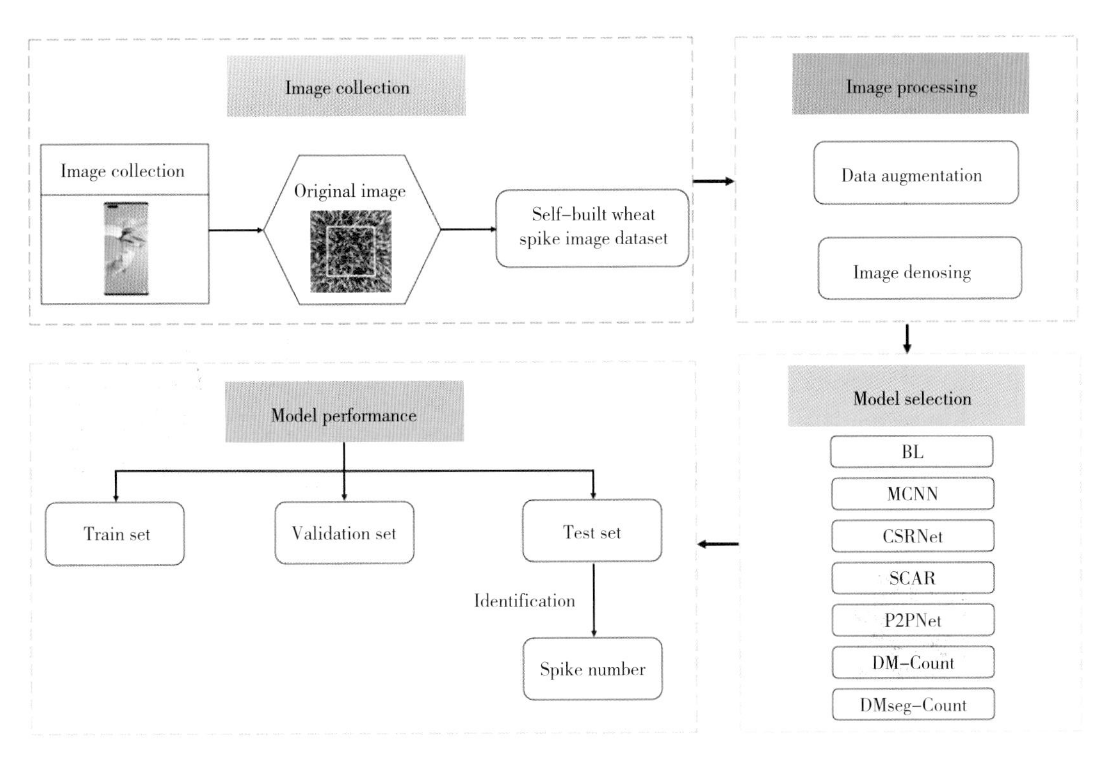

图9-2　不同深度学习模型识别小麦穗数的框架

9.2.6　研究方法

9.2.6.1　DM-Count网络结构和DMseg-Count整体框架

DM-Count是一种基于密度图的人群计数网络。该网络的输入为人群图像、输出为人群密度图，人群数量通过对预测密度图积分求和得到。DM-Count以VGG19为基础网络，通过密度预测分支生成人群密度预测图，同时使用最优传输（Optimal Transport，OT）测量人群密度预测图和真实图之间的相似度。其网络结构如图9-3所示；为了稳定OT计算，该网络使用了总变化（Total Variation，TV）损失函数。

本研究对DM-Count进行改进，引入麦穗局部分割分支以增强麦穗局部上下文监督信息。在此基础上，提出增强局部上下文监督信息的麦穗计数模型DMseg-Count，网络架构如图9-4所示。DMseg-Count由基础网络VGG19和两个附加分支组成：麦穗局部分割分支和麦穗密度分支。对于一幅麦穗图像，首先通过VGG19提取其基本特征，得到特征图P_3。之后将P_3输入麦穗局部分割分支生成局部特征图F_1，以提取麦穗局部上下文监督信息。然后通过上采样和卷积操作得到麦穗分割预测图。使用局部分割损失函数L_G比较预测分割图和真实分割图。同时，将VGG19前35层输出的特征图送入密度分支，之后使用采样和卷积操作生成密度图，得到计数损失、总变化损失和最优传输损失。

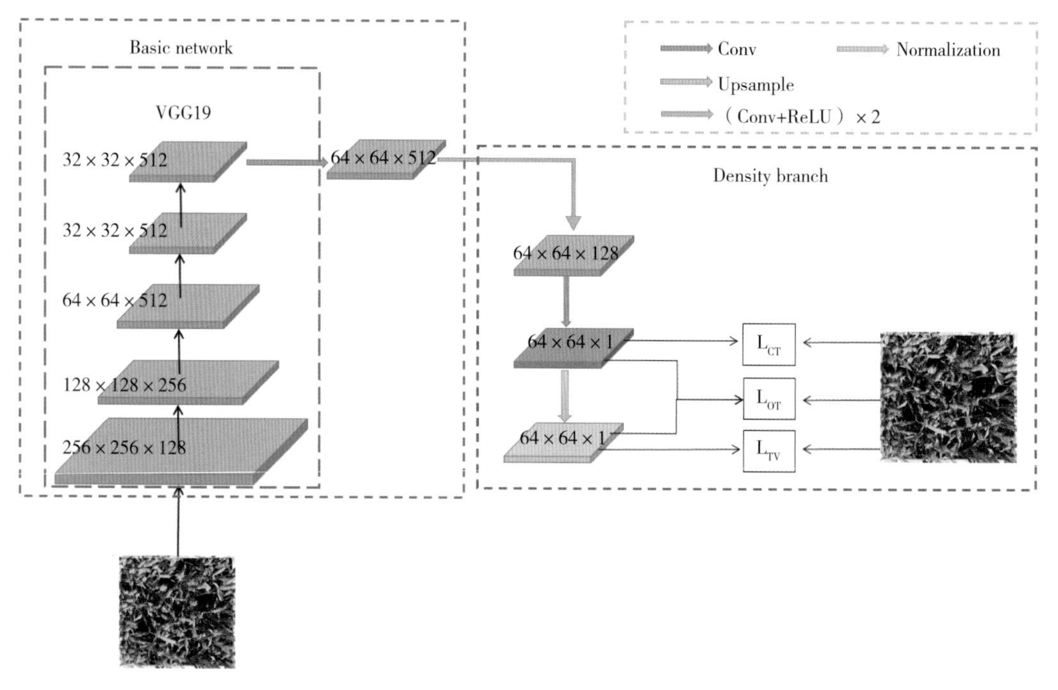

图9-3 DM-Count网络结构

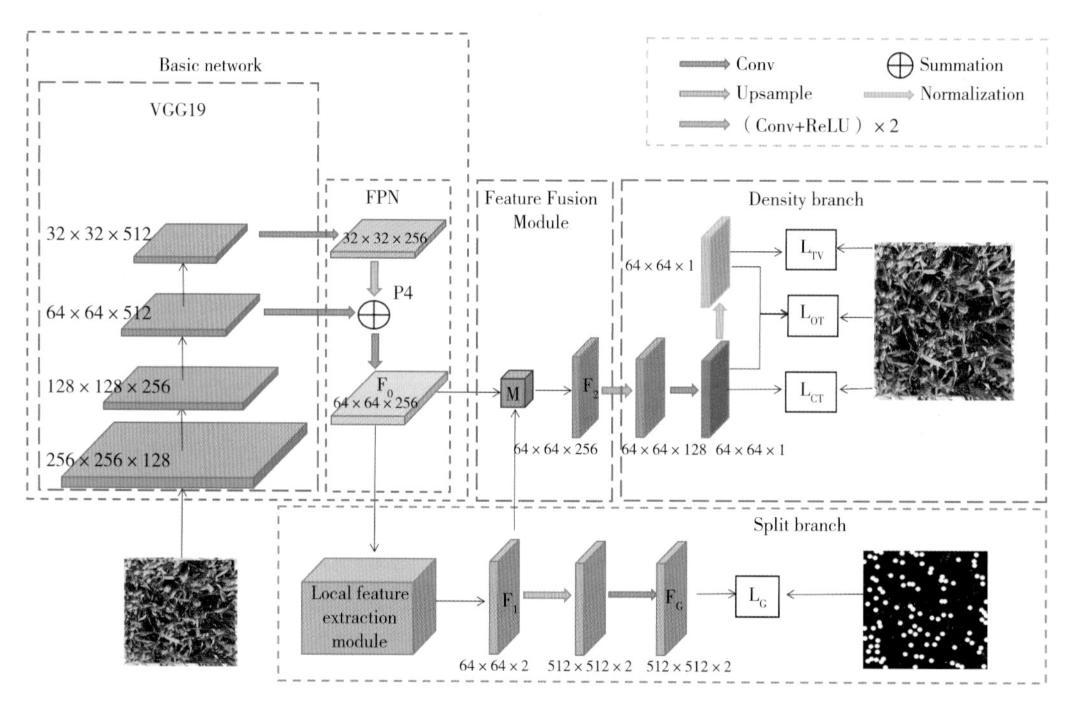

图9-4 DMSeg-Count模型整体框架

9.2.6.2 麦穗局部分割分支

通过麦穗局部分割分支，我们能够精准提取麦穗局部上下文监督信息。该分支的设计旨在将注意力集中到标注点位置的麦穗目标区域，特别是在标注点位置存在遮挡或重叠的情况下，能够提供更丰富的上下文信息，从而显著提高模型的检测精度。首先将原始图像的尺寸缩放为512 × 512并送入基础网络，得到第16层、第23层、第30层生成的特征图，分别记为X_2、X_3、X_4。将3个特征图送入特征融合模块，该模块包含3个卷积层和3个上采样层，以融合3个不同尺度的特征图，从而生成更精确的麦穗计数结果。对X_4进行1 × 1卷积和上采样得到特征图P_4。然后将X_3经过1 × 1卷积层和P_4相加，之后经过一个3 × 3卷积层得到特征图P_3。将P_3输入局部分割分支，经过连续两组3 × 3卷积层和ReLU激活函数，之后使用残差连接生成中间特征图。之后将中间特征图送入两个残差块（每个残差块由一个3 × 3卷积层、一个ReLU激活函数和一个残差连接组成），得到一个更加精细的特征图。最后将该特征图经过一个3 × 3卷积得到分割结果。该分割结果包含两个通道，分别对应麦穗图像的背景和前景。通过上采样将分割结果的尺寸放大8倍，以匹配原始输入图像的尺寸。最后通过1 × 1卷积得到最终分割结果。

9.2.6.3 特征融合模块

首先，将大小为64 × 64 × 2的局部特征图F_1输入到softmax层，得到两个64 × 64的张量，其元素值被归一化到[0，1]。接着，对表征麦穗局部上下文监督信息的局部特征张量执行repeat操作，将其复制256次，得到大小为64 × 64 × 256的新特征图。随后，将这个新特征图与全局特征图P_3进行逐元素点乘操作，得到融合后的特征图F_2。这样，F_2就综合了麦穗局部头部信息和全局特征信息，从而增强了网络对麦穗的识别能力，提高了麦穗计数的准确率。

9.2.6.4 麦穗密度分支

将融合后的特征图F_2作为密度分支的输入，然后通过两层卷积、ReLU激活函数、1 × 1卷积和归一化，得到预测密度图。

9.2.6.5 损失函数

DMSeg-Count的损失函数包含四部分：计数损失L_{CT}、最优传输损失L_{OT}、总方差损失L_{TV}和分割损失L_G。其中L_{CT}、L_{OT}和L_{TV}继承自DM-Count，L_G对应分割分支。

L_{CT}是真实计数值和预测计数值之间差值的绝对值，其定义为：

$$L_{CT}\left(z, \hat{z}\right)=\left|\| f \|_1-\| \hat{f} \|_1\right|$$

其中f和$\hat{f}$分别为原始密度图和网络预测密度图。

L_{OT}的定义为：

$$L_{OT}(f,\hat{f})=\left\langle a^*, \frac{f}{\| f \|_1}\right\rangle+\left\langle b^*, \frac{\hat{f}}{\| \hat{f} \|_1}\right\rangle$$

L_{TV}用来加强网络对麦穗低密度区域的近似，其定义为：

$$L_{TV}=\frac{1}{2}\left\|\frac{f}{\|f\|_1}-\frac{\hat{f}}{\|\hat{f}\|_1}\right\|_1$$

L_G使用交叉熵损失，其定义为：

$$L_G=-\frac{1}{N}\sum_i-[y_i\log(p_i)+(1-y_i)\log(1-p_i)]$$

其中$y_i\in\{0,1\}$，表示图像中第i个像素的类别，0对应背景、1对应麦穗。p_i表示第i个像素为麦穗的概率。

DMseg-Count的总损失函数为：

$$L=L_{CT}+\alpha L_{OT}+\beta L_{TV}+\gamma L_{G.}$$

式中，α，β，γ为超参数，分别设置为0.1、0.01和1。

9.3 实验与结果分析

9.3.1 实验设置

实验在一台配有Intel（R）Core（TM）i7-10600 CPU，主频2.90 GHz；NVIDIA GeForce RTX3090 GPU，显存容量为24GB的工作站上进行。

使用PyTorch作为深度学习框架，实验训练、验证和测试的图像分辨率为512 × 512。优化器选择Adam，设置训练批次为8，训练轮数为1 000，设置初始学习率为0.001，随着迭代次数提升降低学习率至0.000 1。

9.3.2 评价指标

采用平均绝对误差（Mean absolute error，MAE）和均方根误差（Root mean square error，RMSE）评价模型的性能。MAE用来衡量网络的计数准确率，其值越小，表明穗数的预测值越接近真实值。RMSE用来衡量网络的稳定性，其值越小，表示网络的稳定性越强、鲁棒性越好。本研究使用参数量、计算量（FLOPs）、模型大小及耗时评估模型性能。

$$MAE=\frac{1}{N}\sum_{i=1}^{N}|p_i-q_i|$$

$$RMSE=\sqrt{\frac{1}{N}\sum_{i=1}^{N}(p_i-q_i)^2}$$

9.3.3　定量分析

在自建麦穗数据集上，为进一步验证DMseg-Count的性能，与YOLOv8、Faster RCNN、BL、MCNN、CSRNet、SCAR、P2PNet和DM-Count进行对比实验；其中P2PNet为基于点标注的计数方法，其他模型为基于密度图的计数方法。由表9-2可以看出，DMseg-Count对麦穗计数准确率最高，MAE为5.79，RMSE为7.54，与DM-Count相比分别降低了9.76和10.91；R^2为0.95。同时，与其他先进计数模型相比，DMseg-Count的两种计数误差亦最小。说明增强局部上下文监督信息可以提高DMseg-Count对麦穗的识别能力，从而显著提高麦穗计数准确率。

表9-2　不同模型在麦穗数据集上的实验结果对比

模型	MAE	RMSE
BL	40.80	53.60
MCNN	86.46	87.73
CSRNet	81.66	83.20
SCAR	89.12	90.74
P2PNet	10.58	13.23
DM-Count	15.55	18.45
DMseg-Count	5.79	7.54

表9-3展示了7种模型在参数量、FLOPs、模型内存以及每张图片耗时的比较。MCNN参数量、FLOPs、模型大小以及每张图片耗时是最低，但计数准确率较低。DMseg-Count具有较多的参数量、FLOPs、模型大小，大于其他计数模型，计数准确率较高。

表9-3　不同模型在麦穗数据集上的实验结果对比

模型	Model size（MB）	FLOPs（G）	Parameters（M）	Time（s/image）
BL	82.01	20.66	20.50	0.40
MCNN	1.56	1.34	0.13	0.04
CSRNet	62.04	20.72	16.26	0.09
SCAR	62.13	20.74	16.29	0.10
P2PNet	82.35	20.04	19.21	1.72
DM-Count	82.01	20.66	20.50	0.06
DMseg-Count	80.98	23.88	20.24	0.07

9.3.4 定性分析

从图9-5可以看出，BL、MCNN、CSRNet、SCAR、P2PNet、DM-Count和DMseg-Count在麦穗上的可视化计数结果。图9-4a为原图，图9-4b为点标注生成的密度图像，作为基于密度图计数方法的真实值。图9-4h至图9-4i分别为单阶段目标检测YOLOv8和双阶段目标检测Faster RCNN，由于麦穗目标较大，由框标注易出现漏标、重复计数等情况，且前期人工标注费时费力。

图9-4c至图9-4g、图9-4j至图9-4k分别为BL、MCNN、CSRNet、SCAR、P2PNet、DM-Count和DMseg-Count的密度图计数结果，通过密度图进行可视化展示，密度图的颜色越深，说明麦穗密度越大。以上这些是基于密度图方法的计数准确率不高，生成的密度图不能直接标识出麦穗的位置，无法为下游任务提供更多的支撑信息。最后两列分别为DM-Count和DMseg-Count的预测结果，由于DMseg-Count引入了局部分割分支以增强局部上下文监督信息，针对受遮挡、重叠等因素影响麦穗图像计数时，其预测值更接近真实值，计数误差更小，具有较高的麦穗识别能力，表现出更好的泛化性能。

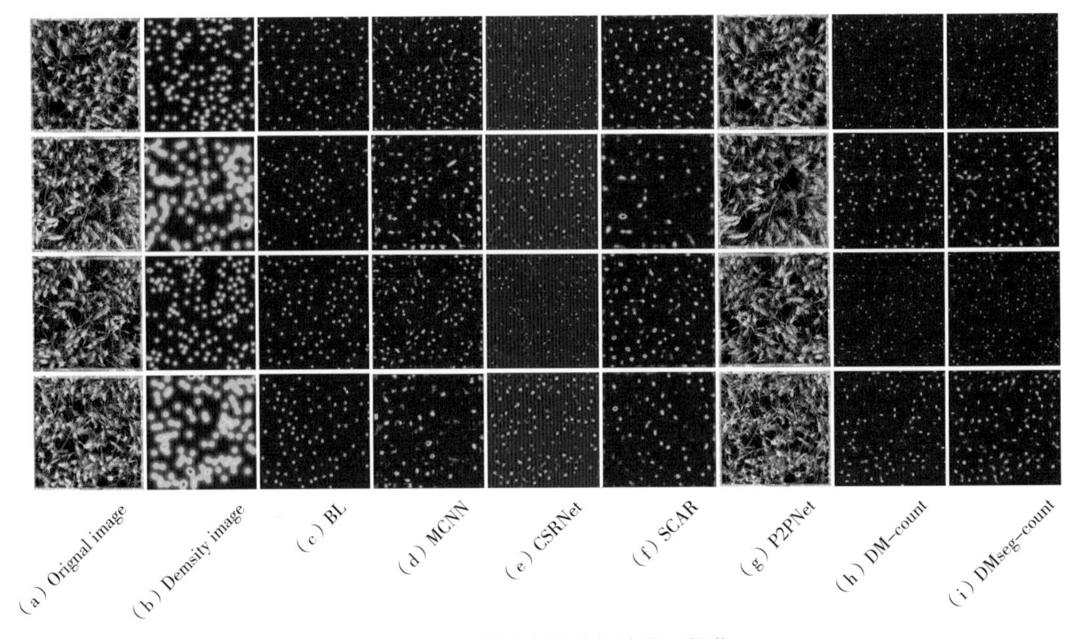

图9–5　不同模型麦穗计数结果可视化

9.3.5 误计数和漏计数情况分析

在麦穗检测任务中，由于受光照、遮挡和重叠等因素的影响，DMseg-count的计数结果存在误计数和漏计数的情况。图9-6展示了误计数和漏计数情况，其中误计数区域用黄色矩形标识、漏计数区域用绿色矩形标识。通过DMseg-count模型对麦穗进行检测，分析原始图像的密度图和预测后的密度图，发现在个别图像中出现同一个麦穗标记两次以及未识别到麦穗的情况，如图9-6a为原始图像密度图，图9-5b为模型预测密度图，通过观察发现黄色区域为麦穗非密集区误判为麦穗密集区，造成误计数。如图9-5c为原始图像密度图，图9-6d为模型预测密度图，通过观察发现绿色区域为麦穗密集区误判为麦穗非密集区，造成漏计数。

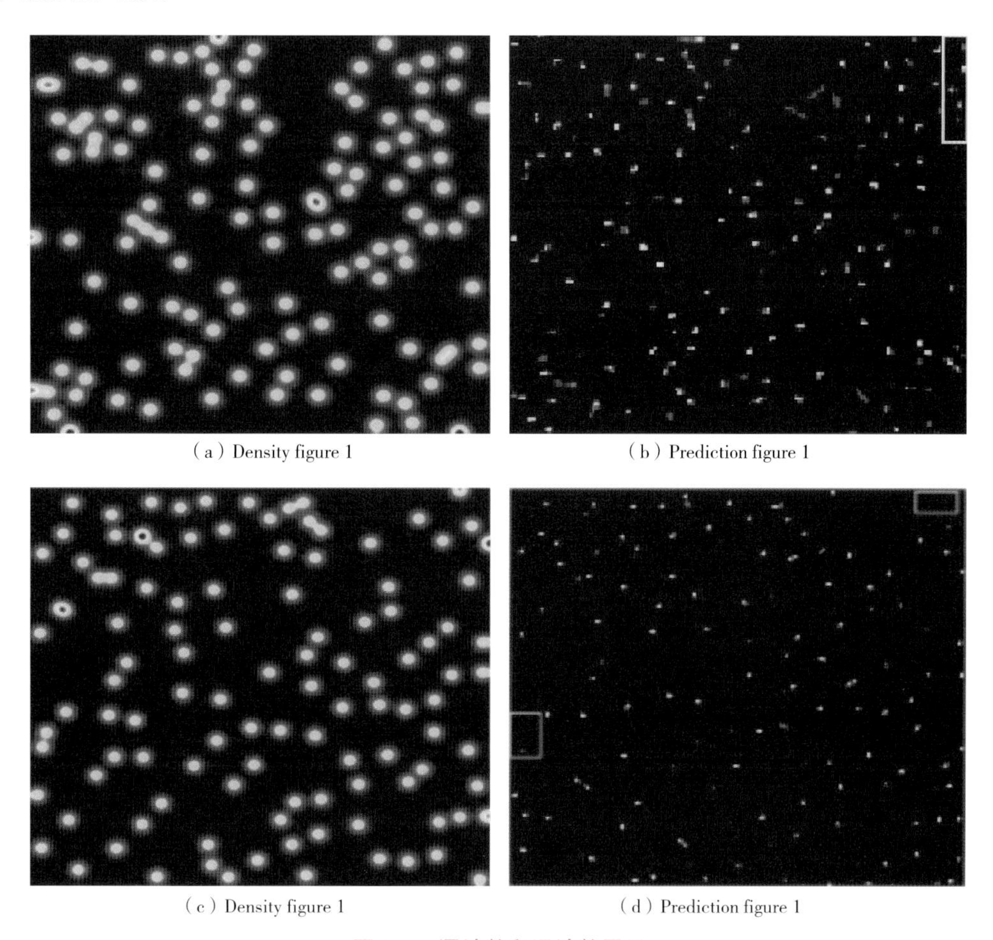

（a）Density figure 1　（b）Prediction figure 1

（c）Density figure 1　（d）Prediction figure 1

图9-6　漏计数和误计数展示

9.3.6　测试结果验证

为验证本研究提出的DMseg-Count在实际大田环境下开展麦穗自动计数的性能，随机选择20张图像，将训练好的模型在实际获取的麦穗图像上进行自动计数。表9-4列出了部分测试麦穗图像的计数结果，DMseg-Count计数的平均相对误差为3.51%，与YOLOv8、Faster RCNN、BL、MCNN、CSRNet、SCAR、P2PNet、DM-Count比较，分别降低了40.82%、56.96%、47.13%、55.14%、7.49%、4.71%，说明DMseg-Count计数的相对误差更加集中，麦穗计数结果更为稳定。图9-7为DMseg-Count训练结果，损失值在训练周期内，逐步减少并趋于稳定。

表9-4 不同模型麦穗计数结果验证

图像编号	真实值	BL	相对误差（%）	MCNN	相对误差（%）	CSRNet	相对误差（%）	SCAR	相对误差（%）	P2PNet	相对误差（%）	DM-count	相对误差（%）	DMseg-count	相对误差（%）
1	112	38	66.07	38	66.07	48	57.14	59	47.32	110	1.79	118	5.36	109	2.68
2	101	29	71.29	49	51.49	59	41.58	41	59.41	97	3.96	113	11.88	102	0.99
3	118	31	73.73	54	54.24	35	70.34	40	66.10	101	14.41	116	1.69	112	5.08
4	105	48	54.29	30	71.43	42	60.00	38	63.81	93	11.43	112	6.67	108	2.86
5	87	98	12.64	55	36.78	51	41.38	50	42.53	91	4.60	95	9.20	89	2.30
6	125	81	35.20	27	78.40	56	55.20	24	80.80	128	2.40	128	2.40	117	6.40
7	115	43	62.61	58	49.57	39	66.09	40	65.22	105	8.70	123	6.96	113	1.74
8	104	38	63.46	46	55.77	68	34.62	53	49.04	95	8.65	115	10.58	103	0.96
9	102	50	50.98	28	72.55	57	44.12	46	54.90	94	7.84	115	12.75	99	2.94
10	119	73	38.66	52	56.30	64	46.22	59	50.42	92	22.69	106	10.92	123	3.36
11	126	81	35.71	42	66.67	76	39.68	32	74.60	108	14.29	130	3.17	123	2.38
12	97	66	31.96	24	75.26	46	52.58	39	59.79	128	31.96	109	12.37	104	7.22
13	114	69	39.47	29	74.56	72	36.84	48	57.89	119	4.39	130	14.04	112	1.75
14	116	87	25.00	35	69.83	60	48.28	37	68.10	110	5.17	123	6.03	121	4.31
15	113	78	30.97	57	49.56	54	52.21	74	34.51	105	7.08	105	7.08	108	4.42
16	126	72	42.86	30	76.19	49	61.11	24	80.95	113	10.32	128	1.59	120	4.76
17	108	56	48.15	49	54.63	32	70.37	46	57.41	87	19.44	115	6.48	103	4.63
18	109	62	43.12	54	50.46	68	37.61	53	51.38	91	16.51	104	4.59	106	2.75
19	100	58	42.00	48	52.00	38	62.00	25	75.00	109	9.00	106	6.00	96	4.00
20	65	53	18.46	34	47.69	42	35.38	43	33.85	55	15.38	81	24.62	68	4.62
平均值			44.33		60.47		50.64		58.65		11.00		8.22		3.51

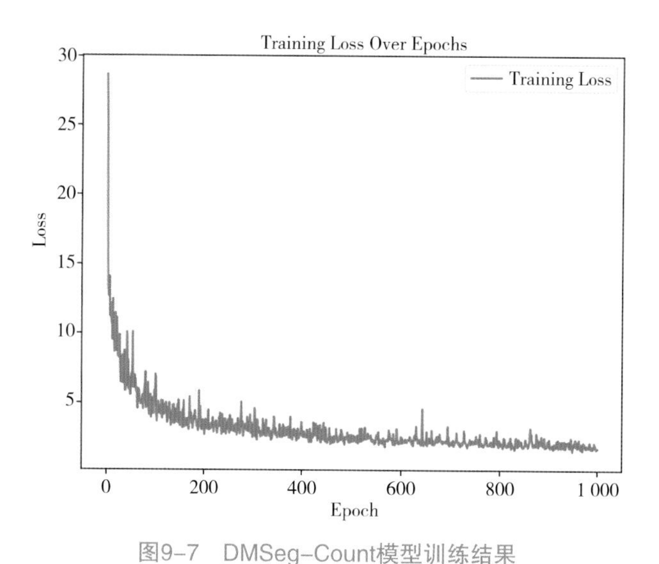

图9-7 DMSeg-Count模型训练结果

9.4 讨论

穗数是决定小麦产量的重要表型性状，因此精准检测小麦穗数对估测产量具有重要意义（Zhou et al.，2022；Misra et al.，2020）。BL使用贝叶斯损失函数，从点标注构建密度贡献概率模型以弥补密度图的不足。MCNN使用卷积神经网络以提高对密集场景下的计数准确性。CSRNet使用空洞卷积以提高拥挤场景下的计数精度。SCAR引入注意力机制以获取像素和人群上下文之间的关联信息。P2PNet是基于点到块的人群密度估计方法，使用卷积神经网络进行特征提取和密度估计。DM-Count是基于密度图的人群计数方法，使用卷积神经网络对密度图进行回归，从而得到计数结果。由于本研究采集的小麦麦穗大小和形态多样，且受到生长环境和品种等因素的影响，因此对于不同大小、形态和颜色的麦穗，使用同一种尺度的算法进行检测往往会产生误差较大的结果。在麦穗检测中部分图像存在交叉重叠的麦穗没有被识别标记，以及相邻麦穗没有被识别标记，两个麦穗紧密相连被识别为一个麦穗。本研究对现有的目标对象计数网络DM-Count进行改进，提出增强局部上下文监督信息的麦穗计数模型DMseg-Count，解决了麦穗图像检测中存在遮挡、重叠等引起的误计漏计问题，从而高效、准确地检测出小麦穗数，可为实际生产中麦穗计数及产量估测提供技术参考。

基于无人机数码图像的小麦穗数主要采用目标检测方法获取小麦穗的数量和几何图形（Zhao et al.，2021；Wen et al.，2022；Yang et al.，2021）。Hasan et al.（2018）基于CNN准确检测、计数和分析小麦穗，目的用于产量估计。Zhang et al.（2022）Fernandez-Gallego et al.（2019）基于YOLO网络结构，提出了高精度的小麦穗部检测模型。Sadeghi-Tehran et al.（2019）开发了小麦穗数计数系统DeepCount，用于自动识别和统计拍摄麦穗图像中的小麦穗数。Fernandez-Gallego et al.（2019）采用热像仪开发了图像处理系统，用于在野外条件下小麦穗数的自动计数。Khaki et al.（2021）提出了基于WheatNet的框架，可以准确有效地对麦穗图像进行计数。以上研究结果表明了深度学习在麦穗计数中具有较好的鲁棒性，同时可以通过数据驱动方式进行训练和优化，从而提高麦穗检测的准确性和泛化能力。

本研究提出了小麦穗数自动计数的最新计算机视觉技术，评估了7个深度学习模型用于小麦穗数检测，其中所选模型都可以实现小麦穗数的自动计数。DMseg-Count在所有模型中产生了最好的性能，这可能主要是因为DMseg-Count引入麦穗局部分割分支以获取更多的麦穗局部上下文监督信息，并使用逐元素点乘机制融合局部上下文监督信息与基础网络提取的全局信息。局部分割分支得到的特征图与通过FPN得到的全局特征图进行逐元素点乘，得到的特征图融合了麦穗局部头部信息和全局特征信息，从而增强了网络对麦穗的识别能力，提高了麦穗计数的准确率。此外，DMseg-Count增强了模型对遮挡、重叠等因素的对抗能力，提高了模型的鲁棒性，显著减少了模型对麦穗的误计和漏计。

在以前研究中，麦穗图像的误计数和漏计数导致现有计数方法性能不高。研究表明，误计和漏计区域对麦穗识别结果产生很大影响。误计数和漏计数的主要原因包括麦穗相互遮挡和交叉重叠等，如图9-7出现较严重的麦穗相互遮挡和交叉重叠，从而出现麦穗误计和漏计。随着麦穗密度增加，麦穗相互遮挡变得严重，这也会导致麦穗误计和漏计。因此，DMseg-Count可以减少麦穗识别过程中的相互遮挡和交叉重叠问题。

本研究针对大田环境下小麦多生育期的麦穗图像，采用深度学习方法实现了麦穗的快速计数，但仍存在一些不足，相关的理论工作需进一步改进完善。在今后的研究工作中，麦穗计数研究应从以下角度进行：第一，探索更为合理的麦穗计数模型，结合单一阶段目标检测算法和两阶段目标检测算法共同界定麦穗计数；第二，构建具有大量样本的数据集，使得样本更为均衡；第三，改进麦穗图像处理算法，优化麦穗自动计数系统，提高麦穗计数的精度和稳定性。

9.5 结论

本文基于智能手机开发了麦穗自动计数方法。采用深度学习构建了麦穗计数模型，实现了麦穗的自动计数。所提出的算法识别的麦穗数量与其他先进计数模型相比，具有较高的计数精度。结果表明，使用智能手机和深度学习可以准确快速地对麦穗进行自动计数。与以往的研究相比，本研究主要结论如下。

第一，本研究提出了增强局部上下文监督信息的麦穗计数模型DMseg-Count。该模型在DM-Count基础上引入局部分割分支，获取麦穗局部上下文监督信息，使用逐元素点乘机制融合局部上下文监督信息，提取麦穗全局信息。对网络结构的改进和专门涉及的特征融合策略提高了模型的特征提取能力，增强了模型对麦穗相互遮挡和交叉重叠等因素的对抗能力，提高了模型的鲁棒性，显著减少了模型对麦穗的误计和漏计。

第二，在自建麦穗数据集上，DMseg-Count的MAE为5.79，RMSE为7.54，与DM-Count相比分别降低了9.76和10.91，并且具有较多的参数量、FLOPs和模型内存。同时，与其他先进计数模型相比，DMseg-Count的两种计数误差亦最小，计数性能最好。

第三，经实际田间麦穗自动计数测试表明，DMseg-Count能够准确地预测出麦穗计数结果，有效缓解传统人工数穗费时费力的问题，较好地解决了麦穗相互遮挡和交叉重叠问题，显著减少了模型对麦穗的误计和漏计，提高了在复杂田间环境中的适用性。

第10章

基于深度学习的无人机遥感小麦倒伏面积提取

小麦作为河南省主要粮食作物，连续5年播种面积仍然稳定在5.67×10^{7}hm^{2}以上，占全国小麦种植总面积近1/4，总产3.75×10^{11}kg（臧贺藏等，2021；河南省统计局等，2021），肩负着抗稳我国粮食安全重任。倒伏是制约小麦产量的主要因素（胡卫国等，2021），近年来由于台风天气偏多，暴风雨时有发生，对小麦产量影响极大，严重时减产达50%（王芬娥等，2009）。及时准确地提取小麦倒伏面积，可为灾后确定受灾面积及评估损失提供技术支撑（Chauhan et al.，2019）。

目前，小麦倒伏面积的获取主要包括低通量的人工测量和高通量的遥感测量（刘建刚等，2016；史舟等，2015；Hein et al.，2021）。人工测量法存在主观性强、随机性强、缺乏统一的标准，导致效率低下且费时费力，不能高效快速地提取倒伏面积。而遥感测量法是基于遥感影像中不同纹理（刘龙飞等，2003）、光谱反射率（冯书谊等，2015）、颜色特征（李宇昊等，2014）等进行特征融合，采用最大似然法对图像进行监督分类提取倒伏面积。随着深度学习在语义分割中的快速发展，国内外专家采用语义分割方法检测作物倒伏面积取得了突破性进展（Zhao et al.，2019；Zhang et al.，2020；Mdya et al.，2020；Yang et al.，2020；Mardanisamani et al.，2019）。这些主要采用遥感测量法进行特征分类，分割方法较为单一，未对不同特征筛选与分类方法进行组合优选，而深度学习方法存在无人机飞行高度较高的情况，只能实现粗略的倒伏区域分割。

深度学习的优势在于通过多层神经网络自动提取有效特征，这些特征不仅包括图像的局部细节特征，而且包括图像的高级语义特征。但由于计算量大、资源消耗的限制，特别是遥感高分辨率图像，内存约束要求必须对高分辨率图像进行下采样，或将其分割成多个块分别进行处理。然而，前一种方法会使图像失真，而后者则会由于缺乏全局信息造成误判。因此，本文移植并改进一种基于注意力机制的深层显著性网络U^{2}-Net（Qin et al.，2020）并对其进行轻量化，以对小麦倒伏面积进行信息提取和自动分割。同时，通过无人

机拍摄图像并自建数据集，对该模型的性能进行评价。

10.1　研究区概况与数据

10.1.1　研究区概况

研究区位于河南省农业科学院河南现代农业研究开发基地的小麦区域试验区，地处北纬35°0″44′，东经113°41′44″，如图10-1所示。气候类型属暖温带大陆性季风气候，年平均气温为14.4℃，多年平均降水量为549.9 mm，全年日照时数2 300～2 600 h，冬小麦—夏玉米轮作为该地区的主要种植模式。

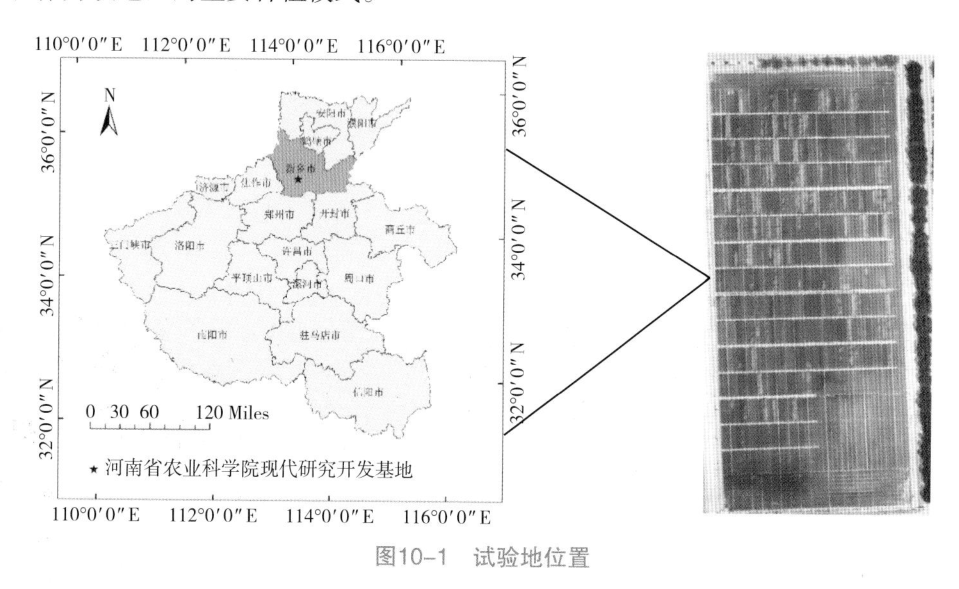

图10–1　试验地位置

10.1.2　数据采集与预处理

参考国内外专家实验流程，并进行可见光影像数据预处理。Zhao et al.（2020）采集了7.97hm^{2}可见光数据分辨率大小为4 000像素 × 3 000像素。Zhang et al.（2020）使用5 472像素 × 3 068像素摄像机，测试面积为372个小区，航向重叠度及旁向重叠度为80%。MDYA et al.（2020）使用1 280像素 × 960像素多光谱相机，共拍摄5个波段数据，航向重叠度及旁向重叠度为80%。SONG et al.（2020）使用250张4 000像素 × 3 000像素分辨率RGB数据，航向重叠度为85%，旁向重叠度为70%。以上实验风速均小于3级，均采用无人机自动航路规划。根据国内外专家经验结合本研究实际情况，实验采用大疆精灵4 Pro型无人机，轴距350 mm，相机像素为2 000万像素，影像传感器为1英寸CMOS，镜头参数为FOV 84°，8.8 mm/24 mm（35 mm格式等效），光圈f/2.8-f/11。搭载GPS/GLONASS双模定位，拍摄图像分辨率为5 472像素 × 3 078像素，宽高比为16∶9。时间为2020年5月14日，此时研究区内小麦处于灌浆期。影像采集时间为10：00 am，天气晴朗无云，垂直拍摄，飞行速度3 m/s，飞行时长25 min，航向重叠度为80%，旁向重叠度为80%，相机拍照模式为等时间隔拍照，最终采集700幅原始图像。飞行采用大疆无人机自动规划的航线，共规划5条航线，航拍完成后采用自动返航的方式降落，如图10-2所示。

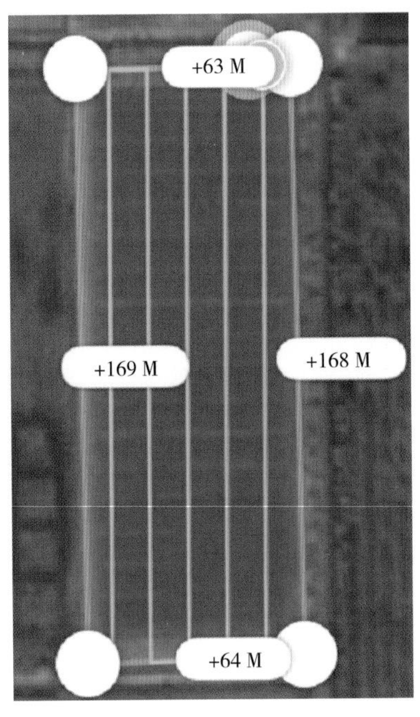

图10-2　无人机自动规划航线

为实现小麦倒伏区域细粒度分割，使倒伏区域更加精确，本实验设置飞行高度为30 m，低于30 m，无人机可能与建筑碰撞，而高于30 m，则无法获得较高分辨率图像。无论无人机飞行高度和天气条件等变量如何变化，只要在可控操作的环境下，通过合适的训练及参数调整，本模型技术均具有一定的有效性和准确性。图10-3为小麦倒伏图像两种分割策略，裁剪法注重局部特征，下采样法注重全局特征。

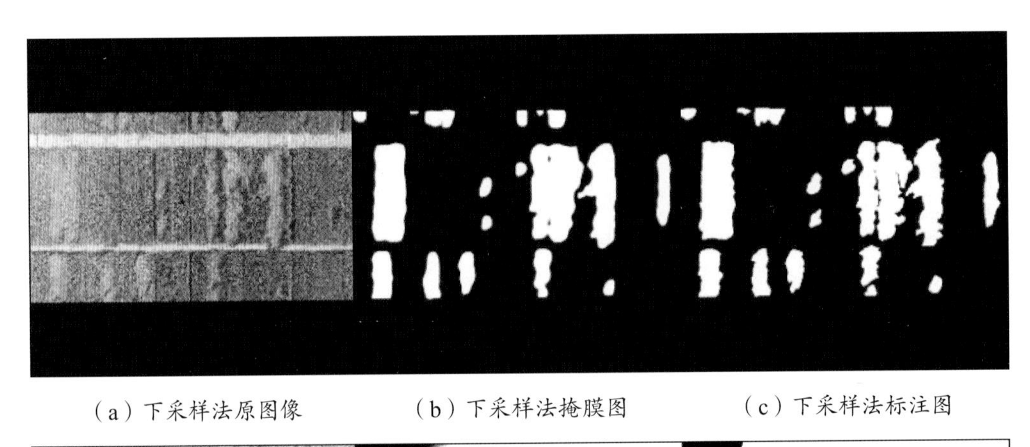

（a）下采样法原图像　　（b）下采样法掩膜图　　（c）下采样法标注图

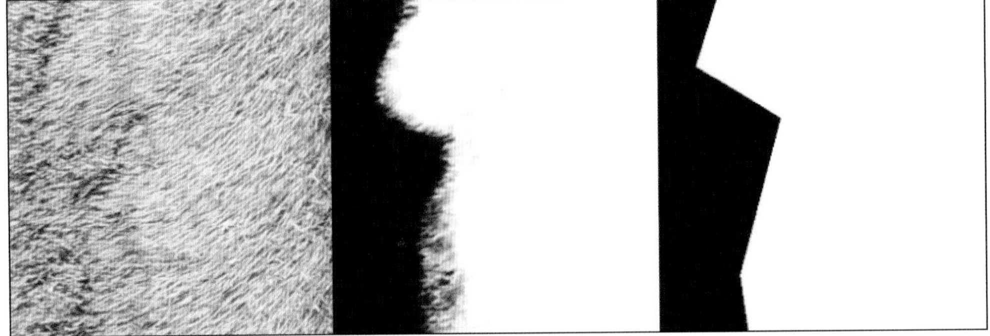

（d）裁剪法原图像　　（e）裁剪法掩膜图　　（f）裁剪法标注图

图10-3　小麦倒伏图像分割策略

10.1.3 数据集构建和标注

实验使用原数据集700幅图像，通过对测试集进行去重，训练集进行优选，最终筛选出250幅原始数据图像。深度学习通常需要大量数据，本实验采用的高通量数据分辨率为5 472像素 × 3 078像素，深度学习通常使用数据分辨率仅为512像素 × 512像素。如果使用滑动窗口进行裁剪，单幅图像可裁剪出64幅完全无重复图像，经过随机位置裁剪，单幅图像可得到100幅以上有效图像。250幅原始图像经过数据处理后可得25 000幅有效图像，满足了深度学习的数据量要求。无人机飞行过程中，由于无人机拍摄角度和光影不同，不同航道拍摄相同位置图像会有差异，因此同样存在训练价值。为了均衡数据，选取第1、2、3号航线图像作为训练集，5号航线图像作为测试集。本研究分下采样组和裁剪组，具体步骤如下。

第一，筛选出无人机姿态平稳、拍摄清晰无遮挡数据，用于深度学习训练。

第二，人工标注：使用Labelme插件（Russell et al.，2008）将小麦中度、重度倒伏区域标注为前景，其余区域标注为背景，并转换成二值图像作为训练集和测试集的标签。

第三，下采样组和裁剪组：下采样组将所有训练样本和测试样本等比例下采样至342像素 × 342像素，之后通过背景填充将图像扩充至512像素 × 512像素。裁剪组将测试样本裁剪为固定比例、边缘重叠和图像分辨率为512像素 × 512像素，同时记录重叠区域的长和宽。

第四，数据增强：对下采样组训练样本进行无损变换，即水平或竖直随机旋转，以提高模型的鲁棒性。对裁剪组训练样本进行随机剪裁，剪裁区域尺寸为512像素 × 512像素，以在每轮训练中生成不同的训练样本。

第五，图像拼接和恢复：将裁剪组掩膜图按记录的重叠区域长和宽进行合并，最终拼接成5 472像素 × 3 078像素的分割结果图。将下采样组掩膜图裁剪为342像素 × 342像素，并等比例放大复原。

第六，精度验证：对比分割结果（Mask）图和标注（Ground truth）图，计算模型指标。同时，通过地物关系与遥感图像映射，计算标注面积与分割面积，从而求出有效面积与准确率。

10.2 研究方法

10.2.1 U^2-Net模型

显著性目标检测（李岳云等，2016；Borji et al.，2019）主要用于人脸检测领域，通常旨在仅检测并分割场景中最显著的部分。中、重度小麦倒伏区域特征明显，U^2-Net是一种两层嵌套的U形结构的深度神经网络，用于显著性目标检测。该网络能够捕捉更多的上下文信息，并融合不同尺度的感受野特征，增加了网络深度，但没有显著提高计算代价。

具体而言，U^2-Net是一个2层嵌套的U形网络架构，其外层是由11个基本模块组成的U

形结构，由六级编码器、五级解码器和显著图融合模块组成，其中每一个模块由一个基于残差的U-Net块填充。因此，嵌套的U形网络结构可以更有效提取每个模块内的多尺度特征和聚集阶段的多层次特征。

虽然原始的U²-Net已经具备优异的性能，但是为了对高通量小麦倒伏面积的特征特异性进行提取，对U²-Net做出进一步改进：引入通道注意力机制和一种Non-local注意力机制，构建一种新的小麦倒伏面积分割模型—Attention_U²-Net。该模型在进一步挖掘现有语义特征的同时，优化了网络结构。

10.2.2　基于注意力机制的Attention_U²-Net语义分割模型

如图10-4所示，Attention_U²-Net由两层嵌套的U形结构组成。本文改进了U²-Net中的RSU（ReSidual U-blocks）块，使用了基于通道注意力机制的级联代替了U²-Net本身的级联，在每个Block层使用Non-local（Wang et al.，2018）机制代替U²-Net中的空洞卷积（Yu et al.，2016），并使用改进的Multi focal loss缓解训练样本难易程度不均和类别不平衡问题。

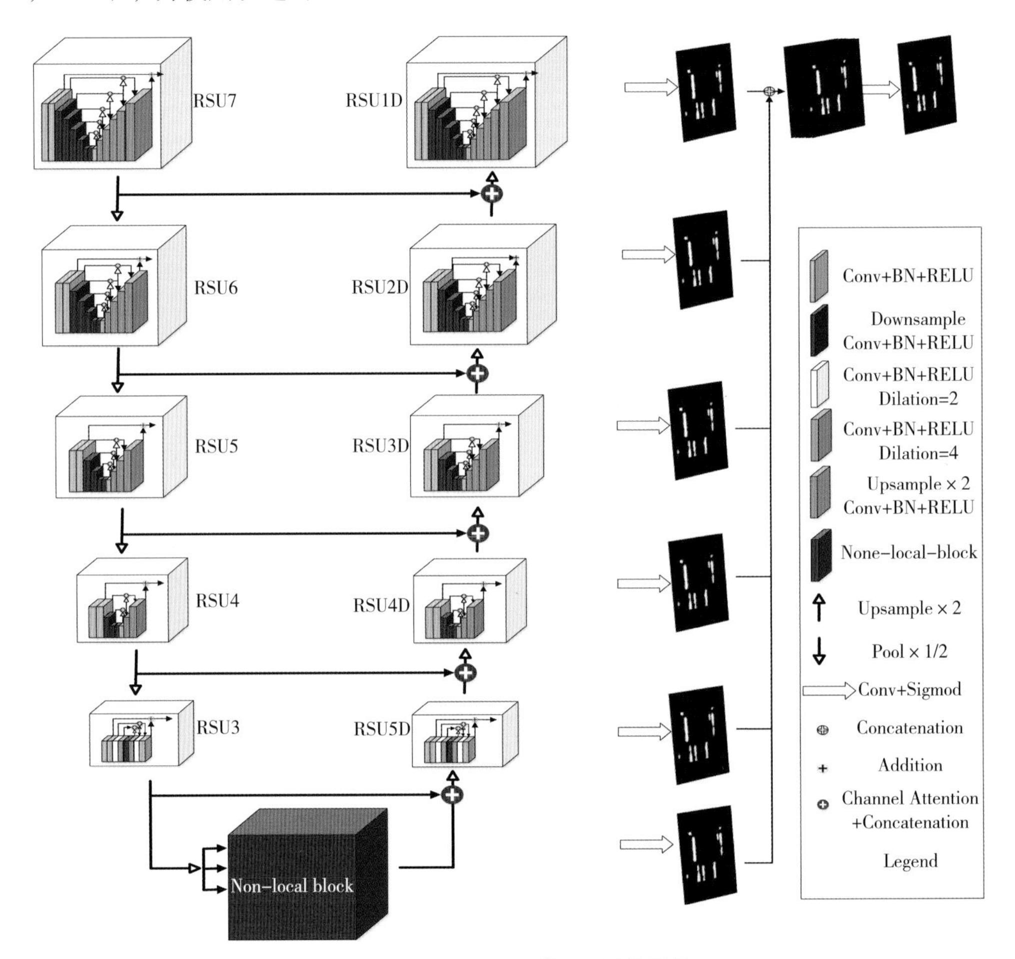

图10-4　Attention_U²-Net网络结构

U^2-Net使用了大量的空洞卷积，在尽量不损失特征信息的前提下，增加感受野。对于显著性目标需要大感受野，而裁剪后数据语义混乱且倒伏面积随机。由于空洞卷积的卷积核不连续，导致特征空间上下文信息可能丢失；频繁使用大步长空洞卷积可能增加小麦倒伏区域边缘识别难度。同时，空洞卷积使得卷积结果之间缺乏相关性，从而产生局部信息丢失。

Non-local机制（图10–5a）是一种Self-attention（Vaswani et al.，2017）机制，原理式为：

$$y_i = \frac{1}{C(x)} \sum_j f(x_i, x_j) g(x_j) \tag{1}$$

式中，x为输入特征图；i为输出位置的响应；j为全局位置的响应；f（x_i，x_j）为计算i和j的相似度；g（x_j）为计算特征图在j位置的表示；C（x）为归一化函数，保证变换前后信息不变。

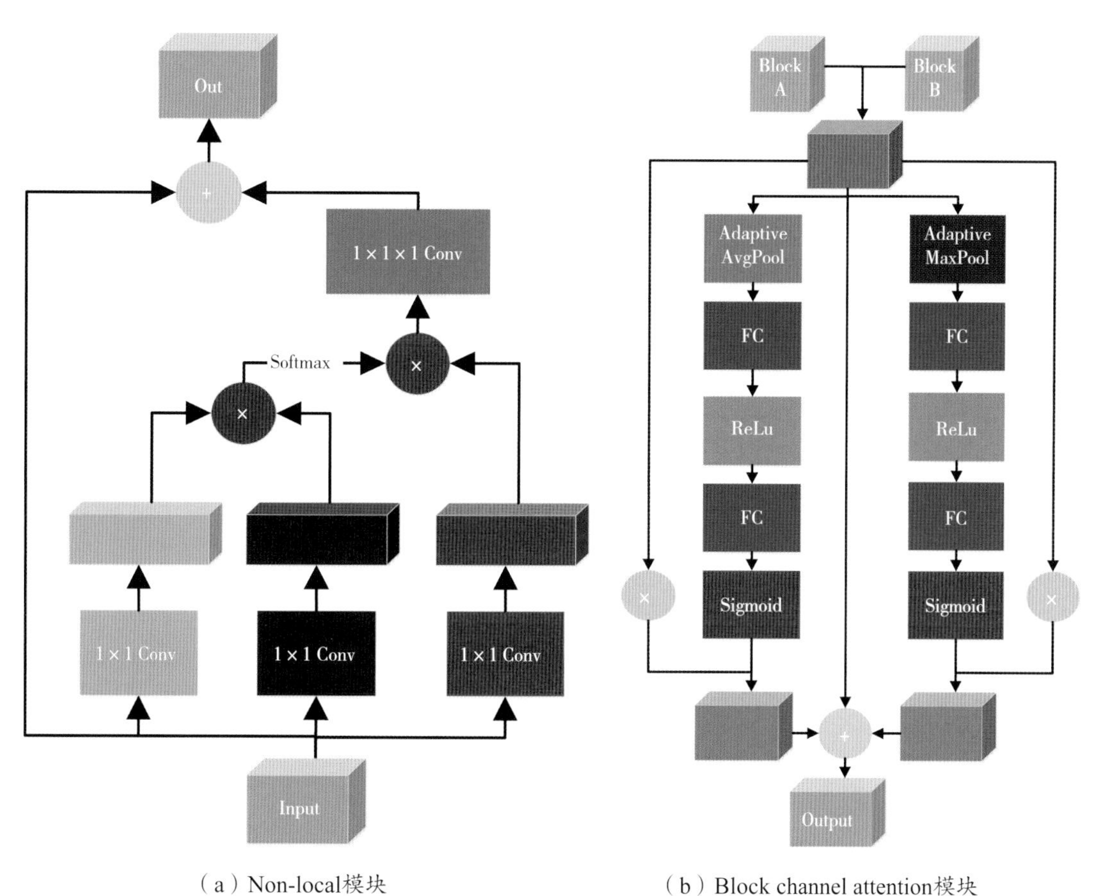

（a）Non-local模块　　（b）Block channel attention模块

图10–5　分支结构

Non-local可以通过计算任意2个位置之间的交互直接捕捉远程依赖，而不用局限于相邻点，相当于构造了一个和特征图谱尺寸一样大的卷积核，从而保留更多信息。Attention_U^2-Net在每一个RSU块里保留了少量扩张率低的空洞卷积用于提取上下文信息特征，广泛使用Non-local模块替换了扩张率大的空洞卷积，同时Non-local模块也替代了整个U^2-Net网络底层，增强了网络模型的特征提取能力，同时减少了计算量。

U^2-Net采用级联的方式将上采样Block和下采样Block结合，产生多个通道，通过Block Channel attention（图10-5b）使神经网络能够自动为融合后多个Block自动分配合适的权重。本文采用了全局平均池化和最大池化2种方式，分别获取Block不同的语义特征，并设计一个残差结构进行信息融合。

经过随机裁剪的样本，可能存在样本难易度和类别分配不均衡问题，从训练组数据每个航道随机抽取144幅裁剪后图像用于类别统计，如表10-1所示。单幅图像倒伏面积大于30%样本约占总体样本的24%，以至于大部分裁剪图像中无倒伏面积，正负样本比例失衡，样本难易度同样存在比例不均衡问题。由表10-2可以看出，将倒伏面积小于10%的样本以及边缘特征不明显的样本定义为高难度样本，其他倒伏样本定义为低难度样本。虽然高难度样本总占比约为9.31%，但倒伏样本中高难度样本占比高达27.56%，这并不意味着能够抛弃高难度样本而专注于提升低难度样本的分割准确率。本实验基于U^2-Net的Multi bce loss和Focal loss（Lin et al.，2017）提出了一种适用于小麦倒伏面积分割的损失函数：Multi focal loss，计算公式如下。

$$L = \sum_{m=1}^{M} w_s^{(m)} \xi_s^m + w_f \xi_f \tag{2}$$

式中，L为Multi focal loss损失函数值；M为嵌套U-Net层数；m为当前嵌套数；$w_s^{(w)}$为第m层loss项对应权重值；$\xi_s^{(m)}$为第m层loss值；ξ_f为特征融合后多掩膜图的loss值；w_f为特征融合后loss项对应权重值。

对于每一项，使用focal loss来计算损失，公式如下。

$$\xi = -\alpha_t (1 - p_t)^r \lg(p_t) \tag{3}$$

式中，p_t为每个类别分类概率；r为样本难易程度加权值，用于控制难易度不均衡；α_t为正负样本加权值，用于控制正负样本不均衡。

使用Focal loss可以通过设置不同权重以抑制简单样本，并解决正负样本比例严重失衡的问题。Multi focal loss降低了大量简单负样本在训练中所占的权重，极大程度上抑制了裁剪带来的噪声；该损失函数控制了难易分类样本的权重，并将每一层掩膜图叠加，从而提高了模型的鲁棒性，使其更适合用于小麦倒伏面积的提取。

表10-1　随机抽样正负样本分布

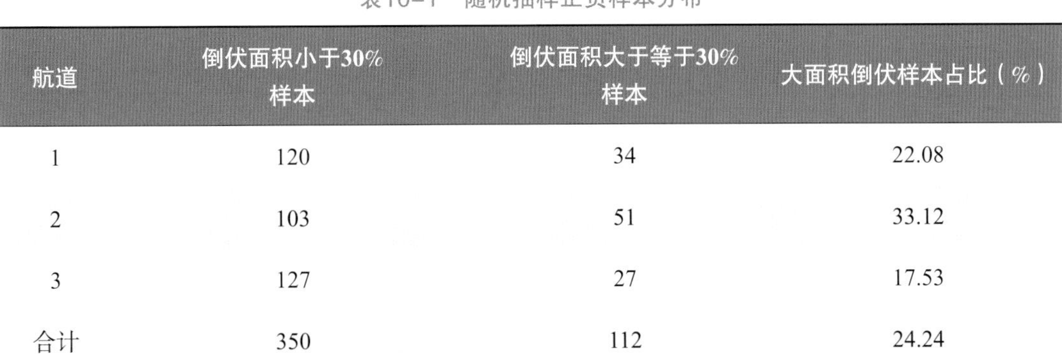

航道	倒伏面积小于30%样本	倒伏面积大于等于30%样本	大面积倒伏样本占比（%）
1	120	34	22.08
2	103	51	33.12
3	127	27	17.53
合计	350	112	24.24

表10-2　随机抽样样本难易度分布

航道	难度高样本	难度低样本	完全无倒伏样本	高难度样本总占比（%）	高难度倒伏样本占比（%）
1	10	53	91	6.49	18.87
2	14	62	78	9.09	22.58
3	19	41	94	12.34	46.34
合计	43	156	263	9.31	27.56

模型的输入图像分辨率为512像素 × 512像素，输出为单通道掩膜图像。Attention_U^2-Net沿用了U^2-Net的编、解码结构，由六层编码器、五层解码器和掩膜图融合模块组成。在前5个编码阶段，Attention_U^2-Net同U^2-Net将其分别标记为RSU-7、RSU-6、RSU-5、RSU-4和RSU-3；其中“7”“6”“5”“4”和“3”表示RSU块的高度（H），对于高度和宽度较大的特征图，上层使用较大的H来捕获更大尺度的信息。RSU-4和RSU-3中的特征图的分辨率相对较小，进一步降低这些特征图的采样会导致裁剪区域上下文信息丢失。底层使用Non-local结构替换U^2-Net大步长串联空洞卷积，降低了模型深度的同时，使其拥有更大的感受野能更好地识别边缘信息。在后5个解码阶段，Attention_U^2-Net使用线性插值进行上采样，解码模块同编码器结构保持一致，但对输入特征向量进行了处理，通过级联上一层特征与同一层相同分辨率特征，经过改进的通道注意力机制进行特征融合后输入上采样块，可以更有效地保证语义信息的完整性。

通过替换空洞卷积为Non-local结构，可以提升分割精度，但同样带来了巨大的参数量。Attention_U^2-Net只对大步长的空洞卷积进行了替换，在每个RSU块中，Attention_U^2-Net使用Non-local结构替换了大步长的空洞卷积，从而权衡模型速度和精度。掩模图融合阶段，生成掩膜图概率映射，通过3 × 3卷积和线性插值生成每一阶段相同分辨率的掩模图。将6个阶段的掩模图并在一起，之后通过1 × 1卷积层和Sigmoid函数输出最终的掩模图。

10.2.3　模型训练

实验选用intel（R）Core（TM）i7-10600 CPU @ 2.90GHz，GPU选择NVIDIA GeForce RTX3090，显存24GB，使用PyTorch作为深度学习框架。

实验将训练集和测试集分为多个批次，遍历所有批次后完成一次迭代。优化器选择Adam，设置初始学习率为0.001，随着迭代次数提升降低学习率至0.000 1。

10.2.4　评价指标

采用查准率（Precision）、召回率（Recall）、F1值（F1-Score）和IoU（Intersection over Union）指数评估模型性能，使用准确率量化倒伏面积提取能力。其中查准率指预测为倒伏面积占实际倒伏面积的比例；召回率表示预测倒伏面积占实际倒伏面积的比例。F1值是查准率和召回率二者的调和均值；IoU指数为倒伏面积预测面积和实际倒伏面积的重叠率；准确率指识别有效面积与提取总面积的比值。以上指标取值在0 ~ 1，值越大，表明评估效果越好。本文定义了一种用于量化倒伏面积准确率的公式，计算公式如下。

$$P_s = \frac{L_t + N_t}{L_t + N_t + L_f + N_f} \tag{4}$$

式中，L_t为正确识别为倒伏小麦面积；N_t为正确识别非倒伏小麦面积；L_f为误把倒伏小麦识别为非倒伏小麦面积；N_f为未正确识别出倒伏小麦面积；P_s为倒伏面积预测准确率。

10.3　结果与分析

10.3.1　不同分割模型训练结果

基于测试样本数据，对比了Attention_U^2-Net、U^2-Net和主流模型FastFCN（Wu et al.，2019）［预训练网络ResNet（He et al.，2016）］、U-Net（Ronneberger et al.，2015）、FCN（Long et al.，2015）［预训练网络VGG（Simonyan et al.，2014）］、SegNet（Simonyan et al.，2014）、DeepLabv3（Chen et al.，2017）的分割性能，图10-6为训练图像可视化进行了指数平滑。采用下采样所得样本训练神经网络收敛速度快、准确率高，而采用裁剪所得训练样本的训练收敛速度慢。由于正负样本不均衡导致裁剪后训练难度增大，部分模型的决策边界偏向数量多的负样本，使准确率波动不明显偏高。

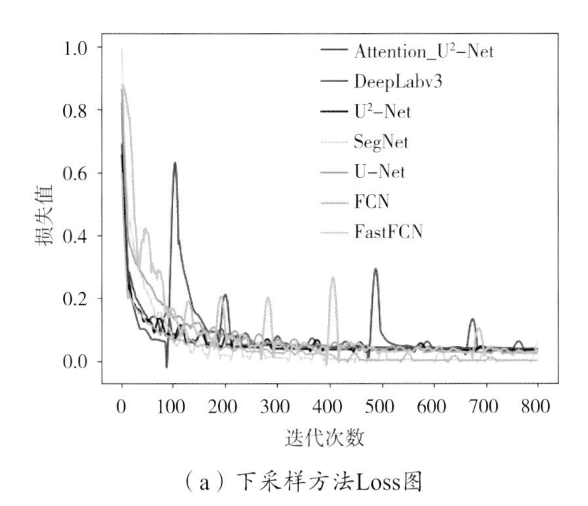

（a）下采样方法Loss图

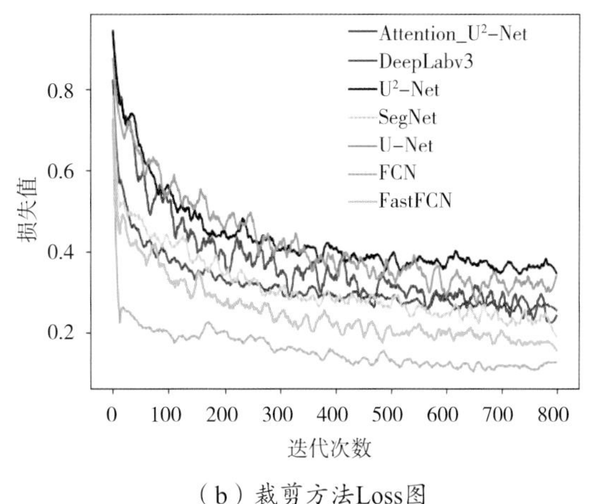

（b）裁剪方法Loss图

图10-6　训练Loss

10.3.2　不同分割模型性能对比分析

由表11-3可以看出，Attention_U²-Net的分割效果最佳。U-Net、FCN、FastFCN、SegNet等在下采样方法上性能相差较小，但在裁剪方法上多尺度适应性优势未能体现，识别准确率较低。U-Net，SegNet等浅层网络对于裁剪出的512像素×512像素掩模图误检率较高，而DeepLabv3的整体分割效果较好。说明深层网络在下采样图像上的性能和浅层网络相似，浅层网络模型对解决许多简单并有良好约束的问题非常有效。深层网络训练速度慢，内存占用大，因此可以携带更多的数据，能够实现更复杂的数据关系映射。由图10-7可以看出，对比下采样方法和裁剪方法，严重倒伏区域有显著的纹理和颜色特征，易于分割；小范围或轻微倒伏区域的纹理和颜色特征不明显，采用下采样后的分割效果较差。通过裁剪得到的边缘特征较为明显，能够识别难度较高样本，但模型收敛速度慢，算力需求高。

表10-3　不同分割模型在小麦倒伏面积提取上的评价指标

模型	预训练模型	方法	指标（%）			
			查准率	召回率	F1	IoU
FastFCN	ResNet	下采样	67.86	82.3	74.39	58.08
		裁剪	76.56	82.52	79.43	65.70
U-Net	无	下采样	72.07	87.21	78.92	65.09
		裁剪	73.57	79.00	76.19	60.72
FCN	VGG16	下采样	74.34	77.80	76.03	60.76
		裁剪	78.30	78.34	78.32	64.14
SegNet	无	下采样	74.43	73.99	74.21	58.37
		裁剪	78.29	78.13	78.21	63.67

（续表）

模型	预训练模型	方法	指标（%）			
			查准率	召回率	F1	IoU
DeepLabv3	ResNet	下采样	76.62	83.96	80.12	66.37
		裁剪	81.18	81.71	81.44	68.52
U^2-Net	无	下采样	79.53	85.24	82.29	69.59
		裁剪	86.46	82.24	84.30	72.93
Attention_U^2-Net	无	下采样	77.62	86.51	81.82	68.82
		裁剪	86.53	89.42	87.95	78.43

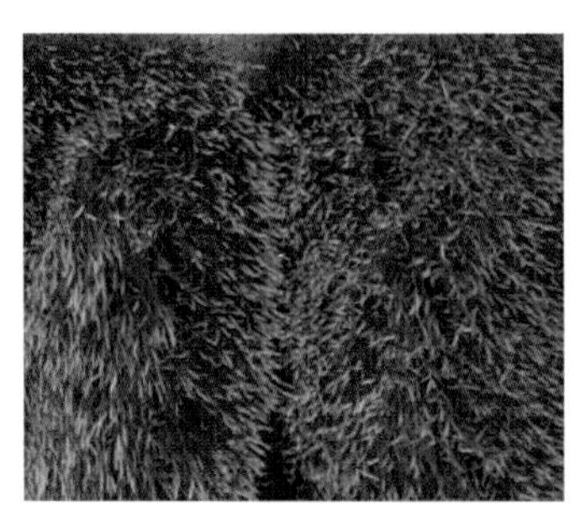
（a）可见光图像

（b）下采样法掩膜图

（c）裁剪样法掩膜图

图10-7　下采样和裁剪方法对小范围倒伏区域分割效果

采用裁剪方法处理纹理细节时，深层网络能获取更充分的上下文信息，而浅层网络采用裁剪方法时，分割结果较差。采用下采样方法分辨率损失严重，甚至无法辨别轻、中度小麦倒伏面积。由于数据集中严重倒伏面积的占比较大，轻微倒伏面积占比较少，从而导致基于下采样方法的评价指标偏高。由于人工标注误差，整体准确率偏低。移植后U^2-Net的整体性能略高于DeepLabv3，同时处理裁剪图像时的性能较其他模型有较大提升。由于Attention_U^2-Net基于裁剪方式进行改进，从而更关心局部特征，使用下采样方法处理数据不能很好地提取全局特征导致模型效能交叉。使用裁剪方法时Attention_U^2-Net的计算成本略高于原U^2-Net，但极大地增强了特征提取能力和泛化能力，F1值提高7.18个百分点，识别效能有效提高。

10.3.3　不同模型面积提取效能分析

为了通过掩模图像计算实际区域倒伏面积，以实地测量方式测得一个小区面积为8 m × 1.5 m，对应区域遥感图像像素数为356 400个。通过计算可得29 700个像素对应实际面积为1 m^2，从而求出标注面积与提取面积。

如表10-4与表10-5所示，为了对模型实际性能进行评估，对标记数据进行队伍关系映射，测得标注倒伏面积为0.40 hm^2，非倒伏面积为3.0 hm^2。非倒伏区域面积大、识别难易度低、误检率低；倒伏区域面积小，但部分倒伏区域识别难度大、误检率高。大部分模型使用裁剪方法提取倒伏面积效能较下采样方法有所提升。其中使用裁剪方法时Attention_U^2-Net检测倒伏面积为0.42 hm^2，其中准确面积为0.37 hm^2；检测非倒伏面积为2.98 hm^2，其中准确面积为2.94 hm^2，P_s为97.25%。Attention_U^2-Net提取倒伏区域有效面积最接近标注面积拥有最高的P_s值，且误检面积较其他方法最低，能够检测出其他模型无法检测出的异常样本，体现出在复杂大田环境下准确判断倒伏区域的有效性，具有更高的实用价值。

表10–4　裁剪方法各模型提取面积准确率对比

类别	FastFCN		U-Net		FCN		SegNet		DeepLabv3		U^2-Net		Attention_U^2-Net	
	非倒伏	倒伏	非倒伏	倒伏	非倒伏	倒伏	非倒伏	倒伏	非倒伏	倒伏	非倒伏	倒伏	非倒伏	倒伏
标注面积（hm^2）	3.00	0.40	3.00	0.40	3.00	0.40	3.00	0.40	3.00	0.40	3.00	0.40	3.00	0.40
像素数量（10^8）	8.62	1.48	8.56	1.51	8.91	1.20	8.63	1.48	8.73	1.38	8.96	1.15	8.85	1.25
提取面积（hm^2）	2.90	0.50	2.89	0.51	3.00	0.40	2.91	0.50	2.94	0.46	3.02	0.39	2.98	0.42
准确面积（hm^2）	2.86	0.36	2.83	0.34	2.92	0.32	2.85	0.35	2.89	0.36	2.95	0.34	2.94	0.37
误检面积（hm^2）	0.04	0.14	0.06	0.17	0.08	0.08	0.05	0.14	0.05	0.11	0.07	0.05	0.04	0.06
P_s（%）	94.67%		93.22%		95.34%		94.28%		95.43%		96.62%		97.25%	

表10–5　下采样方法各模型提取面积准确率对比

类别	FastFCN		U-Net		FCN		SegNet		DeepLabv3		U^2-Net		Attention_U^2-Net	
	非倒伏	倒伏	非倒伏	倒伏	非倒伏	倒伏	非倒伏	倒伏	非倒伏	倒伏	非倒伏	倒伏	非倒伏	倒伏
标注面积（hm^2）	3.00	0.40	3.00	0.40	3.00	0.40	3.00	0.40	3.00	0.40	3.00	0.40	3.00	0.40
像素数量（10^8）	8.89	1.21	8.99	1.12	9.03	1.08	9.08	1.03	8.95	1.16	9.02	1.09	9.02	1.08
提取面积（hm^2）	2.99	0.41	3.03	0.38	3.04	0.36	3.06	0.35	3.01	0.39	3.04	0.37	3.04	0.36

（续表）

类别	FastFCN		U-Net		FCN		SegNet		DeepLabv3		U^2-Net		Attention_ U^2-Net	
	非倒伏	倒伏	非倒伏	倒伏	非倒伏	倒伏	非倒伏	倒伏	非倒伏	倒伏	非倒伏	倒伏	非倒伏	倒伏
准确面积（hm^2）	2.89	0.30	2.88	0.26	2.92	0.28	2.92	0.26	2.92	0.31	2.93	0.30	2.92	0.28
误检面积（hm^2）	0.11	0.11	0.14	0.12	0.12	0.08	0.14	0.08	0.10	0.08	0.11	0.07	0.12	0.08
P_s（%）	93.49		92.31		93.94		93.49		94.70		94.71		93.96	

10.3.4 不同分割模型定性比较

如图10-8和图10-9所示，预测图中白色区域为判断倒伏小麦的高权重区域，黑色为低权重区域。从图10-8可看出，U^2-Net和Attention_U^2-Net可以更好地实现裁剪后小麦倒伏面积提取，其中Attention_U^2-Net的验证结果更接近标注图，U-Net和SegNet的验证结果较差；Attention_U^2-Net、U^2-Net和浅层网络训练结果差距不大，但算力消耗较大。综合图10-8和图10-9分割结果，采用下采样方法进行小麦倒伏面积分割结果较裁剪方法的误差增大；而使用裁剪方法的训练难度增高。

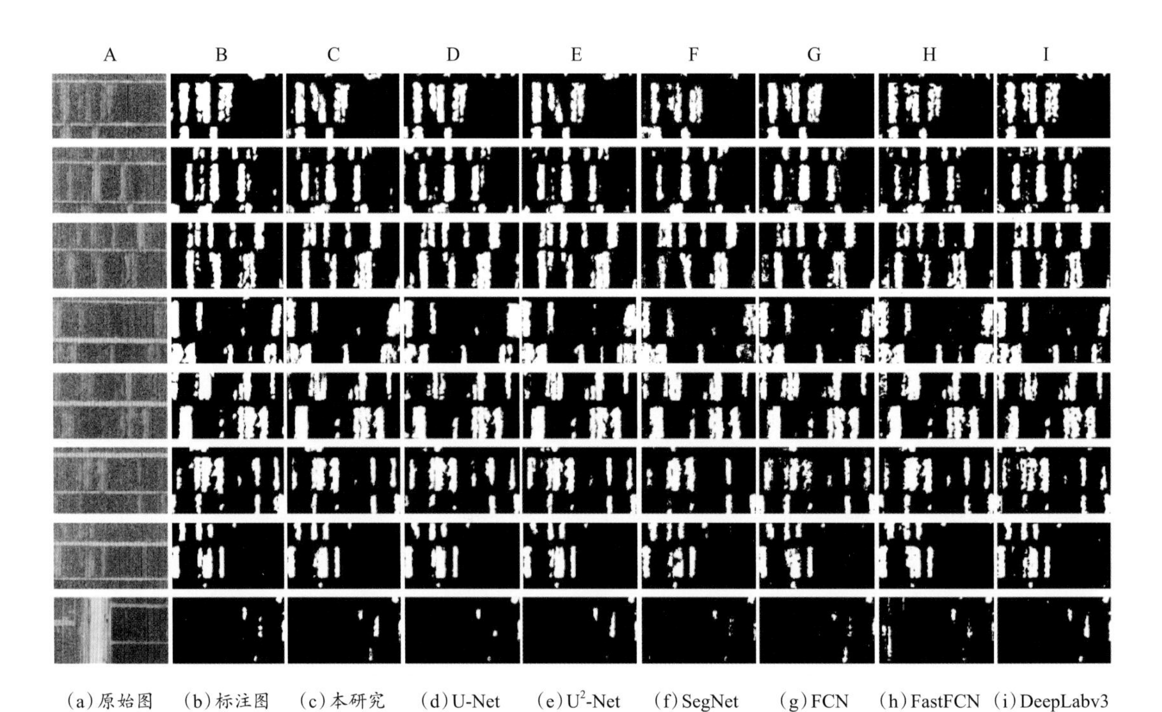

（a）原始图　（b）标注图　（c）本研究　（d）U-Net　（e）U^2-Net　（f）SegNet　（g）FCN　（h）FastFCN　（i）DeepLabv3

图10-8　下采样算法实验结果定性比较

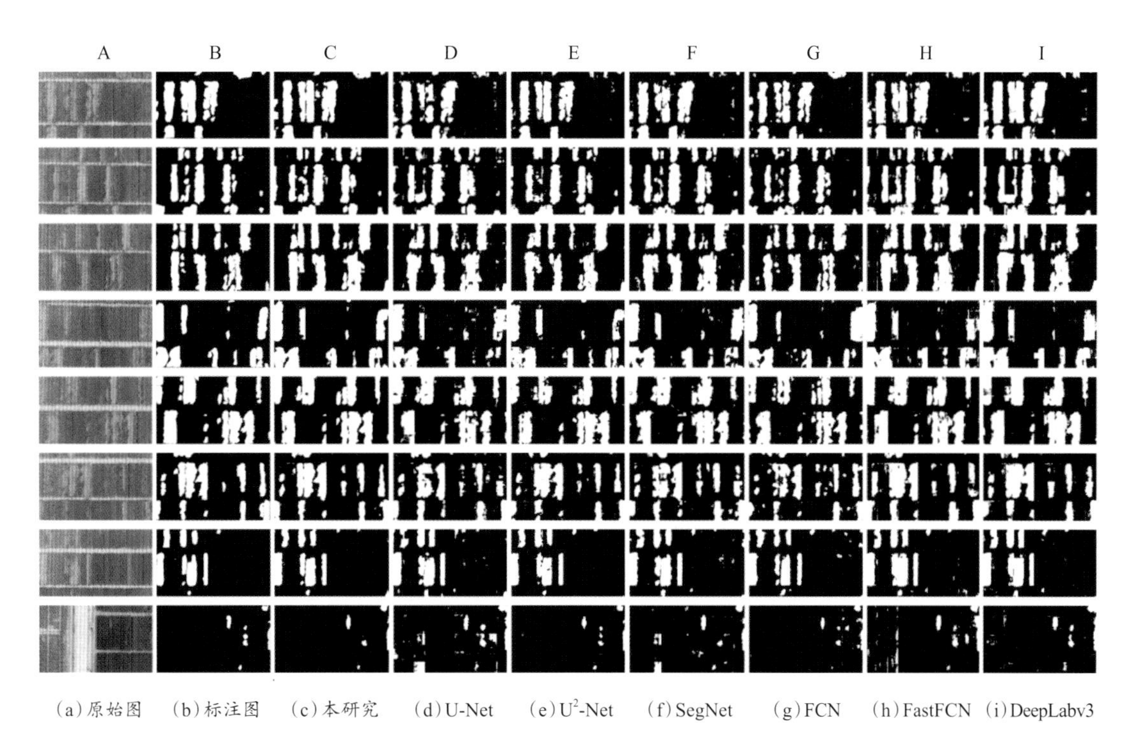

（a）原始图　（b）标注图　（c）本研究　（d）U-Net　（e）U^2-Net　（f）SegNet　（g）FCN　（h）FastFCN　（i）DeepLabv3

图10-9　裁剪算法实验结果定性比较

10.4　结论

第一，采用下采样和裁剪两种策略对无人机遥感小麦倒伏区域进行了分割。为了提高困难样本的检测率，提出了一种深层神经网络Attention_U^2-Net。首先移植了U^2-Net网络并使用改进注意力机制优化了级联模式，并使用Non-local替代了大步长的空洞卷积，使模型能从深层和浅层捕获更多的局部细节信息和全局语义信息；然后融合所有中间层的Focal损失，能在每层上更好地梳理样本分配不均和难易不平衡问题，进一步提高网络分割精度。

第二，基于无人机高通量倒伏区域识别方法精度高，能识别细微倒伏区域，移植后的网络通过采用裁剪方式，对小麦倒伏数据集的语义分割F1值为84.30%。改进后的Attention_U^2-Net分割小麦倒伏区域，其F1值可达87.95%。为了对模型实际性能进行评估，本实验对倒伏区域进行人工标注并进行地物关系映射，测得标注倒伏面积为0.40 hm^2，非倒伏面积为3.0 hm^2。Attention_U^2-Net检测倒伏面积为0.42 hm^2，其中准确面积为0.37 hm^2；检测非倒伏面积为2.98 hm^2，其中准确面积为2.94 hm^2，P_s为97.25%。通过与FastFCN、U-Net、FCN、SegNet、DeepLabv3主流神经网络模型对比，Attention_U^2-Net具有最高的准确率及F1值，表明本文模型在小麦倒伏区域检测应用中的准确性和有效性。

第三，实验结果表明，采用裁剪方法处理小麦倒伏数据，可能导致小麦倒伏区域的语义信息丢失，且训练难度大；采用下采样方法通过浅层网络可以兼顾训练速度和训练效果，但只能适用于区域大、倒伏程度严重的情况，准确率较裁剪方法整体偏低。本文提出的Attention_U^2-Net采用裁剪方法可以完成高难度训练任务且不显著占用计算资源，能够准确提取出小麦倒伏面积，可以满足麦田环境下的高通量作业需求，为后续确定受灾面积及评估损失提供技术支撑。

第11章 基于改进Shift MLP的小麦倒伏自动分级检测方法

11.1 引言

作为世界上重要的粮食作物，小麦为全球约1/3的人口提供粮食（Wen et al.，2022；Zhao et al.，2021）。2021年全球小麦种植面积为2.23亿hm^2，产量为7.76亿t。随着我国人口基数的增加、耕地面积减少，实现小麦自给自足的根本出路在于提高小麦单产。然而，小麦生产过程中经常遇到台风、暴雨、冰雹等极端天气，为小麦产量形成带来了许多不确定性。因此，利用无人机遥感监测小麦灾情并预测产量已成为确保粮食安全的重要手段。

倒伏是田间生产中常见的自然灾害，是造成作物减产的主要因素，严重时减产达50%（Mardanisamani et al.，2019；Zhao et al.，2020；Berry et al.，2012；Foulkes et al.，2010；Peng et al.，2014）。倒伏是指地上茎秆从直立状态发生弯曲或移位（茎倒伏），或根土附着物受损（根倒伏）（Pinthus et al.，1974）；多数发生在小麦生育中后期，造成小麦局部或大部分倒伏的一种现象（Mardanisamani et al.，2019）。倒伏不仅影响小麦的个体发育（Yang et al.，2021），还影响小麦的产量与品质（Liu et al.，2014）。因此，及时准确评价小麦倒伏程度和倒伏面积，是分析小麦灾情信息的基础，以期为鉴定小麦倒伏灾害等级和良种选育提供参考。此外，也为农业保险公司鉴定小麦倒伏程度勘定农业损失提供重要依据。

目前，在作物育种实践中，作物育种研究者致力于培育抗倒伏小麦品种（Piñera-Chavez et al.，2016），开发极端天气事件的预测模型（Sterling et al.，2003）。小麦倒伏信息的获取主要包括人工测量和遥感测量，人工测量具有主观性且耗时费力，而遥感测量是基于光谱、纹理、颜色特征等监测不同区域小麦倒伏信息。Chauhan et al.（2020）开发了一种多时间判别分析方法，包括偏最小二乘法（PLS-DA）方法，对小麦倒伏严重程度进行分类。Lu（2019）通过无人机多光谱数据分析了不同倒伏严重程度之间的光谱变异性，并使用高分辨率无人机数据对其进行了分类。Wike et al.（2019）采用无人机平台进行图像采集，使用机器学习算法检测小麦是否发生倒伏。Tian et al.（2021）通过安装在无人机平台上的多光谱和RGB相机提取并分析了未倒伏和倒伏水稻的图像特征，包括光谱反射率、植被指数、纹理和颜色，以优化倒伏检测指标，建立了基于所选图像特征的水稻倒伏检测模型，以区分未倒伏和倒伏的水稻。Yang et al.（2017）提出一种基于空间和光谱混合图像分类技术能够有效地检测出倒伏区域。

近年来，随着机器视觉的兴起，人工智能开始频繁应用于农业信息化领域。Wilke et al.（2019）使用运动推断结构（SfM）技术量化大麦的倒伏面积和倒伏严重程度。Rajapaksa et al.（2018）基于灰度共生矩阵、局部二值模式和Gabor滤波器从小麦无人机图像中提取纹理特征对倒伏程度进行分类。Su et al.（2022）使用改进的U-Net网络通过小样本训练对倒伏小麦面积进行统计。Yang et al.（2020）将边缘计算与EDANet结合，可以快速有效地预测倒伏面积。Zhao et al.（2019）提出了一种基于深度学习U-Net结构的水稻倒伏评估新方法能够为大面积、高效、低成本的提取水稻倒伏区域。Zhang et al.（2020）提出了一种基于迁移学习和DeepLabv3+网络的方法来提取小麦不同生长阶段的倒伏区域，效果领先于传统的U-Net。Tang et al.（2022）提出了一种称为金字塔转置卷积网络（PTCNet）的语义分割网络模型，融合了多个尺度的特征，在高分二号卫星数据集上表现良好。

以上研究主要采用传统机器学习方法和深度学习方法进行特征分类，未对不同特征筛选与分类方法进行组合优选，准确率低且泛用性差。而本研究采用深度学习算法主要对未拼接的原始图像提取倒伏面积，具有较高的航向重叠度和旁向重叠度，前后处理需人工手动去重；但以上方法均未对倒伏程度和倒伏面积进行组合分析。本研究的目的是：①构建不同小麦品种倒伏数据集，并进行标注；②改进倒伏区域提取方法，实现不同小区面积、不同飞行高度小区区域提取；③建立分类—语义分割双任务神经网络模型，同时完成倒伏程度和倒伏面积类别划分；④建立联合加权损失平衡多个任务权重，防止梯度爆炸。

11.2 方法

基于深度学习的小麦倒伏分级模型由四部分组成，主要包括：①一种基于深度学习的多任务学习模型，用于提升模型的泛化能力；②一种级联式的改进U形结构，能够以有限的算力实现倒伏任务的高精度识别；③一种改进的Shift MLP模块结构，通过特征细化增强模型的提取能力；④一种多任务学习损失，防止梯度爆炸并添加合适的噪声。

11.2.1 多任务学习模型

我们的模型是基于多任务学习（Multi-task learning）（Zhang et al.，2018；Zhang et al.，2014；Caruana et al.，1993；Ranjan et al.，2017；Ruder et al.，2017）方法开发，多任务学习是和单任务学习（Single-task learning）相对的一种机器学习方法。现在大多数传

统机器学习模型都是单任务学习，如倒伏区域分割、麦穗计数等，对于复杂问题，可以分解为简单且相互独立的子问题单独解决，然后合并结果，得到最初复杂问题的结果。这种方式实现简单，但存在局限性：各个子问题之间并非独立存在，他们之间存在关联性，若将现实问题拆分成多个子问题，将会忽略问题之间丰富的关联信息，多任务学习就是为了解决这个问题而诞生。在多任务学习模型中，多个任务之间存在共享层，可以在学习过程中共享他们所学到的各种信息，且各任务之间关联性低的信息，反而会给模型带来随机噪声，从而取得更好的泛化效果。

11.2.2　MLP_U-Net模型结构

编码器—解码器框架常用于语义分割任务，编码器生成浅层语义信息和细粒度信息，解码器生成深层语义信息和粗粒度信息。通过级联将编码器、解码器信息融合，使模型在复杂背景下仍可以有效恢复模型细粒度细节。U-Net早期用于医学图像处理领域，其出色的性能和简单的结构已成为目前主流的语义分割模型之一。但该模型需要根据任务难度和可用于训练的标记数据量，不断地调整编码器、解码器网络的深度来取得最佳效果。UNet++（Zhou et al.，2018）通过短连接和上下采样等操作，间接融合了多个不同层次的特征，而编码器与解码器同层级特征的简单拼接，从而使编码器可以感知不同感受野尺寸的特征，便于满足不同数据量、不同任务对网络深度的要求；但UNet++仍存在参数量较多，且对多尺度特征的提取能力有限。基于以上研究，本研究针对小麦倒伏分级任务，设计了一种基于MLP和多任务学习方法的模型，该模型能够在较少的数据量和不消耗过多的计算资源时，可以完成倒伏分级任务，且具备较强的多尺度特征提取能力。

如图11-1所示，本模型语义分割由连续的下采样部分、基于MLP层的特征细化部分和基于通道注意力机制的上采样部分组成。

下采样部分由卷积层、池化层和激活函数构成，本研究设置每层通道数随着下采样依次为16、32、64、128、256，特征图大小由[512，128]下降至[16，4]。简单的结构和较少的参数量可以极大程度地降低小样本导致的过拟合问题。

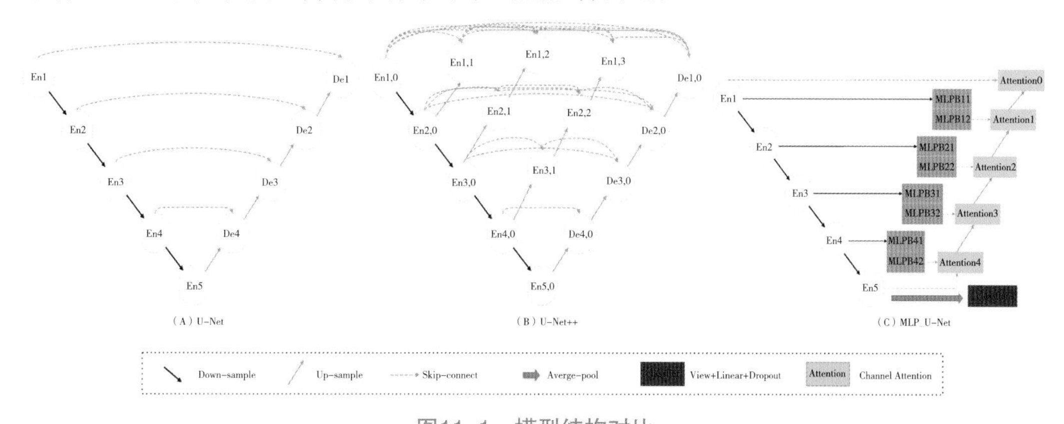

图11-1　模型结构对比

由于分类任务较语义分割任务简单，为了保证共通层的数量，分类器部分由下采样后的特征图经过全局池化层生成预测分类，未经过其他特征提取层，为语义分割任务带来更多的噪声，有利于模型的泛化。

本研究设计的基于MLP层的特征细化部分，是一种输入输出具有同样尺寸的结构。如图12-1所示，EN1-EN5代表着经过了5次的下采样，1～5代表了模型的深度，模型每一层由两个MLP Block组成，MLPB11-MLPB42同样代表了模型的深度，以底层为例，MLP Block41、MLP Block42分别包含两个连续的Shift MLP层。第一个MLP Block采用步长为2的卷积将输入通道由C增加至3/2C，模型层数由En4加深，但未达到En5的深度，所以区别于En5我们将其定义为MLP Block41，第二个MLP Block采用步长为1的卷积将通道数由C增加至2C，其生成特征图与经过卷积操作的下层模块大小相同，具有较强的可插拔性和可扩展性。

MLP层如图11-2所示，我们将输入部分经过两个不同的Shift MLP层，通过全连接层、DW卷积、激活函数后和输入特征进行残差连接。DW卷积使用更少的参数，因此提高了效率。我们使用GELU而不是RELU，因为它是一种更平滑的替代方案，并且性能更好。

基于通道注意力机制的上采样部分将MLP Block生成的细化特征图逐级上采样，并与上层细化特征图拼接，经过通道注意力机制进行特征融合后进行上采样，通过级联上一层特征与同一层相同分辨率特征，可以更有效地保证语义信息的完整性。

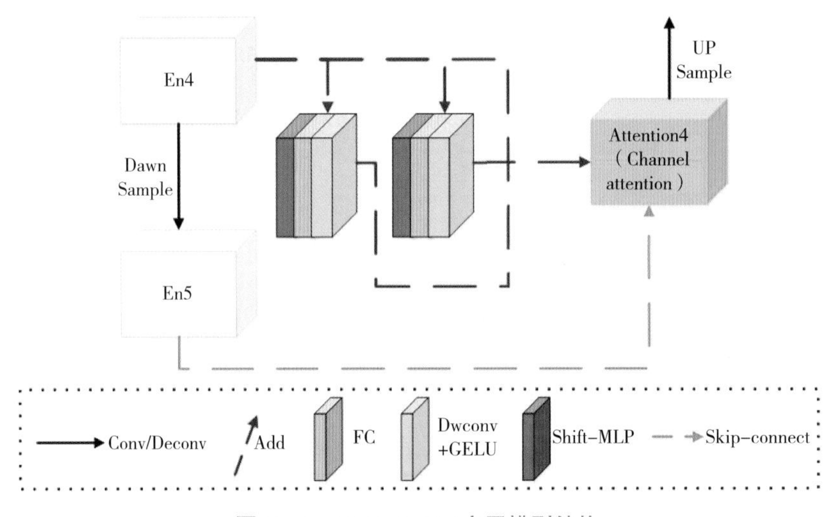

图11-2　MLP_U-Net底层模型结构

11.2.3　改进的Shift MLP模块结构

近年来，MLP被广泛应用于计算机视觉任务（Touvron et al.，2022；Rao et al.，2021；Yu et al.，2021；Borghi et al.，2021），多种基于MLP的优异方法表明卷积或者注意力机制都不是模型性能优异的必要条件。MLP-Mixer（Tolstikhin et al.，2021）是基于多

层感知机的模型新架构，其代替传统CNN中的卷积操作和Transformer（Wu et al.，2021）中的自注意力机制，将输入图像分为若干个patch对行列同时进行映射，实现通道域和空间域的信息融合。Spatial Shift MLP（Yu et al.，2021）将MLP-Mixer中的token-mixing置换为空间移位操作，用于增强各个Patch之间的联系。

如图11-3所示，本研究对Shift MLP架构进行了改进，将输入划分成10个不同的分组，每5个分组各自沿着不同的轴向（H轴和W轴）偏移；同时，将分组沿着不同的轴向逆向偏移，分别拼合成两个不同的块，将两个拼合后的特征图和输入特征进行残差连接，得到最终的特征图。在进行分组时，由于特征图大小不同，分组无法完全区分，通常最后一组的通道数与其他分组存在差异。改进的Shift MLP将前5组与后5组通过不同轴旋转后的组进行两两拼接，使特征图能够恢复至原特征图大小。本研究设置双轴的目的是在每一轮训练中每一个patch都能经过两个不同轴的Shift，每一次Shift的步长分别为[-2，-1，1，2]或[2，1，-1，2]。经过一次特征融合，通过不同维度的Shift，结合不同分组中不同的语义信息，虽然从单个空间偏移模块上来看，仅关联了相邻的patch，但是从整体堆叠后的结构来看，可以实现一个近似的长距离交互过程。

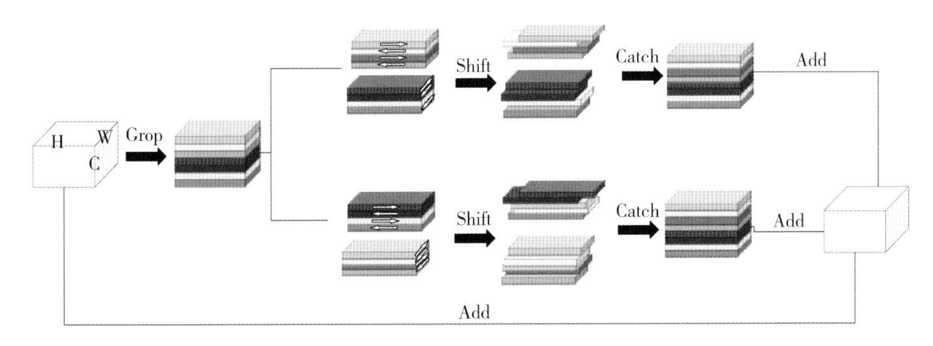

图11-3 改进Shift MLP模块结构

11.2.4 多任务学习的损失

多任务学习的损失一直以来是模型构建的重难点，合理的损失可以为多个任务之间添加适当的噪声，进而提高模型的鲁棒性，反之任务之间互相矛盾，导致模型无法收敛。本模型需均衡分类损失和分割损失，由于语义分割任务较分类任务训练难度大，我们根据训练轮次和损失之间的占比对各个任务损失进行加权，从而得到最终损失。

$$l_{tol} = avg\left[(e^{-(\frac{l_{cls}}{l_{cls}+l_{seg}})\times\alpha} + eps\times\beta) l_{cls} + l_{seg} e^{-(\frac{l_{cls}}{l_{cls}+l_{seg}})\times\alpha} \right] \quad (1)$$

式中，l_{cls}为分类损失值；l_{seg}为语义分割损失值；α，β为自定义参数。

本研究使用交叉熵和二分类交叉熵分别计算模型的分类损失l_{cls}和语义分割损失l_{seg}。参数α是用于平衡网络在最终损失贡献中的混合因子，若出现一个任务的损失函数远大于另一个任务，导致另一个任务无法学习或产生梯度爆炸，则会对损失函数占比大的任务进行惩罚，反之则进行正向加权。本研究中，分割损失是对所有像素进行平均，而误判像素较总像素较小，导致分割损失值可能小于分类损失值，经过合理的加权，在不影响分类任务的情况下，可以更好地进行语义分割任务。

在分割网络稳定前，训练分类网络难度大，虽通过参数α平衡了任务之间的损失占比，但初期分类任务的波动仍给分割任务带来不小的挑战。因此，本研究针对训练时期进行加权，训练初期偏重于训练语义分割任务，待语义分割损失逐渐稳定，再将分类损失权重随着训练轮次逐渐上调。本研究使用一个简单的线性函数对其调节，计算公式如下。

$$eps = e^{epoch/total\_epoch} \tag{2}$$

式中，*epoch*为当前训练*epoch*数，*total_epoch*为总*epoch*数。

以F1值作为分割损失的基础，采用五折交叉验证的方式对训练集进行调整参数。通过合理调整参数β，使分类损失在训练初期处于较低值，使语义分割模型更快的收敛。若使用过低的β值，导致训练初期丧失了分类带来的噪声，过高的β值可能导致梯度爆炸。

11.3 数据集构建

11.3.1 研究区域概况

研究区域位于河南省农业科学院河南现代农业研究开发基地冬小麦区域试验区（北纬35°0″44′，东经113°41′44″，海拔97 m），如图11-4所示。原阳县位于华北平原，气候类型为暖温带大陆性季风气候。秋季种植的主要作物是冬小麦，年均降水量和平均温度分别为549.9 mm和14.4℃，多年平均降水量为549.9 mm，全年日照时数2 300 ~ 2 600 h。该研究区域冬小麦处于灌浆期，由于极端气候的影响，倒伏风险较高。

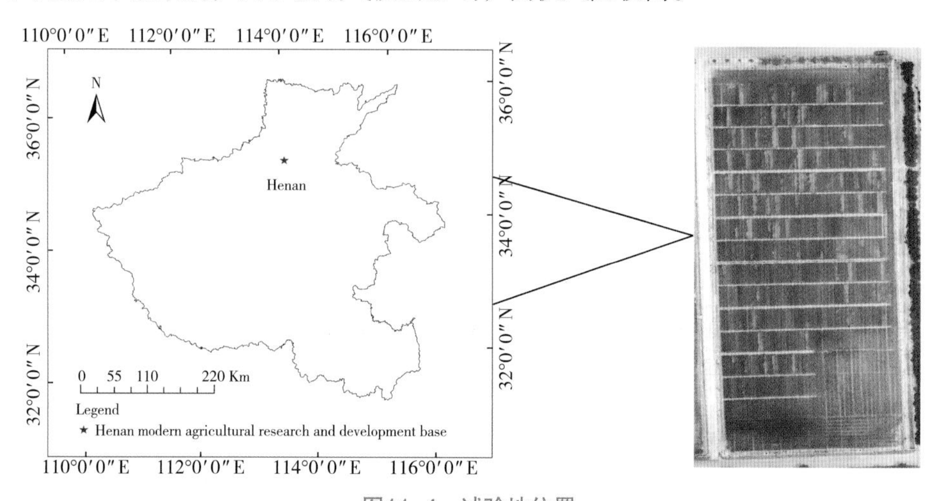

图11-4 试验地位置

参试冬小麦品种共计82个，试验采用完全随机区组设计，3次重复，小区面积12 m^2。按照试验方案要求在适播期内播种，田间管理措施高于普通大田。

11.3.2　数据采集

本研究采用大疆精灵4 Pro无人机，轴距350 mm，相机像素为2 000万像素，影像传感器为1英寸CMOS，镜头参数为FOV 84°，8.8 mm/24 mm（35 mm格式等效），光圈f/2.8-f/11。搭载GPS/GLONASS双模定位，拍摄图像分辨率为5 472像素×3 078像素，宽高比为16：9。飞行采用大疆无人机自动规划的航线，共规划5条航线，航拍完成后采用自动返航的方式降落。2020年5月14日和2022年5月20日，在灌浆期采集了基于无人机的冬小麦倒伏图像。数据集1影像采集时间为2020年5月14日上午10：00，天气晴朗无云，垂直拍摄，飞行高度为30 m，飞行速度3 m/s，飞行时长25 min，航向重叠度与旁向重叠度均为80%，相机拍照模式为等时间隔拍照，最终采集700幅原始图像。数据集2硬件设施及参数设置与数据集1相同，拍摄时间为2022年5月20日，飞行高度为50 m。无论数据集1和数据集2的飞行高度如何变化，只要在可控操作环境下，通过合适的训练及参数调整，本研究方法均具有一定的普适性和准确性。

11.3.3　数据预处理

采集的数据需进行预处理，使用PIX4Dmapper软件对原始图像进行辐射定标和几何校正等，获得试验田数字正射影像，拼接后图像分辨率为5 153像素×3 999像素。对拼接后的图像进行裁剪并进行合适的旋转，处理后的图像分辨率为1 196像素×2 853像素。如图11-5所示，图中颜色越深，表明倒伏程度越高，数据集2中倒伏小区数量大于数据集1。由于不同的数据集数据样本分布不同，导致训练难度差距较大。数据集1较数据集2倒伏小区区域小，训练难度小，对数据集1进行欠采样，反之对数据集2进行过采样。两个数据集是基于同块试验田不同年份采集，均为15行。数据集1涵盖487个小区，涉及82个冬小麦品种，数据分布均匀，若通过线性变换进行数据增强，可能导致数据分布不均。为了增加样本量，本研究采集2022年相同区域数据集2。数据集1采用研究区北方9行数据作为训练集，数据集2采用研究区北方10行作为训练集，其他数据为测试集。具体流程如下。

①分类数据标注：使用Labellmg工具将小区标注为VOC格式数据，其中数据集1采用综合实地采样和目视解译方式，数据集2采用目视解译方式。

②小区提取：使用RolAlign et al.（2020）通过双线性插值方法，根据标注数据的位置坐标在原始数据中生成候选区，将候选区映射产生128像素×512像素大小的特征图。

③人工标注：使用Labelme工具对图像进行语义分割像素级标注，将倒伏小麦区域标注为前景，非倒伏小麦区域标注为背景，并转换为二值图像标签。

④模型分类部分生成预测类别，分割部分生成掩膜图。将掩膜图进行地物关系映射，

得出小区预测的面积值，并计算倒伏面积占小区总面积的百分比，得出倒伏面积预测类别。将预测数据下采样至原分辨率，通过标注数据位置将预测数据覆盖至源数据图，使预测结果清晰可视。

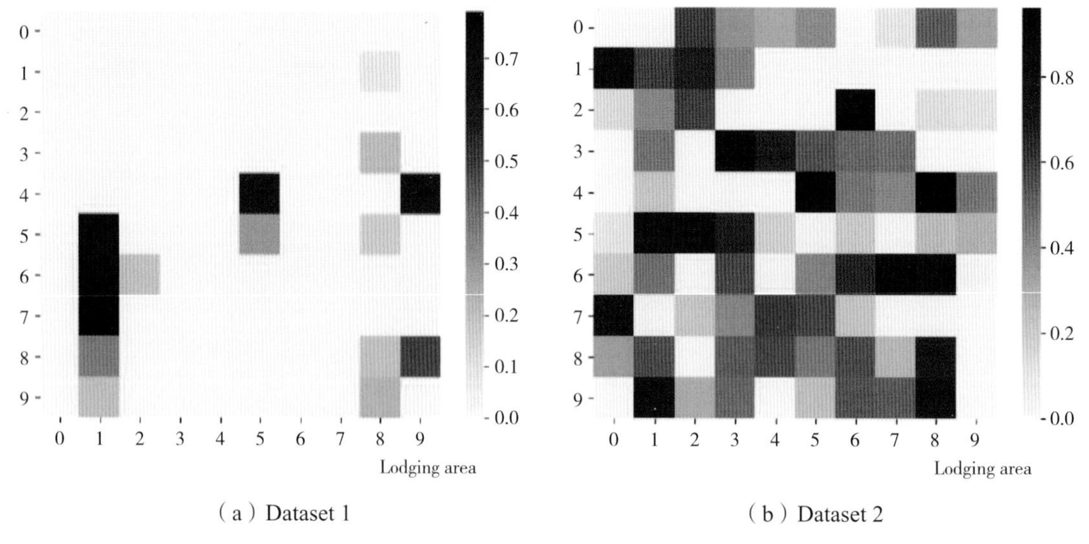

（a）Dataset 1　　（b）Dataset 2

图11-5　数据样本分布

⑤精度验证：通过模型生成的掩膜图，根据混淆矩阵计算出模型评估指标，通过与标注数据对比，从而求出模型预测准确率。

如图11-6所示，源数据经RoiAlign将每个小区生成候选区输入神经网络，神经网络输出预测分类和掩膜图。通过掩膜图得到预测倒伏面积值，并将其分类置入源数据，得到倒伏程度分级预测图（图11-8、图11-9）和倒伏面积分级预测图（图11-10、图11-11）结果图。

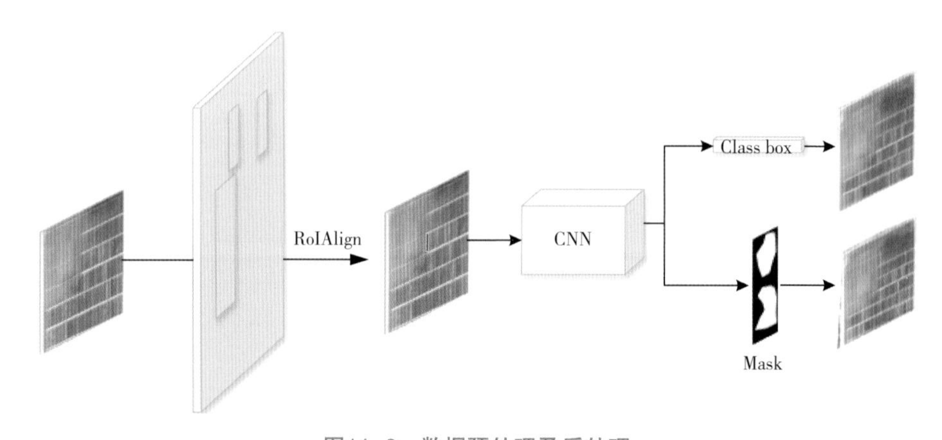

图11-6　数据预处理及后处理

由于拼接处理后单幅图像分辨率为1 196像素×2 853像素，直接对拼接后的图像做深度学习存在数据量问题。若直接对拼接前的数据进行训练测试，则会由于数据重叠率高，处理后需人工去重，且给实际使用带来诸多不便。

为了通过小样本进行训练并取得良好的效果，我们设计了一种多任务神经网络模型训练，以减少过拟合问题，在多任务神经网络中设置随机丢弃神经元加以扰动，并通过多任务学习为不同任务之间添加噪声，提高网络鲁棒性。

11.4　结果与分析

11.4.1　实验设置

实验选用Intel（R）Core（TM）i7-10600 CPU，主频2.90 GHz，GPU选择NVIDIA GeForce RTX3090，显存为24 GB。实验使用PyTorch作为深度学习框架，将训练集和测试集分为多个批次，遍历所有批次后完成一次迭代。优化器选择Adam，自动调整学习率。

11.4.2　评价指标

分类任务采用准确率（ACC）作为评价指标，量化倒伏程度划分能力。分割任务采用查准率（Precision）、召回率（Recall）、F1值（F1-Score）和IoU（Intersection over Union）指数评估模型性能。查准率指预测为倒伏面积占实际倒伏面积的比例；召回率表示预测倒伏面积占实际倒伏面积的比例；F1值是查准率和召回率二者的调和均值；IoU指数为倒伏面积预测面积和实际倒伏面积的重叠率。计算公式如下。

$$ACC = \frac{T}{T+F} \tag{3}$$

$$Pre = \frac{TP}{TP+FP} \tag{4}$$

$$Rec = \frac{TP}{TP+FN} \tag{5}$$

$$F1 = 2 \times \frac{Pre \times Rec}{Pre + Rec} \tag{6}$$

$$IoU = \frac{TP}{FN+TP+FP} \tag{7}$$

式中，TP为正确识别为倒伏小麦像素数；TN为正确识别非倒伏小麦像素数；FP为误把倒伏小麦识别为非倒伏小麦像素数；FN为未正确识别出倒伏小麦像素数；T为分类准确小区数；F为分类有误准确小区数。

11.4.3 实验结果

11.4.3.1 训练结果

训练过程准确率、损失值和F1值如图11-7a所示，即使我们对损失进行加权使语义分割损失值占模型总损失值比重较大，由于分类任务有较少的分类数，准确率更高，曲线增长较快。由图11-7b可以看出，随着迭代次数的增加，损失函数总体趋势平滑，收敛速度快，可以进行多任务模型训练。

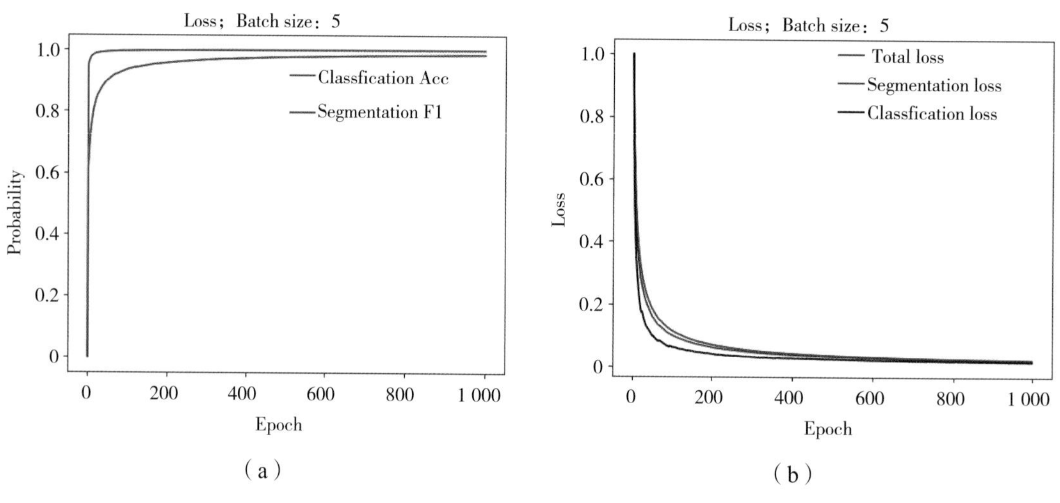

图11-7　模型训练指标

11.4.3.2 定量分析

由表11-1和表11-2可以看出，我们通过MLP_U-Net（本研究模型）、SegNet（Badrinarayanan et al.，2017）（面积提取任务）、U-Net（面积提取任务）、DeepLabV3（面积提取任务）、U-Net++（面积提取任务）、ResNet50（He et al.，2016）（分类任务）、MobileNetv3（Howard et al.，2019）（分类任务）和机器学习方法（Zhao et al.，2021）进行对比。在前期研究工作基础上，我们采用机器学习方法对数据集1进行小麦倒伏面积提取，提取误差为26.16%，由于传统机器学习方法依赖于手动提取颜色特征，无法适应目标大小和复杂背景变化，并且存在大量误报和漏检区域。数据集1和数据集2采用深度学习模型进行比较，MLP_U-Net性能优于机器学习方法，且在深度学习模型中具有较高的模型参数和实际参数，能够精准高效地完成倒伏程度和倒伏面积分级任务。数据集1和数据集2的倒伏程度分级准确率达到96.1%和84.1%，F1值达到81.3%和82.0%，倒伏面积分级准确率达到92.2%和84.7%。由于数据集模型评价指标和实际指标有偏差，数据集1模型评价指标低而实际指标高，数据集2则相反，主要由于数据集1全负样本过多，导致混淆矩阵计算值偏低。

表11-1 数据集1的评价指标

模型	倒伏程度分级	倒伏面积提取（%）				倒伏面积分级
	ACC（%）	Pre	Rec	F1	IoU	ACC（%）
MLP_U-Net	96.1	78.5	84.2	81.3	68.5	92.2
SegNet	/	58.6	80.5	67.8	51.3	66.9
U-Net	/	64.2	84.7	73.0	57.5	88.3
DeepLabv3	/	74.9	83.9	79.1	65.5	81.8
U-Net++	/	80.3	78.8	79.6	66.1	78.6
ResNet50	88.3	/	/	/	/	/
MobileNetv3（Small）	91.6	/	/	/	/	/

表11-2 数据集2的评价指标

模型	倒伏程度分级	倒伏面积提取（%）				倒伏面积分级
	ACC（%）	Pre	Rec	F1	IoU	ACC（%）
MLP_U-Net	84.1	89.0	76.0	82.0	69.5	84.7
SegNet	/	84.1	74.0	78.7	64.9	47.3
U-Net	/	75.5	82.6	78.9	65.1	80.9
DeepLabv3	/	89.6	76.9	82.7	70.6	81.7
U-Net++	/	90.3	71.2	79.7	66.2	71.0
ResNet50	77.9	/	/	/	/	/
MobileNetv3（Small）	83.6	/	/	/	/	/

11.5 讨论

11.5.1 消融研究

为了验证MLP_U-Net的有效性，我们对不同模块进行消融实验，实验中，我们通过将MLP模块删除、通道注意力机制模块删除和两者都删除的方法，采用控制变量的方法分别进行测试，验证模型每个模块的有效性，是否存在冗余模块。结果如表11-3和表11-4所示，加入消融MLP模块对困难数据集影响较大，倒伏面积分级ACC在数据集2上提高了6.1%；加入消融通道注意力机制对简单数据集影响较大，倒伏程度和倒伏面积分级ACC在数据集1上分别提高了0.6%和1.3%。两个模块同时加入后，本研究模型具备了更强的识别效能。

表11-3　数据集1的消融研究

MLP_U-Net	倒伏程度分级	倒伏面积提取（%）				倒伏面积分级
	ACC（%）	Pre	Rec	F1	IoU	ACC（%）
消融通道注意力机制+消融MLP模块	96.8	79.3	84.3	81.7	69.1	85.1
消融通道注意力机制	95.5	82.2	82.3	82.2	69.8	90.9
消融MLP模块	96.1	86.2	78.3	82.0	69.5	92.9

表11-4　数据集2的消融研究

MLP_U-Net	倒伏程度分级	倒伏面积提取（%）				倒伏面积分级
	ACC（%）	Pre	Rec	F1	IoU	ACC（%）
消融通道注意力机制+MLP模块	85.6	90.2	89.7	74.2	81.2	72.5
消融通道注意力机制	86.4	90.5	73.7	81.2	68.4	80.9
消融MLP模块	85.6	90.0	71.8	79.9	66.5	78.6

11.5.2　定性分析

根据中国国家小麦品种区域试验记载项目与标准（NY/T 1301—2007），将小麦倒伏程度分为五级：无倒伏（1级）；轻微倒伏，植株倾斜角度小于或等于30°（2级）；中等倒伏，植株倾斜角度30°～45°（3级）；倒伏较重，植株倾斜角度45°～60°（4级）；严重倒伏，植株倾斜角度60°以上（5级）。由于本研究数据处于2级和4级的倒伏小区数量较少，因此在数据处理过程中将2级与3级合称3级，4级与5级合称5级。数据集1的实验结果如图8所示，其中蓝色区域代表1级，黄色区域代表3级，红色区域代表5级；识别正确小区数为147个，识别错误小区数7个。数据集2的实验结果如图9所示，其中蓝色区域代表1级，橙色区域代表2级，黄色区域代表3级，红色区域代表4级；识别正确小区数为116个，识别错误小区数15个。

本研究对小麦倒伏面积划分为五级：无倒伏（1级）；轻微倒伏，倒伏面积小于或等于30%（2级）；倒伏较重，倒伏面积介于30%～60%（3级）；严重倒伏，倒伏面积大于或等于60%（4级）。数据集1的实验结果如图10所示，其中识别正确小区数为140个，识别错误小区数14个。数据集2的实验结果如图11所示，其中识别正确小区数为114个，识别错误小区数17个。

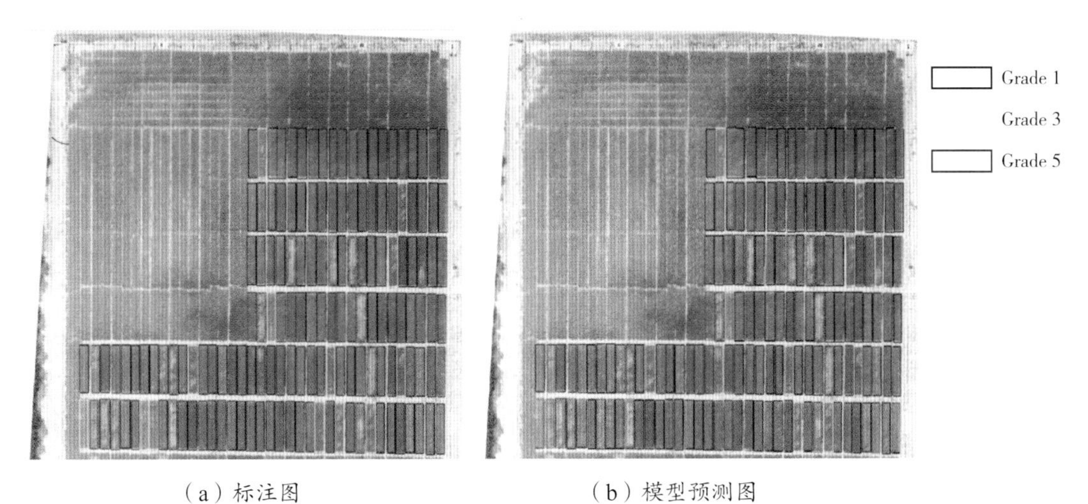

（a）标注图　　　　（b）模型预测图

图11-8　数据集1倒伏程度分级定性分析

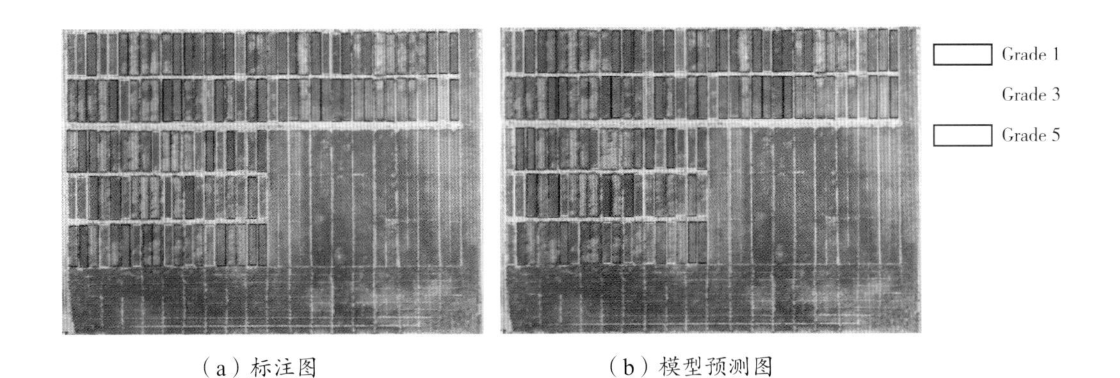

（a）标注图　　　　（b）模型预测图

图11-9　数据集2倒伏程度分级定性分析

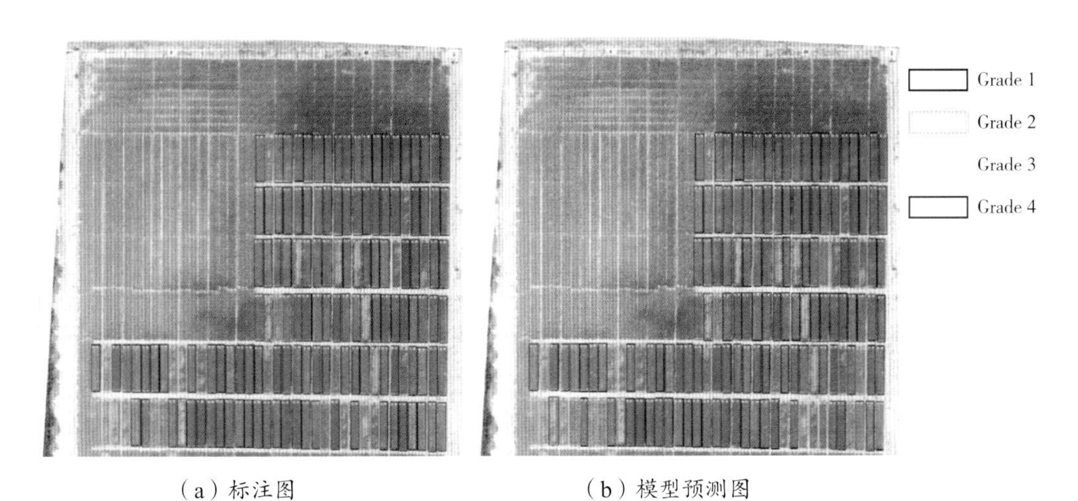

（a）标注图　　　　（b）模型预测图

图11-10　数据集1倒伏面积分级定性分析

（a）标注图　　（b）模型预测图

图11-11　数据集2倒伏面积分级定性分析

我们在田间条件下进行大规模小麦倒伏区域分类时，采用深度学习和图像处理方法可以显著减少人工统计的工作量。在主观性方面，深度学习技术解决了个体主观性差异引起的表型误差问题，因此，深度学习方法在重复测量中更稳定，在小麦倒伏检测中具有重要意义。从图11-9和图11-11可看出，不同小麦品种之间倒伏表型特征差异、可变的光照条件、图像捕获过程中无人机的不同角度、不同飞行高度以及不同时序的地貌特征差异可能会影响模型的准确性（Madec et al.，2019；Hasan et al.，2018；David et al.，2020）。由于数据集2倒伏面积广、区域大，存在小区倒伏区域重叠问题，即倒伏小麦区域覆盖非倒伏小麦区域造成分级误差。

11.5.3　数据差异性分析

如表11-5所示，1级倒伏检测准确率最高，错判率较低；说明大多数模型具有较强的倒伏和非倒伏区分能力。由于阈值问题造成倒伏面积错误分类原因，导致2级和3级倒伏检测准确率较低。如表11-6所示，数据集1和数据集2由于时序差异，导致样本分布存在较大的差异，数据集1倒伏小区数量较少，数据集2则反之。由于数据差异导致不同网络模型体现出强烈的倾向性，U-Net由于网络模型较浅，网络权重更倾向于正样本，U-Net++由于均衡了不同层级的特征，使其更倾向于负样本。MLP_U-Net选择了合适的网络深度、合理的细化模块，且由于多任务的对抗性，为网络增加了合适的噪声，使模型适应能力极大增强。由于2级和3级倒伏界为固定值，部分面积识别偏差较小的值可能越过上下阈值，造成分级误差，虽然我们提出的方法获得了更好的性能，但对样本较少且阈值明显的2级和3级倒伏分辨能力较差，同时也存在单数据集表现效果不佳的局限性，即存在优势区间；若统一采用相同高度、相同小区倒伏面积数据进行训练和测试，MLP_U-Net较单任务其他模型并无明显优势。

在今后的研究工作中，小麦倒伏分级研究应从以下角度进行：一是采用更为合理的分级模式，结合倒伏程度和倒伏面积共同界定倒伏分级，而不是通过阈值进行“一刀切”；二是构建具有大量样本的数据集，使样本更为均衡。

表11-5　倒伏分级识别效能探究

ACC		MLP_U-Net		SegNet		U-Net		DeepLabv3		U-Net++		ResNet50		MoblieNetv3（Small）	
分级		数据集1	数据集2	数据集1	数据集2	数据集1	数据集2	数据集1	数据集2	数据集1	数据集2	数据集1	数据集2	数据集1	数据集2
倒伏程度	1级	100	94.0									90.4	91.7	96.0	95.8
	3级	69.0	71.0					/				53.8	41.9	53.8	67.7
	5级	87.5	90.4									100	86.5	87.5	82.7
倒伏面积	1级	99.2	100	98.7	100	100	100	99.1	95.1	99.0	100				
	2级	59.0	62.0	22.4	34.4	50.0	67.0	28.6	55.6	28.2	45.1				
	3级	63.0	83.0	58.3	52.6	38.0	67.0	45.5	82.4	57.1	70.6			/	
	4级	87.5	95.0	100	31.6	100	92.0	85.7	100	85.7	100				

表11-6　测试集样本分布

数据（幅）	倒伏程度分级			倒伏面积分级			
	1级	3级	5级	1级	2级	3级	4级
数据集1	125	13	16	124	13	9	8
数据集2	48	31	52	27	47	37	20

11.6　结论

第一，本研究证明了深度学习能够同时实现倒伏程度和倒伏面积自动化分级计算的可能性，从而进行大面积倒伏减产风险评估。为此，本研究自建了包含82个冬小麦品种两个时序的全新数据集，提出了基于MLP的冬小麦倒伏分级检测方法，可以对不同飞行高度、不同难度、不同时序、不同小区大小的无人机拼接后的图像进行处理，通过小样本单幅图像完成训练和测试任务。

第二，为提高小样本数据的泛化性，本文面向小区构建了一种端到端的多任务神经网络模型MLP_U-Net，同时实现小麦倒伏程度和倒伏面积分割和分类任务。将改进Shift

MLP模块结构与U形结构融合，在控制参数量的同时，尽可能的细化特征使得MLP_U-Net能够细分并综合各个尺度的特征，在不影响分类任务准确性的同时在分割任务上取得更加良好的效果。通过多任务模型使两个任务互相添加噪声，且最大限度上防止出现倒伏程度和倒伏面积逻辑不对应的情况。由于添加了适量的噪声，为了控制噪声对于模型训练的影响，本研究选择对损失进行加权用于控制噪声大小，并通过调整两个任务不同训练时期的权重以及防止梯度爆炸。

第三，与多种单任务模型对比，MLP_U-Net具有较高的准确率，在无人机飞行高度为30 m时，冬小麦倒伏程度和倒伏面积分级准确率为96.1%和92.2%；在无人机飞行高度为50 m时，冬小麦倒伏程度和倒伏面积分级准确率为84.1%和84.7%。通过不同参数对多个小麦品种倒伏图像的验证，MLP_U-Net能够精准高效地完成冬小麦倒伏分级任务，可满足麦田环境下高通量作业需求，为后续确定倒伏受灾程度及评估损失提供技术支撑。

第12章

基于改进Swin-Unet的小麦条锈病分割方法

作为世界上重要的粮食作物，小麦为全球约三分之一的人口提供粮食（Chen et al., 2021；Wen et al., 2022；Tester et al., 2010；Zhao et al., 2021）。国家统计局网站数据显示，2024年河南省小麦播种面积3.46亿亩、产量2 764亿斤（国家统计局，2024）。据FAO估算，全世界每年由病虫害导致的粮食减产约占总产量的25%。随着我国人口基数的增加、耕地面积减少，实现小麦自给自足的根本出路在于提高小麦单产。然而，在小麦生长过程中，条锈病常年在华北地区频频发生，部分麦田因条锈病导致大量减产，严重影响了我国小麦生产安全（雷雨，2021）。鉴于此，急需探索快速、智能的小麦条锈病图像分割方法，为田间复杂环境下小麦条锈病的自动检测和早期预防提供技术支持。

目前，在作物育种实践中，作物育种研究者致力于培育抗病小麦品种（苏宝峰等，2024），开发极端天气事件的预测模型（Sterling et al., 2003）。在实际生产中，小麦条锈病的调查方法主要包括人工田间调查和遥感图像处理。人工田间调查法存在耗时耗力且准确性低（lin et al., 2019），而遥感图像处理是基于光谱、纹理、颜色特征等监测小麦病害信息（杨丽丽等，2019；李翠玲等，2022；雷雨等，2018）。随着遥感技术的快速发展，诸多学者借助遥感技术对小麦病害实施监测，方法主要包括经验统计模型和机器学习。经验统计模型较为简单且需要较少的输入数据，因此被广泛用作基于过程模型的常见替代方案（Duan et al., 2017；Zhou et al., 2017；Smart et al., 1990）。而在作物病害监测领域中取得成功的机器学习方法随机森林法（Li et al., 2021）、支持向量机法（Shafiee et al., 2021）和偏最小二乘法（Rischbeck et al., 2016）。研究表明，利用光谱及其反射率的变化，可以实现作物病害的识别及病害危害程度估算（Shi et al., 2018；Chen et al., 2019；Franceschini et al., 2019）。Pujari et al.（2014）利用Radon变换和投影算法处理小麦、玉米等谷物感染白粉病、叶锈病等真菌病害的图像，使用支持向量机算法实现不同病害的检测与分类。Xu et al.（2017）将清晰的小麦叶锈病图像转换为RGB模型中的G单通道灰度图像，基于Sober算法进行垂直边缘检测，通过计算病斑与叶片的面积比例对小麦发病等级做出准确诊断。Thangaiyan et al.（2019）提出了基于可变形模型的作物病害检测系统分割方法，分割出小麦叶片病害图片的颜色、渐变、纹理和形状等的特征。Guo et al.（2021）基于无人机图像提取的植被指数和纹理特征，建立了基于偏最小二乘回归法的小麦黄锈病监测模型。以上研究均为传统方法中常见的病斑分割和分类方法，病斑区域与背景颜色相近或界限模糊的情况下，容易导致分割效果不佳。因此，如何实现小麦条锈病的精准分割，是本研究急需解决的关键问题。

近年来，由于深度学习对图像处理的成本效益和高效性，深度学习领域取得了重大进展。因此，各种神经网络已被用于作物病害图像的自动检测，用于解决传统作物检测方法中存在的问题，提高病害检测的效率和准确性。为了解决传统图像在分割场景和任务需求方面的局限性，鲍文霞等（2020）根据小麦赤霉病发生区域与健康区域的颜色分布特点，利用多路卷积神经网络对小麦赤霉病图像进行识别。Zhang et al.（2019）利用全卷积神经网络和脉冲耦合神经网络对田间背景下麦瘟病的严重程度进行了快速、准确的识别与划分。Su et al.（2021）提出了一种将语义分割模型U-Net、无人机多光谱和RGB影像相结合的小麦条锈病识别框架，然而，该研究由于标签数据较为稀缺，使得准确率不够高，不能够做到大范围推广。Swin-Unet（Cao et al.，2021）是基于Transformer的分割网络，利用Transformer有效地解决U型网络在处理大尺度图像时计算量过大、物体边缘分割不清晰等问题。张越等（2024）提出了基于改进Swin-Unet的遥感图像分割方法，解决了遥感图像边界分割不连续、目标漏分等问题，提高了遥感图像分割的精度。

目前，小麦条锈病图像分割研究已取得了较好的效果，而针对小麦条锈病的病斑形态复杂、病斑与非病斑之间的边界模糊、分割精度低的问题，本文以先进的Swin-Unet模型为基础架构，提出了基于改进Swin-Unet的小麦叶片条锈病图像分割方法，以期为小麦条锈病精准分割提供技术支撑。

12.1 数据与方法

12.1.1 CDTS数据集

小麦条锈病图像数据由论文链接提供的公开数据集（数据来源：https://pan.baidu.com/s/1hYmyJxyFsWQpMro6Fix0ug?pwd=fp0k）。基于人工智能系统的作物病害处理数据集（Crop Disease Treatment Dataset，CDTS）是青海省第一个开放的小麦条锈病图像数据集[34]。该数据集部分示例如图12-1所示。

在青海省农业科学院小麦条锈病栽培温室中，于上午、中午、晚上拍摄不同光照和角度下小麦条锈病图像。使用不同的移动设备获得了2 353张538种不同分辨率的图像，将原始图像划分为多个512×512像素的小图像，得到数据集共有33 238张图像。CDTS数据集提供的图像和标注，为使用深度学习算法进行小面积、高相似度语义分割提供了数据支持。本研究从CDTS数据集中随机挑选2 000张作为实验数据，按照比例为8：1：1划分为训练集、验证集和测试集。

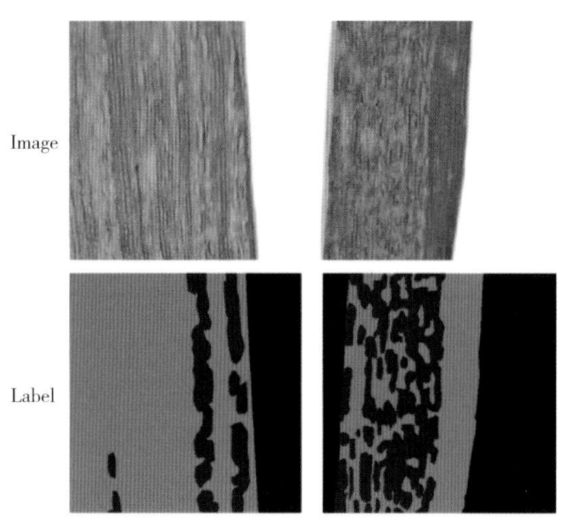

图12-1　CDTS数据集示例

12.1.2　改进Swin-Unet的小麦条锈病分割模型

12.1.2.1　Swin-Unet

Swin-Unet的整体结构由编码器、瓶颈、解码器和跳跃连接组成，是基于Transformer结构的语义分割网络，结合了Swin-Transformer和Unet，在图像分割任务上取得了显著的性能提升。在Swin-Unet中开发了补丁合并层和补丁扩展层，补丁合并层可以增加图像的特征维数，补丁扩展层可以实现对图像的上采样操作。此外，在图像的编码和解码过程中，该网络结构实现了局部到全局的自注意，对全局特征进行像素级分割和预测任务，更好地保留了图像特征，有效地防止了小麦条锈病区域的误分类。

12.1.2.2　改进Swin-Unet

针对小麦条锈病的病斑形态复杂、病斑与非病斑之间的边界模糊、分割精度低等问题，本文对Swin-Unet进行了优化和改进，提出了基于改进Swin-Unet的小麦条锈病图像分割方法，如图12-2所示。首先，该模型以Swin-Unet为基础架构，结合Swin-Transformer和SENet模块，能够有效地捕获图像中的全局和局部特征，具有较强的特征表达能力；其次，将SENet模块的输出添加到解码器对应的特征张量中，在跳跃连接处形成输出特征张量，用于后续的解码器操作；最后，在Swin-Unet网络的深度瓶颈中，使用ResNet网络层来增加子特征图像的提取，进一步增强网络特征的分割效果。

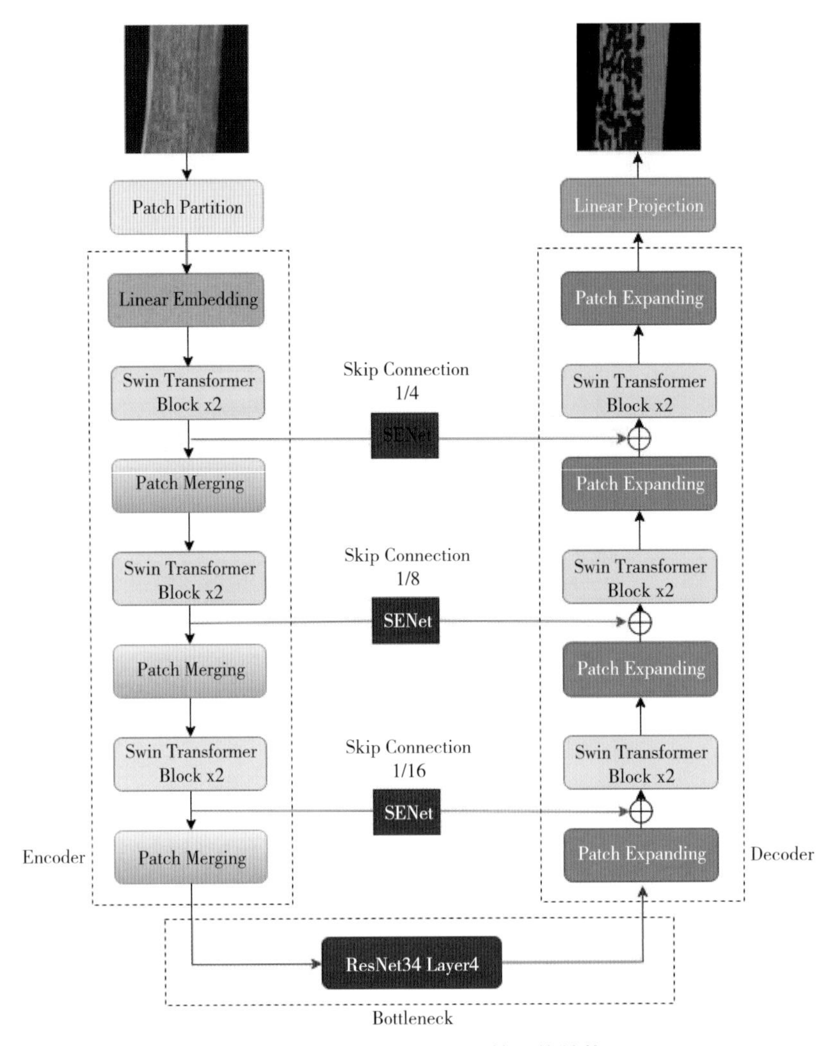

图12-2　改进Swin-Unet的网络结构

（1）ResNet

ResNet是一种深度神经网络结构，被广泛应用于目标检测和语义分割等计算机视觉任务中（He et al.，2016）。由于ResNet中残差块的设计不会导致特征提取的计算能力，因此，适合用该残差块替换位于瓶颈位置的两个连续的Transformer块。ResNet通过残差块解决了网络加深导致的退化问题。为了更好地提取小麦条锈病区域特征，提高整体分割效果，本研究对Swin-Unet中的瓶颈进行了改进。经过优化和比较，利用ResNet34中的layer4结构作为Swin-Unet中的瓶颈，可以在瓶颈处实现小麦叶片图像的病变区域深度特征的提取，提高了该模型对小麦叶片病斑区域的分割精度。

（2）SENet

通道注意力机制的目标是自适应调整通道特征的权重，使得网络可以更好地关注重要特征，抑制不重要特征。SENet是通过学习通道间的相关性来动态调整特征图的权重，以增强重要特征的表示，从而提高模型性能（Hu et al.，2018）。本研究对Swin-Unet网络进行改进，在每次跳跃连接时，首先将跳跃连接的特征张量作为SENet模块的输入。然后，应用Squeeze操作和Excitation操作来获得特征加权的结果。最后，将SENet模块的输出添加到解码器对应的特征张量中，在跳过连接处形成输出特征张量，用于后续的解码器操作。这种方法增强了低级和高级特征之间的联系，从而为多尺度预测和分割提供了更精细的特征。

12.2.3　评价指标

为了有效和客观地评估小麦条锈病图像的分割效果，本研究采用交并比（Intersection Over Union，IoU）、查准率（Precision）、召回率（Recall）、准确率（Accuracy）、均交并比（Mean Intersection over Union，MIoU）和均像素准确率（Mean Pixel Accuracy，MPA）作为语义分割的评价指标。具体计算公式如下：

$$\mathrm{IoU} = \frac{\mathrm{TP}}{\mathrm{FP+FN+TP}} \tag{1}$$

$$\mathrm{Precision} = \frac{\mathrm{TP}}{\mathrm{TP+FP}} \tag{2}$$

$$\mathrm{Recall} = \frac{\mathrm{TP}}{\mathrm{TP+FN}} \tag{3}$$

$$\mathrm{Accuracy} = \frac{\mathrm{TP+TN}}{\mathrm{TP+TN+FN+FP}} \tag{4}$$

$$\mathrm{MIoU} = \frac{1}{k+1}\sum_{i=0}^{N}\mathrm{IoU} \tag{5}$$

$$MPA = \frac{1}{k+1}\sum_{i=0}^{k}\frac{p_{ii}}{\sum_{j=0}^{k} p_{ij}} \tag{6}$$

其中TP表示模型正确预测出的病害区域像素数量，TN表示模型正确预测出的非病害区域像素数量，FP表示模型错误地将非病害区域标记为病害区域，FN表示模型错误地将病害区域标记为非病害区域的像素数量，k+1表示类别总数（包含背景），p_{ij}为真实像素类别为t的像素被预测为j的总数量，p_{ii}为真实像素类别为i的像素被预测为i的总数量。

12.1.2.4　实验环境及模型参数

实验选用Intel® Core™ i7 10600 CPU，主频2.90 GHz，GPU选择NVIDIA GeForce

RTX3090，显存24 GB，使用PyTorch作为深度学习框架。本试验中所有模型训练使用的优化器为Adam，初始学习率为0.01，动量因子为0.9，训练迭代轮次为100，批处理量为4，输入网络图像设置为512像素×512像素。

12.2 结果与分析

12.2.1 不同网络模型的训练结果

为验证本研究改进模型的优越性，图12-3显示了不同网络模型的训练结果，随着迭代次数的增加，所有模型的损失值在训练刚开始大幅度下降且在20个周期之后逐渐趋于平稳，与其他网络模型相比，本研究改进的模型在训练开始取得了较低的损失值，没有出现欠拟合和过拟合以及梯度消失等问题。

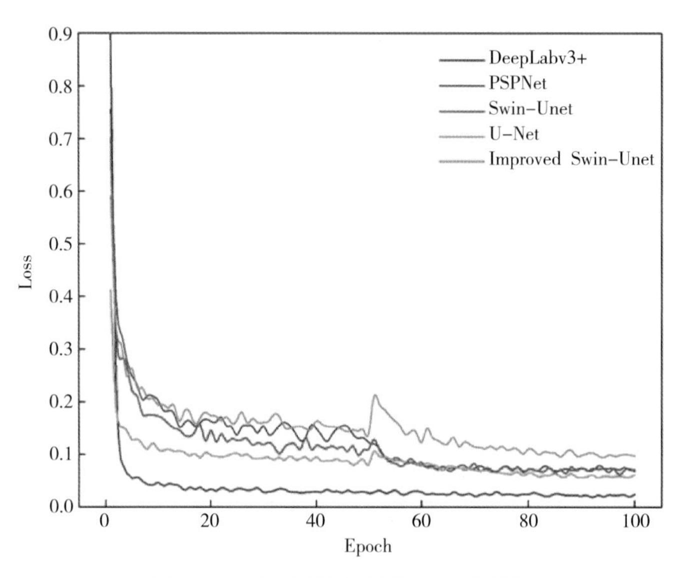

图12-3 不同网络模型训练损失对比

12.2.2 不同网络模型的背景、孢子和叶片小麦条锈病分割方法性能比较

为验证改进Swin-Unet网络模型对小麦条锈病图像分割效果，本研究选择了U-Net、PSPNet、DeeplabV3+和Swin-Unet网络模型进行对比实验，表12-1展示了不同网络模型的背景、孢子和叶片小麦条锈病分割方法的性能比较。

在背景分类中，改进Swin-Unet网络模型分割效果较好，IoU、Precision和Recall分别为98.41%、99.24%和99.16%。与Swin-Unet相比，RSE-Swin Unet在IoU、Precision和Recall分别提高了2.39%、0.23%和1.04%。在孢子分类中，RSE-Swin Unet的分割效果较好，IoU、Precision和Recall分别为65.79%、82.32%和76.62%。在叶片分类中，RSE-Swin Unet

模型的分割效果较好，Precision为94.36%。与Swin-Unet相比，改进Swin-Unet网络模型在Precision上提高0.94%。

表12-1　不同网络模型的背景、孢子和叶片小麦条锈病分割方法性能比较　　单位：%

类别	模型	IoU	Precision	Recall
背景	U-Net	96.49	98.97	97.46
	PSPNet	95.81	98.99	96.75
	DeeplabV3+	96.53	99.06	97.43
	Swin-Unet	96.02	99.01	98.12
	Improved Swin-Unet	98.41	99.24	99.16
孢子	U-Net	62.23	81.16	72.74
	PSPNet	45.23	75.24	53.14
	DeeplabV3+	53.38	74.20	65.54
	Swin-Unet	53.78	82.35	60.14
	Improved Swin-Unet	65.79	82.32	76.62
叶片	U-Net	92.16	94.69	97.18
	PSPNet	89.30	91.79	97.05
	DeeplabV3+	90.64	93.75	96.47
	Swin-Unet	91.01	93.42	97.10
	Improved Swin-Unet	90.53	94.36	95.71

12.2.3　不同网络模型小麦条锈病分割方法的性能比较

为了评估改进Swin-Unet网络模型的优越性，表12-2展示了小麦条锈病总体分割性能。改进Swin-Unet网络模型具有最佳的分割结果，能够准确识别和分割病斑，Accuracy、MIoU和MPA分别为96.88%、84.91%和90.50%。与Swin-Unet相比，Accuracy、MIoU和MPA分别提高了2.84%、4.64%和5.38%。本文提出的方法适合于小麦条锈病图像分割，且分割精度高于其他网络模型。

表12-2　不同网络模型小麦条锈病分割方法的性能比较　　单位：%

模型	精度	MIOU	MPA
U-Net	95.70	83.63	89.13
PSPNet	94.04	76.78	82.31
DeeplabV3+	94.85	80.18	86.48
Swin-Unet	94.04	80.27	85.12
Improved Swin-Unet	96.88	84.91	90.50

12.2.4 不同网络模型小麦条锈病分割结果比较

为了证明本研究提出的改进Swin-Unet网络结构在小麦条锈病图像分割任务中的优越性，将改进的Swin-Unet与主流分割网络U-Net、PSPNet、DeeplabV3+和Swin-Unet分割结果进行比较。图12-4显示了不同网络分割结果的比较。结果表明，改进Swin-Unet网络模型在主流分割网络中取得了最佳分割结果，这是因为改进Swin-Unet网络模型具有较好的预测结果，其他主流网络模型能够准确地分割出病变区域，但不能有效地分割粘连病变和真正的病斑区域。由于本研究使用ResNet34的layer4作为模型的瓶颈，增加了图像特征计算的收敛性，可以获得较好的分割效果。与Swin-Unet相比，改进Swin-Unet网络模型的分割精度较高。对比实验结果表明，改进Swin-Unet网络模型较好地解决了信息丢失和边界模糊的问题，提高了对相似纹理和背景的识别能力，在分割结果方面是最优的。

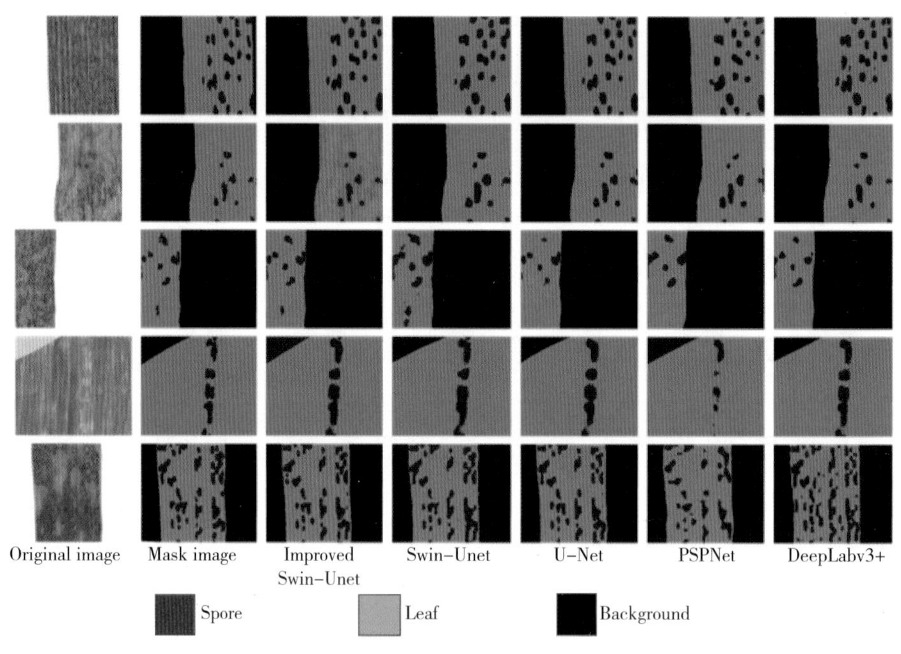

图12-4 不同网络模型小麦条锈病分割结果比较

12.3 讨论与结论

从以上对比实验可以看出，本研究提出的方法在条锈病数据集处理上取得了较好的分割结果。该方法在分割精度方面具有较好的优势，能够满足小麦条锈病检测的基本需求。深度学习可以有效地分割背景、孢子和叶片，但对于原始算法来说，当图像的背景复杂度高、对比度低且存在黏连现象时，原始网络对目标的特征提取较差，容易造成漏分割（Zhang et al.，2024）。研究认为，农作物病害识别网络EssNe可以在复杂环境下，对农作物的11种病害进行识别，准确率为95.21%（温钊发等，2023）。本研究表明，采用小麦条锈病图像进行分割实验，将主流深度学习模型与本研究改进的方法进行比较，本研究改进方法可以精准分割小麦条锈病图像，进而提高小麦条锈病的检测精度，为小麦条锈病的自动检测和早期预防提供技术指导。

为了更深入地验证该方法在面对病斑形态复杂、病斑与非病斑之间的边界模糊、分割精度等问题的可行性，将其与解决此类问题的几种方法进行了对比。Li et al.（2022）采用深度学习对小麦条锈病图像进行语义分割，将难以区分的孢子和斑点分为不同的类别，并对背景、叶片（含斑点）和孢子进行了精确的分割。然而，他们的方法不能充分利用小麦叶片图像丰富的上下文信息，仍然会存在细节丢失、边界模糊等问题。相比之下，本研究在数据集上有大量的图像和丰富的样本，较好地解决了信息丢失和边界模糊的问题。本研究以Swin-Unet为基础模型，提出了基于改进Swin-Unet的小麦条锈病图像分割方法。该方法引入ResNet34模块和SENet模块，能够有效地捕获条锈病图像中的全局和局部特征信息，增强模型对条锈病特征的表达能力。实验结果显示，小麦条锈病图像整体分割准确率、MIoU和MPA分别达到96.88%、84.91%和90.50%，较Swin-Unet分别提高了2.84%、4.64%和5.38%。同时，与其他网络模型相比，本研究改进方法具有较好的计算机视觉处理效果和性能评估检测效果，分割性能最好，可以精准地检测和分割小麦条锈病，为田间复杂环境下小麦条锈病的自动检测提供了新的方法。

第13章

基于改进SE-Swin Unet的玉米叶部主要病害图像分割方法

13.1 引言

中国玉米产业发展迅速，2020年播种面积达到4 126万hm^2，创造了24 948.75 kg/hm^{2}的高产纪录（曾智勇，2022）。玉米病害逐年增多，已成为影响玉米产量和品质的主要因素。目前，玉米典型的叶部病害主要有大斑病、小斑病和条锈病。这些病害很大程度限制了玉米的正常生长，进而导致玉米产量和品质下降。早期发现作物病害可减少经济损失，并对作物质量产生积极影响（Sharma et al.，2022；Hussain et al.，2022）。病害主要发生在作物叶片，通过观察玉米叶片的病区，可以直观有效地评估发病部位的类型和程度，对早期病害的诊断起到辅助作用，可以及时采取病害控制措施。图像分割就是把图像分成若干个特定的、具有独特性质的区域并提出感兴趣目标的技术和过程。它是由图像处理到图像分析的关键步骤，叶片病害区域的精确分割直接影响病害识别的准确性。提高叶片图像分割的准确性，为农户提供最优的治理作物病害方案，成为研究的重点。

传统的玉米叶部病害情况主要以人工判断为主，这种方法不但效率低，误差大，而且严重依赖于个人经验。近年来，随着计算机视觉技术在农业中的应用，农作物病害分割研究取得了许多成果。传统的图像分割算法包括阈值法（王雪等，2018）、聚类法（郭鹏等，2015；霍凤财等，2019）、区域生长法（徐蔚波等，2017；张新良等，2020）、图论法（Shi et al.，2000；Li et al.，2015）等，广泛应用在农业领域。这类方法虽然容易实现操作简单，但需要手动提取图像的特征，方法单一，图像分割泛化能力不足效果差。随着深度学习的迅速发展，基于深度学习的图像分割方法，通过自我学习来提取叶片图像病斑的像素级特征并完成语义分割，可以节省大量人力工作和时间，性能优于传统方法，已成为当前的研究热点。在此背景下，大量基于深度学习的语义分割方法也被引入到农业图像分割领域，如文献（刘立波等，2018）利用FCN和CRF网络模型，实现了棉花冠层图像的语义分割。文献（王振等，2019）提出了"改进的全卷积神经网络"解决玉米叶片病斑分割。文献（刘永波等，2021）使用U-net网络结构完成玉米叶片病害图像的语义分割问题。文献（Yuan et al.，2022）提出了一种改进的DeepLabv3+深度学习网络用于葡萄叶片黑腐病病斑分割。

注意策略和深度学习的整合使识别和分割植物疾病区域的任务更具吸引力和详细。CBAM（卷积块注意模块）、SE-Net（挤压-激励网络）VSG-Net（视觉-空间-图网络）是几个主要的常见注意模块（Woo et al.，2018；Hu et al.，2018；Ulutan et al.，2020）。目前，transformer在计算机视觉（CV）方面的表现取得了突破，许多新的基于transformer的CV任务方法被提出（Dai et al.，2021）。Swin-Unet网络是其中之一，一种基于transformer的分割网络，在肝脏（Cao et al.，2021）的CT图像上表现良好。目前该模型主要应用在医学图像分割任务中，但至今没有研究人员改进该模型解决农业领域的问题。针对传统分割算法对于不同光照条件下玉米叶片病害图像分割效果差，泛化能力不足以及由于卷积操作的局限性而造成分割精度不高难以满足领域精细化需求的问题。本文将基于改进Swin-Unet算法模型，用于玉米叶片病害图像的语义分割。对图像添加了预处理方法，设计了图像增强方法以提高其性能。结合分割领域典型二分类的损失函数和评价指标，设计不同损失函数，通过对比不同损失函数在测试集上的表现，最终结合BCE损失函数构建混合损失函数，在跳跃连接处加入SENet模块，构成SE-Swin Unet（Improve Swin-Unet）语义分割模型。通过训练学习得到玉米叶部病害图像中的病害区域特征，对玉米常见的几类叶部病害进行病斑分割，并设计了几个比较实验来验证该方法的有效性。

13.2　数据与方法

13.2.1　数据集构建

本研究训练数据采用PlantVillage数据集（Hughes et al.，2015），该数据集中的数据包括54 303张健康和病害图片，分为38个类别。其中的对象包含玉米、苹果、蓝莓、葡萄、桃子、土豆、番茄、草莓等。利用该数据集的玉米病害图像为研究对象（从数据集中筛选出玉米病害图像800张），筛选的图像包括玉米小斑病300张、玉米条锈病200张和玉米大斑病300张，本研究收集的图像为单张叶片，上面只包含有玉米叶部病害的不规则区域，图像大小为256像素×256像素，将图像以.jpg格式存储，构建玉米叶部病害图像样本集。为了对网络模型进行训练和评估，将数据分别以80%、10%和10%的比例分为训练集、验证集和测试集。该图像的一部分如图13-1所示。

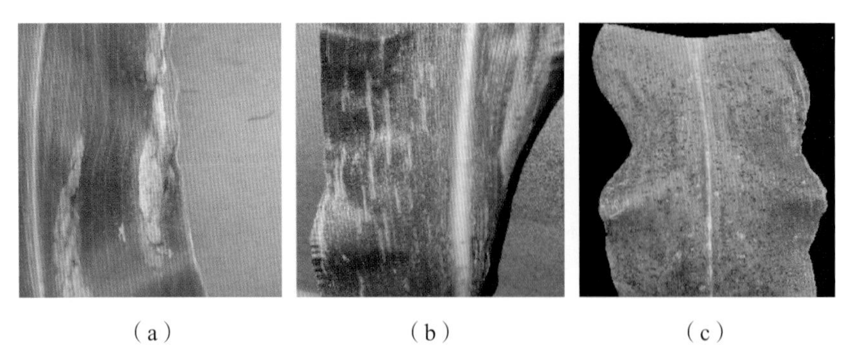

（a）（b）（c）

图13-1　三种玉米叶片病害图像（a）大斑病（b）小斑病（c）条锈病

由于PlantVillage数据集提供的图像没有图片标签，不便于计算机深度学习的有监督训练，因此预处理过程主要是对这800张图像进行人工标注，本研究中使用麻省理工学院（MIT）的开源标注工具Label ME，将蒙版图像中玉米叶片的病害区域的像素值标记为255，其他部分标记为背景区域，像素值为0。对于每个带标签的图像，设置成PNG格式的图像样本。数据集中部分玉米叶片病害图像及其掩码标注，如图13-2所示。由于该数据集中只有800张已经标注好的玉米叶片病害图片，为了提高所使用的网络模型训练过程中的泛化能力，对人工标注后的图像数据集进行数据增强操作。

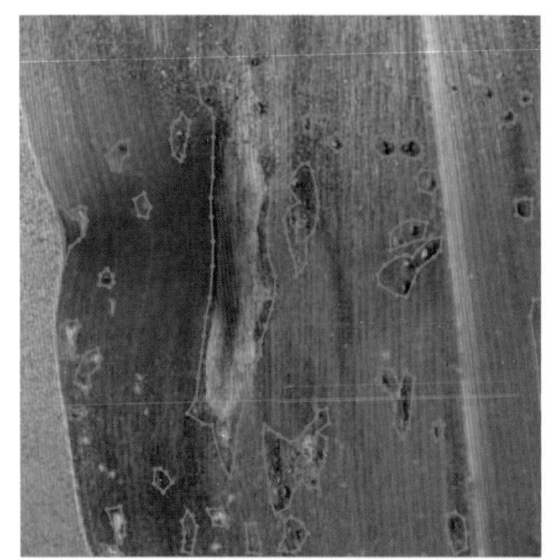

图13-2　在图像中标记玉米叶部病害的位置

本研究采用的是在线数据增强方法，这种方法是现代深度学习框架中提供的一种数据增强技术，在每个周期训练前，对数据集进行翻转，旋转等方式，并且每个方式都包含随机因子，可以保证每个周期训练的数据都是不一样的。具体操作为：图像和标签同步进行随机翻转、图像和标签在旋转角度[-20°，20°]范围内随机旋转、对比度变换，在图像的HSV色彩模型（Hue色度，Saturation饱和度，Value明度），改变色度，饱和度和明度分量，增加光照变化、随机使用仿射变换来平移、缩放和旋转输入图像。

13.2.2　技术简介和改进的Swin-UNet网络

13.2.2.1　基于CNN的对比网络

使用基于CNN的两个分割模型，包括4个骨干网络。UNet网络是在FCN（Shelhamer et al.，2017）基础上改进得到的，通过对目标区域采用上采样和下采样相结合来实现对图像的像素级分割，语义信息丢失减少，使U-Net在少量训练集上表现良好。U-net分割模型类似于左右对称的U形网络，因此得名为U-Net。DeepLabV3+（Chen et al.，2018）于2018年由谷歌的研究人员提出，也基于编码器-解码器结构，用来获得更加准确的边界。基于空间金字塔池化技术，通过融合多种模型的优点，获得多尺度卷积特征。此外，可以将许多主干网络用在这两个分割模型，以得到不同的分割效果，本文使用的主干网络包括VGG、ResNet50、MobileNet和Xception。VGG使用多个3×3的卷积核来替换大尺度的卷积核（减少所需参数）；最大池化方法使用2×2池内核，所有隐藏层的激活单元使用ReLU函数。ResNet也就是深度残差网络，使网络层能够简单执行了同等映射，解决了训练过程中出现梯度消失的问题。ResNet50有四组大块，每组分别是3、4、6和3个小块，每个小块里面有3个卷积。MobileNet是Google在2017年提出的轻量级深度神经网络，相比于传统卷积网络，在准确率小幅降低的情况下大大减少了参数量与运算量，MobileNet的基本单元是深度级可分离卷积。类似于MobileNet，Xception在Inception的基础上进行改进，也使用深度可分离卷积，在一定程度上实现了跨通道相关性和空间相关性的解耦。

13.2.2.2　SENet简介

Squeeze-and-Excitation Networks（SENet），它通过对特征通道间的相关性进行建模，把重要的特征进行强化来提升准确率（Hu et al.，2018）。在SENet中，分为两个重要部分，squeeze操作和excitation操作。由于传统卷积只能在一个局部空间进行操作，很难得到足够的信息来提取各个通道之间的关系。因此SENet设计了Squeeze操作可以获取足够的信息。其每个通道的具体操作公式如下。

$$z_c = f_{sp}\left(\boldsymbol{u}_c\right) = \frac{1}{H \cdot W}\sum_{i=1}^{H}\sum_{j=1}^{W} u_{c(i,j)} \tag{1}$$

式中，$f_{sp}(\boldsymbol{u}_c)$为对$\boldsymbol{u}_c$矩阵进行Squeeze操作；H为高度；W为宽度。

Sequeeze操作得到了所有channel对应的全局特征，设计了excitation操作来抓取channel之间的关系。Excitation操作，每个通道通过一个基于通道依赖的自选门机制来学习特定样本的激活，学会使用全局信息，有选择地关注信息特征，并分解不太有用的信息特性，这里采用的是sigmoid，并在中间嵌入了ReLU函数用于限制模型的复杂性和帮助训练。公式如下。

$$s = F_{ex}\left(z, W\right) = \sigma\left[g\left(z, W\right)\right] = \sigma\left[W_2\delta\left(W_1 z\right)\right],\ W_1 \in \boldsymbol{R}^{\frac{C}{r}\cdot},\ W_2 \in \boldsymbol{R}^{C\cdot\frac{C}{r}} \tag{2}$$

式中，z为Squeeze得到的结果；σ为Sigmoid函数；δ为ReLU函数；W_1，W_2为压缩和重构的全连接函数。

将excitation学习到的归一化权重加权到每个通道的特征上，最后block的输出公式如下。

$$X_c' = F_{scale}\left(u_c, s_c\right) = S_c u_c \tag{3}$$

13.2.2.3 改进的Swin UNet网络结构

本文对Swin UNet网络进行改进，在每个跳跃链接处，首先将跳跃链接的特征张量作为SENet模块的输入，然后进行Squeeze操作和Excitation操作以获得特征加权的结果。最后，将SENet模块的输出与解码器的对应特征张量相加，形成跳跃链接处的输出特征张量，用于后续的解码器操作。以增强底层语义和高层语义的连接效果，从而为模型在进行多尺度预测和分割时提供更加精细的特征。体系结构如图13-3所示。Swin-UNet网络是一种U形体系结构，由Encoder、Bottleneck、Decoder和跳跃连接组成，其中编码器、瓶颈和解码器都由Swin变压器块（Liu et al.，2021）组成。对于编码器，将输入的图片分割成大小互不重叠的补丁，将补丁特征映射到线性嵌入层中的序列嵌入中，转换后的patch标记

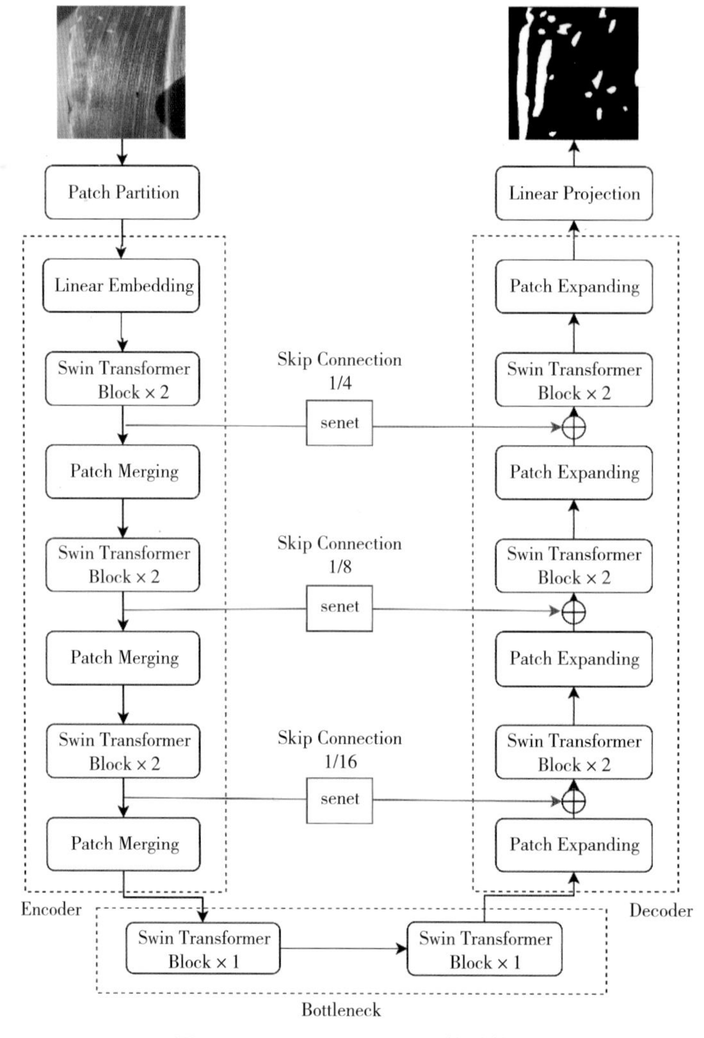

图13-3 SE-Swin Unet网络结构图

通过几个Swin Transformer block和patch merging layer来生成不同尺度的特征表示。具体地说，patch merging layer负责下采样操作，Swin Transformer block负责学习特征表示。（在编码器中，在编码器中，将玉米叶片病害图像分割成大小为4 × 4的非重叠patch，两个连续的Swin Transform block负责特征表示学习，并通过Patch Merging层将特征拼接起来，进行下采样操作，以增加特征维度，需要经过3次此过程。）在解码器中，相对于编码器的Patch Merging层，patch expanding layer进行的是上采样操作，相应的特征维度变成原始特征的1/2倍，最后的补丁扩展层用于执行4倍的上采样，从而将特征图还原为输入时的分辨率（W × H），然后通过线性层进行像素级别的预测。与U-Net类似，skip-connection用于将来自编码器的多尺度特征与上采样特征融合。将浅层特征与深层特征融合在一起，以减少下采样造成的空间信息丢失。加一个线性层，连接特征的维度与上采样特征的维度保持相同。

与传统的多头自注意（MSA）模块不同，Swin-Transformer block主要是基于移位窗口（shifted window）构造的。提出了两个连续的swin transformer block，如图13-4所示。每个swin transformer block由LN层、多头自注意（MSA）模块、残差连接和具有Gelu非线性的二层MLP组成。在两个连续的transformer模块中分别采用了基于窗口的多头自注意（W-MSA）模块和位移的基于窗口的多头自注意（SW-MSA）模块，基于这种窗口划分机制，连续的swin transformer block可以用公式（4）至公式（7）表示为。

$$\hat{z}^l = W - MSA\left[LN(z^{l-1})\right] + z^{l-1} \tag{4}$$

$$z^l = MLP\left[LN(\hat{z}^l)\right] + z^l \tag{5}$$

$$\hat{z}^{l+1} = SW - MSA\left[LN(z^l)\right] + z^l \tag{6}$$

$$z^{l+1} = MLP\left[LN(\hat{z}^{l+1})\right] + z^{l+1} \tag{7}$$

式中，$\hat{z}^l$ 为$SW-MSA$模块的输出；z^l 为第l块的MLP模块的输出。

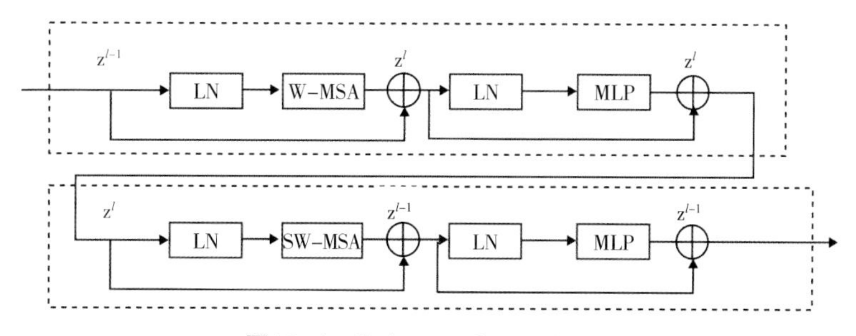

图13-4　Swin transformer block

13.2.2.4　损失函数

损失函数描述了模型的预测值与真实值之间的差异大小，这是决定网络学习（Chen et al.，2016）质量的关键。然而，图像分割任务的类别种类多样，文章VNet（Milletari et al.，2016）中的骰子损失函数旨在应对语义分割中正负样本强烈不平衡的场景。玉米病害图像中的病害区域大小形状各异，有的整个玉米叶片标记为病害区域。dice loss比较适用于样本极度不均的情况，使用dice loss会有局限性不利于反向传播，容易出现梯度爆炸的情况，分割效果不理想。CrossEntropyLoss用于计算多分类任务。因此为了获得更好的分割性能，得到最合适的损失函数，本文在dice loss的基础上结合分割领域典型的二分类BCE损失函数进行了改进。本文的损失函数计算公式如下。

$$loss = 0.4 \times loss\ dice + 0.6 \times loss\ bce \tag{8}$$

13.2.3　评价指标

为了确保我们的模型训练结束之后的有效性，本文采用评价指标准确率（Accuracy）、均交并比（Mean Intersection over Union，MIOU）和F1-score，来评估和比较分割性能。采用准确率来计算正确分类的比例，MIOU是语义分割的标准度量，计算所有类别交集和并集之比的平均值，F1-score得分越高，模型就越稳健。采用以上3种评价指标对玉米叶片病害图像分割结果进行精度评估，量化值越高，模型分割的效果越好。具体计算方式如下。

$$Accuracy = \frac{TP + TN}{TP + TN + FN + FP} \tag{9}$$

$$MIOU = \frac{TP}{FP + FN + TP} \tag{10}$$

$$F1 - score = \frac{2 \times Precsion \times Recall}{Precsion + Recall} \tag{11}$$

式中，TP 为模型正确检测为正例，代表真阳性；FP 为模型错误检测为正例，表示假阳性；TN 为模型正确检测为负例，表示真阴性；FN 为模型错误检测为负例，表示假阴性。

13.2.4　实验环境

在实验中，1.1.0版本的Pytorch作为深度学习框架，CPU 7核Intel（R）Xeon（R）CPU E5-2680 v4 @ 2.40GHz，GPU是RTX 2080 Ti 11 GB显存，10.0版本的Cuda，Python版本是3.7。为确保实验数据的有效性和准确性，本文所有实验均采用同一计算机进行实验完成。采用Adam优化器进行优化，最大迭代次数设置为150轮，其中，batch-size设置为4；初始学习率设置为0.000 1；动量参数设置为0.5。

13.3　结果与分析

13.3.1　不同损失函数的对比分析

对CE＋Dice损失函数和BCE＋Dice损失函数进行了对比实验，表13-1列出了在2种不同损失函数下的分割效果，实验发现，当采用BCE＋Dice组合损失函数可以得到更好的分割结果。这是因为BCE损失函数对Dice损失函数可以起到引导作用，而组合损失函数结合了两种损失函数的特点，在网络训练中的反向传播过程中遇到复杂不易学习的样本可以进行有方向性的细化，使学习起来更稳定，从而使类别不平衡的问题得到缓解，模型的分割性能得到提升。该文决定使用BCE＋Dice损失函数。

表13-1　损失函数对比

模型	Loss function	MIOU（%）	Accuracy（%）	F1-Score（%）
Swin Unet	CE＋Dice	80.04	88.96	82.40
Swin Unet	BCE＋Dice	84.13	91.54	88.51

13.3.2　是否使用SENet模块对比分析

SE block可以自适应地重新校准通道特征响应，这样网络就可以学习使用全局信息来选择性地强调信息性特征，并抑制不太有用的特征（谭棚文等，2022）。利用注意机制来快速选择信息，并向目标区域分配更多的资源，以实现更准确的分割。在每个跳跃连接过程中引入注意力机制，实现关注显著玉米叶片病害区域以及抑制无关背景区域的功能。结果表明，加入SENet模块可以提高Swin Unet对玉米叶片病害图像的分割性能。表13-2列出了是否使用SENet模块的分割结果。

表13-2　是否使用SENet模块对比

模型	SENet block	MIOU（%）	Accuracy（%）	F1-Score（%）
Swin Unet	N	84.13	91.54	88.51
Swin Unet	Y	84.61	92.98	89.91

注：N表示未加SENet模块，Y表示加入SENet模块。

13.3.3　结果与基于cnn的网络的比较

经过统一训练后，选择不同的经典基于cnn的网络与我们的模型一起评估测试集的结果。每个模型对玉米叶片病害图像的分割评价指标如表13-3所示，本文提出的SE-Swin Unet网络方法在每个评价指标上都优于所有基于cnn的方法。在玉米叶片病害图像分割任务中，基于U-Net和DeeplabV3+框架的模型性能相似，但不同的骨干网络对结果的准确性也有影响。在DeeplabV3+模型中，MobileNet的MIOU和f1评分比Xception的分别提高了1.22%和1.21%，准确率略有改善。在U-Net模型中，VGG的整体表现优于ResNet50。基于Swin变压器主干网络的结果超过了VGG的性能，也优于所有的DeeplabV3+模型。基于Swin变压器主干网络，MIOU结果比Xception高4.92%，比所有其他模型的准确率高2%以上。无论是MIOU、Accuracy和f1评分，SE-Swin Unet的指标都是最高的，MIOU达到了84.61%，Accuracy达到了92.98%，f1评分为89.91%，该模型对玉米叶片病害叶片图像具有良好的适应性和较高的准确率。

表13-3 不同方法对玉米叶片病害图像的分割性能比较

模型	Backbone	MIOU（%）	Accuracy（%）	F1-Score（%）
UNet	VGG	83.30	90.97	87.13
	ResNet50	83.25	90.93	87.04
DeeplabV3+	MobileNet	80.91	89.16	86.52
	Xception	79.69	88.85	85.31
Swin Unet	Swin Transformer	80.04	88.96	82.40
SE-Swin Unet	Swin Transformer	84.61	92.98	89.91

表13-3的结果显示，较轻的骨干网络在玉米叶片病害图像中表现更好，正如VGG优于ResNet50和MobileNet优于Xception一样。而结构较深的ResNet50和Xception骨干网络由于配合缓慢，精度波动，导致结果不佳。Swin Transformer使用全局自注意机制，跳跃连接加入SENet模块去更好地关注全局的目标特征。实验结果也表明，本文的方法达到了更高的性能。

不同基于深度学习的网络模型对玉米叶片病害图像测量结果的柱状图如图13-5所示。观察可知，MobileNet模型和Xception模型的Accuracy值均低于90%，最低Xception模型为88.85%，表明Xception网络结构相对复杂反而会降低其泛化能力。其他模型的Accuracy值保持在90%以上，本文提出的SE-Swin Unet网络模型最高为92.98%，说明加入SENet模块后基础特征提取能力增强。

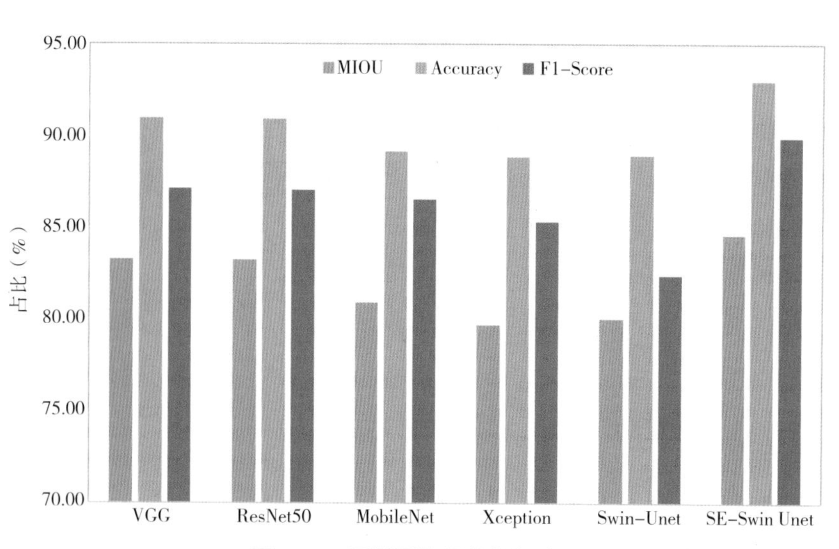

图13-5 不同网络评价指标差异

如图13-6所示为部分测试集玉米叶部病害分割结果的视觉图像，每一组从左到右分别显示了原始图像、标注图像、本文方法和基于CNN的方法对玉米叶部病害图像的分割效果。对比可知，不同分割模型对于E和F行有大面积病害覆盖区域的玉米叶片分割并无明显差异，分割效果较好。但对于病害区域不规则的图，基于CNN的模型存在欠分割和错分割现象，这可能是由卷积操作的局部性造成的。可以看出本文方法比其他方法的细化做得很好，轮廓相对清晰完整，比其他方法具有更好的整体分割效果。

13.4 讨论

本研究中提出的SE-Swin Unet模型与其他基于CNN的模型对玉米叶片病害分割进行了比较，从观察表13-3和图13-5可知，我们提出的模型比其他基于CNN的模型具有更高的性能，其次是U-Net，最后是DeeplabV3+。由于基于CNN的方法，一个卷积核代表图像的一个特征，卷积操作获取的特征是局部信息，而不能建立全局图像的长距离连接（long-distance connections），全局信息就会丢失。而Swin transformer块关注的是局部信息和全部信息，使用跳跃连接，将局部信息与全局信息进行融合，从观察表13-2可知，在跳跃连接处加入SENet块，可以更大程度的去融合特征信息。

从图13-6可知，与其他网络相比，SE-Swin Unet具有更好的分割效果。SE-Swin Unet可以完全分割玉米叶片病害区域，包括较小以及不规则的病变区域。基于CNN的方法几乎也可以分割出玉米叶片病害区域，但对于D行多区域集群的玉米叶片病害区域则不能有效地分割，并且出现粘连分割不准确的情况。在A、B、C行出现不能区分病变区域和背景以及更多的病变像素缺失的现象。SE-Swin Unet模型引入了SENet模块和BCE+Dice混合损失函数，具有更好的分割效果，但边缘分割信息仍有缺陷。当训练数据集不足够多时，训练所得到的结果也会相对较低，将在今后的研究中对这方面进行改进。

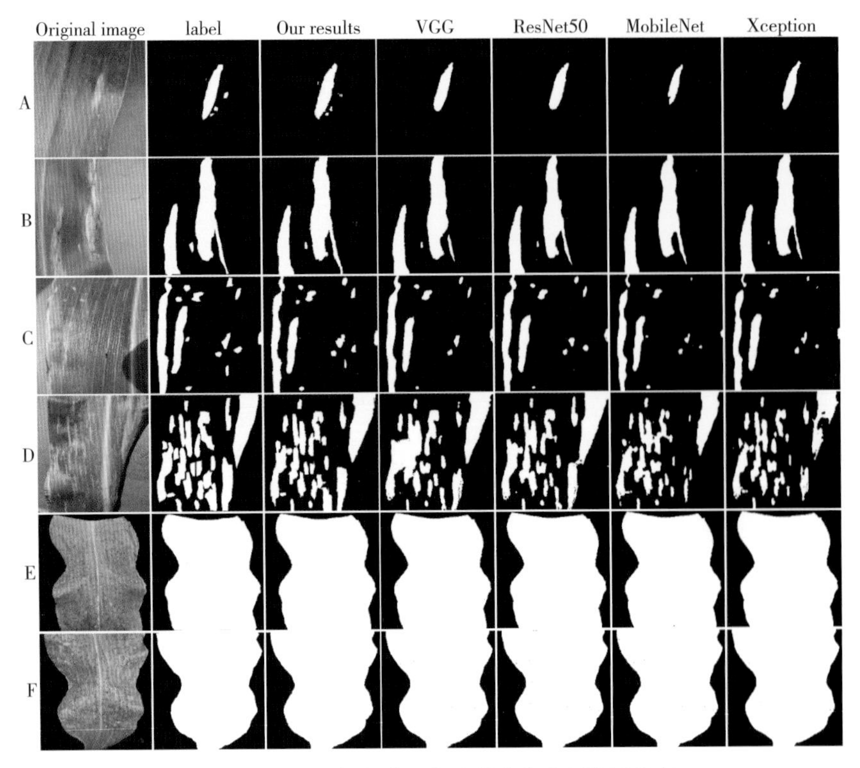

图13-6　不同方法对玉米叶部病害分割结果比较

13.5　结论

本文对Swin-UNet网络学习模型进行了改进，成功地应用于玉米叶部病害区域的精准分割任务，取得了良好的性能。针对玉米叶片病变区域不规则、多区域集群，导致玉米叶片病害区域分割不准确的问题，将SENet模块应用于模型中的跳跃连接过程中，采用混合损失函数来优化模型，使其能够更好地帮助模型学习样本。

本文模型在玉米叶片病害图像的分割任务中表现良好，Miou提高了1.31%～4.92%，Accuracy增加了2.01%～4.13%，f1评分提高了2.78%～4.60%，均高于其他模型，所有结果均验证了SE-Swin Unet模型的有效性，MIOU值为84.61%，Accuracy达到了92.98%，f1评分为89.91%。

与其他基于CNN的模型，包括骨干网络为VGG、ResNet50的U-Net模型和骨干网络为MobileNet、Xception的DeepLabV3＋模型，本文的模型在玉米叶片病害图像分割结果中有一定的提升。然而本文所改进的网络具有一定的局限性，当训练数据集较少时，所得到的结果会较低。因此，使用有限样本得到较好分割性能是下一步研究的重点。

第14章

基于改进YOLOv4的玉米虫害检测方法

玉米是世界上种植最广泛和产量最高的粮食作物，也是我国重要的粮食、饲料和工业原料作物（李国平等，2022）。国家统计局2021年数据显示，我国玉米种植面积为4.33×10^{7} hm^{2}，总产量为2.7×10^{8} t（中华人民共和国统计局，2022）。虫害一直是影响玉米生产的重要因素，虫害的暴发会使玉米产量大幅度降低，造成巨大的经济损失。我国玉米害虫有200多种，其中黏虫、棉铃虫、玉米螟和甜菜夜蛾是夏玉米常见害虫。如果虫害监测防控不到位，一旦暴发成灾，将直接影响农业生产，危及国家粮食安全（杨久涛等，2020）。因此，准确监测与诊断玉米常见虫害，并采取有效的防治措施，是保证玉米高产稳产的重要途径。

在常规的玉米虫害监测中，农技人员多采用人工现场调查，或利用虫情测报灯诱集（陈琦等，2021），然后人工调查。这种方式效率低，费用高，时效性差。为提高效率，许多学者研制了基于智能设备的害虫虫情田间采集系统（邵泽中等，2020；曾伟辉等，2020；彭红星等，2022），记录虫情数据，实现了害虫虫情数据采集电子化，提高了害虫信息采集效率，同时减轻了农技人员的工作强度，避免数据输入错误。随后，又有学者将机器视觉算法应用于害虫计数（于辉辉等，2015；王茂林等；2020），实现害虫的自动统计，进一步提高了监测精度。但是由于虫体重叠、杂质等背景干扰，这种方式往往会出现计数错误，无法满足野外应用场景监测需求。

近几年，随着人工智能技术的快速发展，部分学者将基于深度学习（deep learning）的目标检测算法应用于作物病虫害检测（Hinton et al.，2006；余小东等，2020；张航等，2018）。相比于传统的害虫检测方法，基于深度学习的目标检测算法更加精确，具有很强的自适应性和鲁棒性。YOLO（You Only Look Once）（Redmon et al.，2016；Redmon et al.，2017；Redmon et al.，2018；Liu et al.，2020）是一种单阶段目标检测算法，具有检测速度快、实时性强等特点。李静等（2020）提出一种基于改进的GoogLeNet卷积神经网络模型，用于识别玉米螟虫害。牛学德等（2022）提出一种轻量级CNNMobileNetV3模型，用于识别玉米、番茄、马铃薯3类作物17种叶部病害。陈峰等（2020）利用机器视觉和卷积神经网络，构建东北寒地玉米害虫识别方法，用于检测玉米螟、草地贪夜蛾、玉米黏虫、玉米双斑萤叶甲等害虫。综上，YOLO系列算法适用于田间害虫检测，具有高准确率、高检测速度等特点，但当检测对象较小且对象之间相互遮挡时，检测效果不理想。

为此，本研究首先改进诱捕装置，以提高诱捕效率；然后以YOLOv4模型为基础，构建YOLOv4-Corn模型。该模型引入SENet模块，增强模型对关键信息的筛选能力，以解决小目标特征信息提取不充分等问题；采用柔性非极大值抑制（Soft-NMS）算法，改善模型对目标密集区域的检测能力，以解决因堆叠导致的漏检率高等问题。本研究将集成性诱捕装置与目标检测算法相结合，为夏玉米田间害虫监测预警提供技术支撑，提高作物害虫监测预警的信息化水平。

14.1 材料与方法

14.1.1 数据采集

本研究使用害虫性诱设备获取所需的玉米虫害数据。针对玉米黏虫、棉铃虫、玉米螟、甜菜夜蛾等4种危害重大的玉米害虫放置对应的性诱剂进行诱集，使用电网及远红外加热设备杀死诱集到的害虫，防止害虫在虫体放置装置上飞行、爬行导致成像不清晰。收集到被杀死的虫体后，应用高拍仪在固定光源下对其进行拍照，获得目标害虫图像。采集到的每张照片中，会随机包含1到4种不同种类的目标害虫，而且虫体位置随机分布，害虫不可避免的会产生一定程度的堆叠，可以保证模型的鲁棒性。

14.1.2 数据集的构建

为了保证数据参数的准确性，在训练前需要对目标害虫进行人工的标注。在农业专家的帮助下，本文使用LabelImg对获取到的4种害虫数据进行了准确的分类和标注，将其制作成标准的VOC数据集。具体步骤如下。

①筛选出拍摄清晰的害虫照片447张。

②使用LabelImg对筛选后的照片进行标注。将使用害虫性诱装置诱集到的玉米黏虫、棉铃虫、玉米螟、甜菜夜蛾4种害虫分别标注为1、2、3、4，以便于实验结果的对比和处理。进行标注时以害虫虫体的最小外接矩形作为标注框，可以减少标注框内的无用像素，最大程度的避免背景的干扰，有效提高训练效率和识别准确率。

③对本试验采集到的四种玉米虫害进行人工计数，用于验证模型检测的准确性。四种害虫样本数据量如表14-1所示。

表14-1　玉米虫害图像样本数据量

虫害类型	样本量
玉米黏虫（1）	6 879
棉铃虫（2）	6 481
玉米螟（3）	5 639
甜菜夜蛾（4）	4 989

④对采集到的数据进行数据增强。为了使数据更适用于网络计算，需要对原始数据集进行预处理。本文制作的小样本数据集易使训练得到的网络模型出现过拟合或泛化能力不强的问题，使用数据增强的手段，使采集到的有限害虫数据产生更多的等价数据，增加训练样本的数量及多样性，从而解决这个问题，使模型达到更好的训练效果。主要采用随机旋转、翻转，随机调整图像的亮度、饱和度等方法进行数据增强，通过数据增强技术后得到的新数据集，共计5 047幅数据样本。

⑤训练集、验证集、测试集的划分。将增强后的数据集按照9：1的比例随机划分为（训练集+验证集）和测试集，（训练集+验证集）中训练集和验证集的比例为9：1。

14.1.3　评价指标

目标检测中常用的评价指标有准确率（precision，P）、召回率（recall，R）、平均准确率（average precision，AP）、四类玉米虫害平均准确率的均值（mean average precision，mAP）。

计算准确率，即分类器认为是正样本并且确实是正样本的部分占分类器认为是正样本的比例。

$$P=\frac{TP}{TP+FP} \tag{1}$$

计算召回率，即分类器认为是正样本并且确实是正样本的部分占所有确实是正样本的比例。

$$R=\frac{TP}{TP+FN} \tag{2}$$

计算平均准确率均值。

$$mAP=\frac{\sum_{k=1}^{N}PR}{N} \tag{3}$$

式中，TP（True Positives），代表的是被正确分类的正样本。TN（True Positives），代表的是被正确分类的负样本。FP（False Positives），代表的是被错误分类的负样本。FP（False Negatives），代表的是被错误分类的正样本。

14.2 网络模型

14.2.1 YOLOv4目标检测算法简介

YOLO（You Only Look Once）网络是一种基于回归的目标检测算法，具有较快的检测速度，在很多目标检测任务中取得了很好的效果。YOLO网络将输入的图片划分成大小为32×32的网格，害虫虫体的中心位置落入某个网格中，则由该网格负责检测目标。相比其他算法，YOLO的多尺度预测算法能够更有效地检测目标。YOLOv4目标检测算法在网络结构上比YOLOv3更复杂，使用了很多训练技巧来提升神经网络的准确率。YOLOv4的网络结构如图14-1所示，CSPDarknet53作为骨干网络，SPP作为Neck的附加模块，PANet作为Neck的特征融合模块，YOLOv3作为Head。

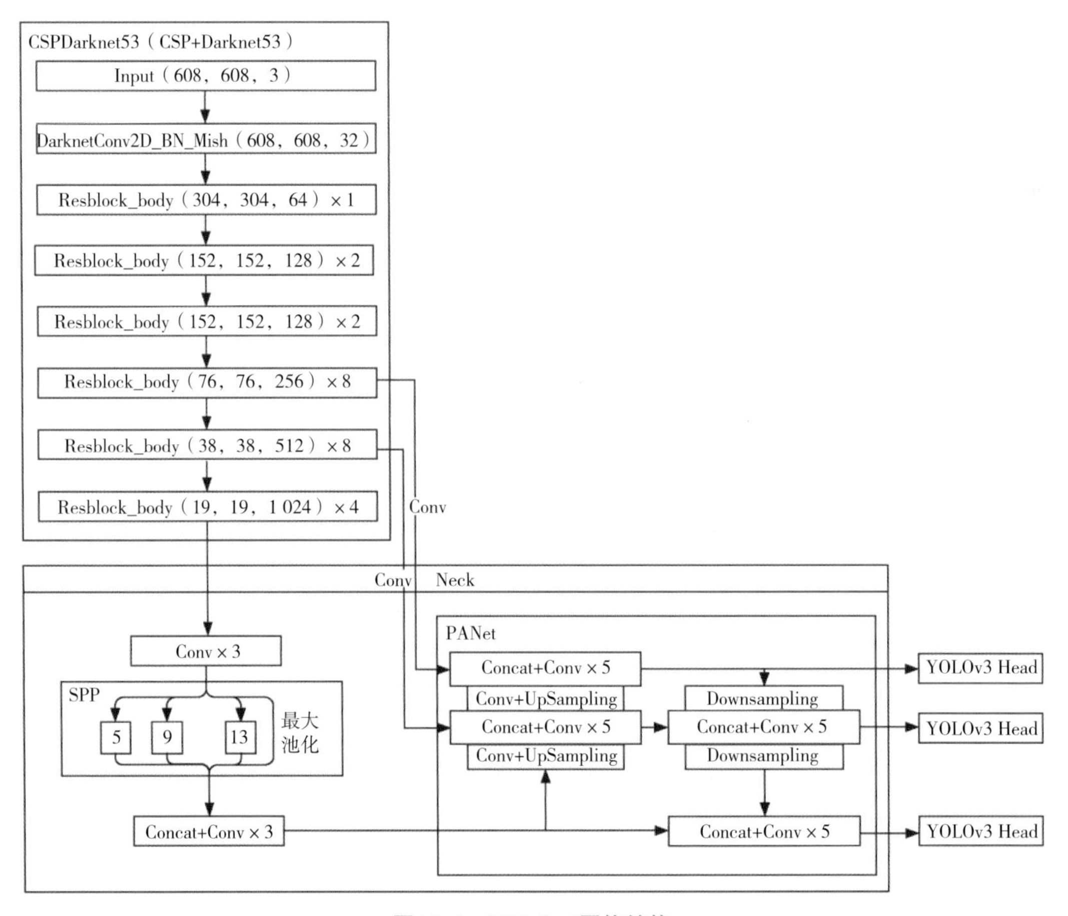

图14-1 YOLOv4网络结构

14.2.2　改进的YOLOv4目标检测算法

针对YOLOv4模型在本文玉米虫害检测中的具体需求，本文对YOLOv4模型做出如下改进。改进后的YOLOv4网络结构如图14-2所示。

图14-2中，Conv表示卷积（Convolution），CBM表示Conv加批量正则（Batch Norm，BN）加Mish激活函数的合成模块，CSP表示跨阶段部分（Cross stage partial）的结构，CBL表示Conv加BN加Leaky relu激活函数的合成模块，Concat表示一种通道数相加的特征融合方法。

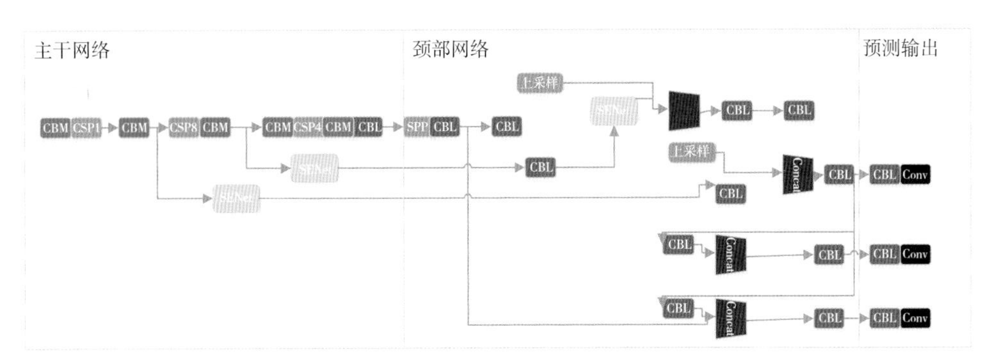

图14-2　改进的YOLOv4网络结构

由于本研究采集到的玉米害虫体积小，使用YOLOv4检测漏检率高，导致准确率下降严重。改进的YOLOv4模型在YOLOv4的主干网络提取出来的3个有效特征层上增加了SE Net模块（图14-2中黄色部分），同时对上采样后的结果增加了SE Net模块。SE Net是通道注意力机制的典型实现，对于输入进来的特征层，网络模型关注其每一个通道的权重，对于SE Net而言，其重点是获得输入进来的特征层，每一个通道的权值。利用SE Net，可以让网络关注它最需要关注的通道。SE Net的结构如图14-3所示，主要由两部分组成。①Squeeze部分。即为压缩部分，原始特征图的维度为H×W×C，其中H是高度（Height），W是宽度（Width），C是通道数（Channel）。Squeeze做的事情是把H×W×C压缩为1×1×C，相当于把H×W压缩成一维了。H×W压缩成一维后，相当于这一维参数获得了之前H×W全局的视野，感受区域更广。②Excitation部分。得到Squeeze的1×1×C的表示后，加入一个全连接层，对每个通道的重要性进行预测，得到不同通道的重要性大小后再作用到之前的特征图的对应通道上，再进行后续操作。

具体实现方式就是：对输入进来的特征层进行全局平均池化，然后进行两次全连接，第一次全连接神经元个数较少，第二次全连接神经元个数和输入特征层相同。在完成两次全连接后，再取一次Sigmoid将值固定到0～1，此时获得了输入特征层每一个通道的权值。在获得这个权值后，将这个权值乘上原输入特征层。引入SE Net后，卷积神经网络更多的注意力用于更应该关注的地方，即让网络更关注图片中的玉米害虫虫体，给害虫分配更大的权重。可以有效解决由于害虫体积过小导致的漏检问题。

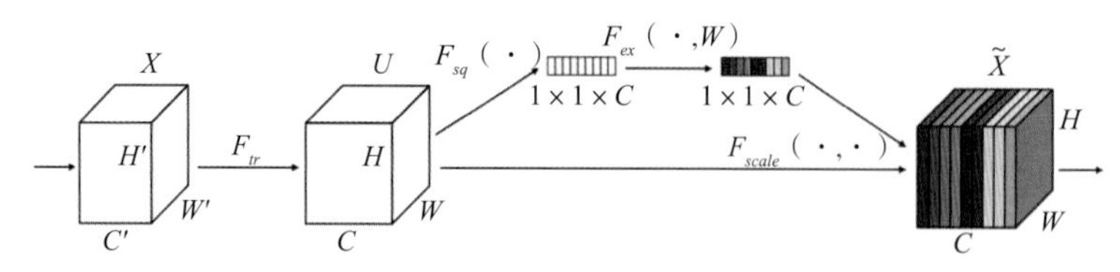

图14-3　SE Net结构

因为本研究采集到的玉米害虫存在堆叠问题，使用原始YOLOv4进行检测时，也会造成大量的漏检。本文改进的YOLOv4将YOLOv4网络结构中的非极大值抑制替换为柔性非极大值抑制。

非极大值抑制的执行过程为：①首先对所有图片进行循环，找出图片中得分大于门限函数的框。在进行重合框筛选前就进行得分的筛选可以大幅度减少框的数量。②判断获得的①中框的种类与得分。取出预测结果中框的位置与之进行堆叠。此时最后一维度里面的内容由5个参数变成了（4+1+2）个参数，4个参数代表框的位置，一个参数代表预测框是否包含物体，两个参数分别代表种类的置信度与种类。③对种类进行循环，非极大值抑制的作用是筛选出一定区域内属于同一种类得分最大的框，对种类进行循环可以帮助网络对每一个类分别进行非极大值抑制。④根据得分对该种类进行从大到小排序。每次取出得分最大的框，计算其与其他所有预测框的重合程度，重合程度过大的则剔除。

非极大值抑制防止了目标监测中对同一目标进行多次计数的情况，然而本实验的虫害图像中存在大量的堆叠。对于堆叠的害虫虫体，网络生成两个预测框后，两个预测框必然有较大的重合度，仍然要进行非极大值抑制，就会把得分较低的预测框剔除，导致堆叠的害虫虫体被漏检。

本书使用的柔性非极大值抑制，以一个权重的形式，将获得的IOU取高斯指数后乘上原得分，之后重新排序，继续循环，而不会直接将与得分最大的框重合程度较高的其他预测剔除。使用柔性非极大值抑制，有效地解决了由于玉米虫害堆叠而导致的漏检问题。

14.3　结果与分析

本研究采用不同数据增强方法训练得到模型进行对地实验，选取更合适的数据增强方法，对改进模块的有效性在消融实验中进行验证和分析，进行对比实验和检测效果分析检验改进模型YOLOv4-Corn的检测效果。

14.3.1　实验平台和参数设置

所有模型均是在CPU为intel（R）Core（TM）i7-9700 CPU @ 3.0GHz，GPU为NVIDIA GeForce RTX 2070，显存为16GB的台式计算机上进行训练和测试的。操作系统为

Ubuntu18.04系统，CUDA库版本为10.2，深度学习框架为Python3.6、Pytorch1.4.0。

训练参数设置如下：训练过程设置为冻结阶段和解冻阶段两个阶段，冻结阶段模型主干被冻结，特征提取网络不发生改变，仅对网络参数进行微调，共设置50个迭代周期（Epoch），样本批量大小（Batchsize）设置为8，学习率（Learningrate）设置为0.001；解冻阶段模型主干网络不被冻结，网络所有参数都会发生改变，共设置50个迭代周期，样本批量大小设置为4，学习率设置为0.000 1。

14.3.2　不同数据增强方法对比

本研究共制作了3个数据集，数据集1为未经处理的原始数据集；数据集2使用了旋转、翻转，随机调整图像的亮度、饱和度等方式对原始数据集进行数据增强；数据集3在数据集2的基础上加入了马赛克数据增强。

为了验证不同数据增强方法的效果，使用本章提出的YOLOv4-Corn模型分别在3个数据集上进行训练，并对训练得到的模型进行测试，测试结果如表14-2所示。

表14-2　本研究模型在不同数据集上的检测性能对比

害虫	数据集	F1系数	召回率（%）	准确率（%）	平均精度（%）
黏虫	数据集1	0.94	92.96	94.44	93.76
	数据集2	0.95	95.46	95.30	95.64
	数据集3	0.95	94.81	96.01	95.89
棉铃虫	数据集1	0.94	95.33	92.94	95.60
	数据集2	0.96	95.97	95.91	96.06
	数据集3	0.97	96.48	96.80	96.59
玉米螟	数据集1	0.87	86.53	86.97	87.36
	数据集2	0.92	92.26	91.87	93.17
	数据集3	0.93	92.40	92.93	93.34
甜菜夜蛾	数据集1	0.98	97.55	99.42	97.94
	数据集2	0.99	98.83	99.09	98.74
	数据集3	0.99	99.27	99.05	99.07

由表14-2可见，在数据集3上训练得到的模型对于4种玉米害虫的检测效果最好，通过对表中数据计算得知，其对于4种害虫的平均精度均值可达到96.22%。

使用了旋转、翻转，随机调整图像的亮度、饱和度等数据增强方式的数据集2，其训练的模型整体检测效果相较于原始数据集已经有所提升。在对于黏虫检测的测试中，F1系数提升了0.01、害虫召回率提升了2.50个百分点、检测准确率提升了0.86个百分点、检测平均精度提升了1.88个百分点；在对于棉铃虫的检测中，F1系数提升了0.02、害虫召回率提升了0.64个百分点、检测准确率提升了2.97个百分点、检测平均精度提升了0.46个百分点；在对于玉米螟的检测中，F1系数提升了0.05、害虫召回率提升了5.73个百分点、检测准确率提升了4.90个百分点、检测平均精度提升了5.81个百分点；在对于甜菜夜蛾的检测中，F1系数提升了0.01、害虫召回率提升了1.28个百分点、检测准确率降低了0.33个百分点、检测平均精度提升了0.80个百分点。通过上述数据分析可知，使用数据集2训练得到的模型，对于黏虫、棉铃虫、玉米螟的检测结果中的各项指标均优于使用数据集1训练的模型，仅有对甜菜夜蛾的检测准确率略低于数据集1。总体来说，数据集2使用的数据增强方法对提升玉米害虫的检测效果具有有效性。

加入了马赛克数据增强的数据集3，检测效果比数据集2有更大的提升。相较于原始数据集，在对于黏虫检测的测试中，F1系数提升了0.01、害虫召回率提升了1.85个百分点、检测准确率提升了1.57个百分点、检测平均精度提升了2.13个百分点；在对于棉铃虫的检测中，F1系数提升了0.03、害虫召回率提升了1.15个百分点、检测准确率提升了3.86个百分点、检测平均精度提升了0.99个百分点；在对于玉米螟的检测中，F1系数提升了0.06、害虫召回率提升了5.87个百分点、检测准确率提升了5.96个百分点、检测平均精度提升了5.98个百分点；在对于甜菜夜蛾的检测中，F1系数提升了0.01、害虫召回率提升了1.72个百分点、检测准确率降低了0.37个百分点，但由于其召回率提升较多，检测平均精度仍然获得了提升，增加了1.13个百分点。通过上述数据分析可知，在数据集3上训练得到的模型，对于4种玉米害虫的检测效果，比使用数据集2训练的模型提升更多。数据集3训练得到的模型检测效果最好。

在对于4种玉米害虫的检测中，使用原始数据集训练的模型，对于玉米螟的检测效果最差。由于玉米螟虫体结构相对其他3种玉米害虫更为复杂，特征更多，原始数据集的数据量不足以使模型充分学习到玉米螟的全部特征，检测F1系数只有0.87，召回率只有87.04%，准确率只有86.74%，平均精度只有88.37%。数据集3有效增大了数据量，使模型可以学习到更多的特征，在对玉米螟的识别检测中效果提升最多，F1系数、召回率、准确率、平均精度分别提升了0.06、5.87个百分点、5.96个百分点、5.98个百分点。数据集3相较于原始数据集，对于特征复杂的目标能表现出更好的检测效果。

14.3.3 消融实验分析

为测试改进部分对害虫检测模型的影响，对各个改进模块进行消融实验，验证本研究改进策略的有效性。模型1为原YOLOv4网络，模型2为引入SENet模块的YOLOv4网络，模型3为引入Soft-NMS算法的YOLOv4网络，模型4为YOLOv4-Corn网络。从表14-3可知，模型2对4种害虫的检测性能高于模型1，其中模型2的平均精度较YOLOv4提高1.47～4.99个百分点，F1值提高0.01～0.04，害虫召回率提高0.74～3.75个百分点，检测准确率提高0.94～3.74个百分点。模型3对4种害虫的检测性能高于模型1，其中模型3的平均精度较YOLOv4提高1.11～5.68个百分点，F1值提高0～0.02，害虫召回率提高0.24～2.59个百分点，检测准确率提高0.01～3个百分点。模型4对4种害虫的检测性能高于模型1，其中模型4的平均精度较YOLOv4提高1.83～7个百分点，F1值提高0.01～0.04，害虫召回率提高0.93～3.44个百分点，检测准确率提高0.88～4.45个百分点。从对数据的对比分析可知，本研究所采用的改进措施明显提升模型的检测效果。

表14-3　消融试验结果

虫害	网络模型	SENet	Soft-NMS	F1系数	召回率（%）	准确率（%）	平均精度（%）
黏虫	模型1			0.92	91.37	91.87	88.89
	模型2	✓		0.95	94.42	94.87	93.88
	模型3		✓	0.94	92.98	94.87	94.57
	模型4	✓	✓	0.95	94.81	96.01	95.89
棉铃虫	模型1			0.95	94.93	95.11	92.85
	模型2	✓		0.97	97.05	96.67	96.57
	模型3		✓	0.96	96.03	96.58	96.57
	模型4	✓	✓	0.97	96.48	96.80	96.59
玉米螟	模型1			0.89	89.16	88.48	87.97
	模型2	✓		0.93	92.91	92.22	92.49
	模型3		✓	0.91	91.75	91.18	92.61
	模型4	✓	✓	0.93	92.40	92.93	93.34
甜菜夜蛾	模型1			0.98	98.34	98.17	97.24
	模型2	✓		0.99	99.08	99.11	98.71
	模型3		✓	0.98	98.58	98.18	98.35
	模型4	✓	✓	0.99	99.27	99.05	99.07

*注：“✓”表示在YOLOv4模型中添加该模块。

14.3.4　不同模型性能指标比较

为验证改进后模型的检测性能，在相同软硬件环境下，将Faster R-CNN、YOLOv3、YOLOv4和YOLOv4-Corn分别用于检测4种玉米害虫。由表14-4可见，与Faster R-CNN、YOLOv3和YOLOv4模型相比，YOLOv4-Corn对4种害虫的检测性能均较高，其中F1系数分别提高0.21～0.37、0.01～0.02和0.01～0.03。召回率分别提高18.03～30.3个百分点、1.15～3.67个百分点和0.93～3.44个百分点。准确率分别提高22.31～43.29个百分点、0.96～5.55个百分点和0.88～4.45个百分点。平均精度分别提高21.42～45.07个百分点、1.85～5.69个百分点和1.83～7个百分点。

表14-4　网络模型性能指标分析

害虫	网络模型	F1系数	召回率（%）	准确率（%）	平均精度（%）
黏虫	Faster R-CNN	0.67	71.63	62.19	62.02
	YOLOv3	0.93	92.89	92.70	90.94
	YOLOv4	0.92	91.37	91.87	88.89
	YOLOv4-Corn	0.95	94.81	96.01	95.89
棉铃虫	Faster R-CNN	0.76	78.45	74.49	75.17
	YOLOv3	0.95	95.26	95.26	93.05
	YOLOv4	0.95	94.93	95.11	92.85
	YOLOv4-Corn	0.97	96.48	96.80	96.59
玉米螟	Faster R-CNN	0.62	69.96	55.98	57.62
	YOLOv3	0.88	88.73	87.38	87.65
	YOLOv4	0.89	89.16	88.48	87.97
	YOLOv4-Corn	0.93	92.40	92.93	93.34
甜菜夜蛾	Faster R-CNN	0.62	68.97	55.76	54.03
	YOLOv3	0.98	98.12	98.09	97.22
	YOLOv4	0.98	98.34	98.17	97.24
	YOLOv4-Corn	0.99	99.27	99.05	99.07

从YOLOv4-Corn对4种害虫的检测效果来看，YOLOv4-Corn对甜菜夜蛾的检测性能最优。YOLOv4-Corn检测黏虫的性能参数中，F1系数和平均精度分别为0.95和95.89%。检测棉铃虫的性能参数中，F1系数和平均精度分别为0.97和96.59%。检测玉米螟的性能参数中，F1系数和平均精度分别为0.93和93.34%。检测甜菜夜蛾的性能参数中，F1系数和平均精度分别为0.99和99.07%。

为直观展示4种模型对测试图像中的4种害虫检测精确度的对比结果，绘制出4种检测模型的精确率-召回率曲线如图14-4所示。FasterR-CNN模型AP低于其他3种模型，YOLOv3和YOLOv4模型的AP接近，YOLOv4-Corn模型的AP较其他3种模型更高，对于黏虫的检测有更高的检测精度。图14-4b中，YOLOv4-Corn模型的AP高于其他3种模型，对于棉铃虫有更高的检测精度。图14-4c中，YOLOv4-Corn模型的AP明显高于YOLOv3和YOLOv4模型，对于玉米螟的检测精度提升最多。图14-4d中，YOLOv3、YOLOv4和YOLOv4-Corn模型的AP相近，均高于FasterR-CNN模型。YOLOv4-Corn模型对于甜菜夜蛾的检测精度相较于YOLOv3和YOLOv4模型提升不多。

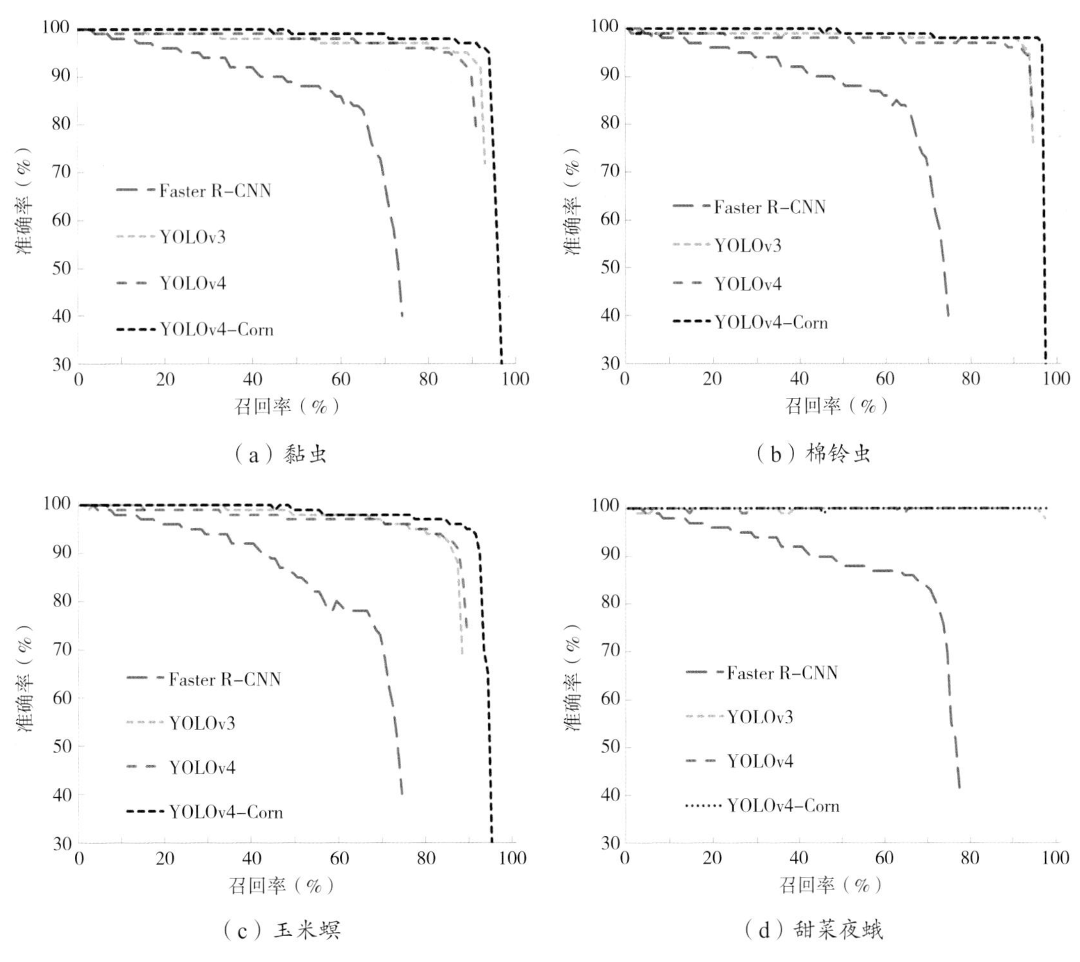

图14-4　精确率-召回率曲线

14.3.5　检测效果分析

为直观展示模型检测性能，分别用YOLOv4与YOLOv4-Corn对不同的性诱集图像进行检测，如图14-5所示。为方便对结果进行对比分析，将图中数据绘制成表格，见表14-5。利用目视解译，人工计数待检测图像中有36头黏虫，7头棉铃虫，14头玉米螟和4头甜菜夜蛾。由图14-5a可见，利用YOLOv4模型检测出黏虫35头、棉铃虫7头、玉米螟14头、甜菜夜蛾4头。可知，YOLOv4对4种害虫均没有发生误检，但漏检黏虫1头。由图14-5b可见，利用YOLOv4-Corn模型检测出36头黏虫、7头棉铃虫、14头玉米螟和4头甜菜夜蛾。可知，YOLOv4-Corn对4种害虫的检测均没有产生漏检或误检。由此可见，针对玉米害虫较稀疏的图像，YOLOv4-Corn和YOLOv4均能表现出良好的检测性能，但针对玉米害虫较密集图像，YOLOv4-Corn检测性能更优。证明模型的改进有效提升了其对玉米主要害虫的检测能力，获得了更优秀的检测效果，更能满足野外田间等实际应用场景下玉米主要害虫的检测需求。

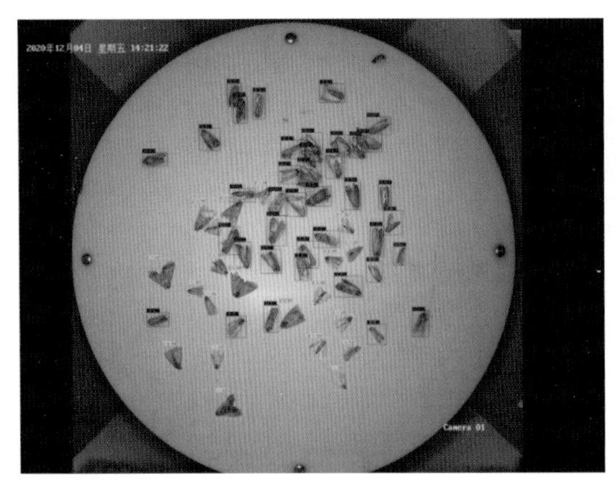

（a）YOLOv4模型

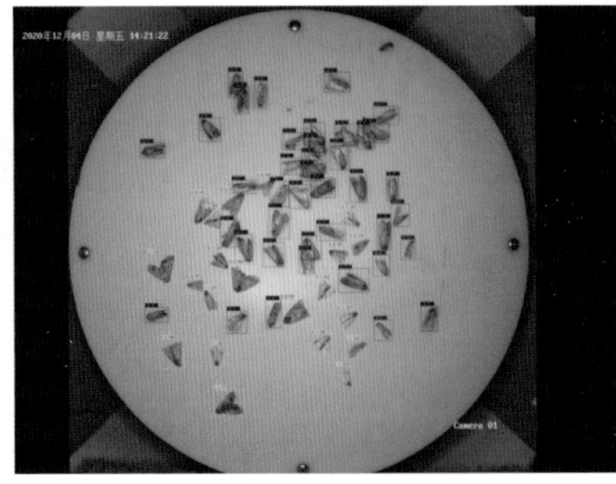

（b）YOLOv4-Corn模型

图14-5　不同模型害虫检测效果

注：标号1、2、3、4分别代表黏虫、棉铃虫、玉米螟、甜菜夜蛾，标号后的数字表示置信度。

表14-5　模型检测效果数据统计

害虫种类	黏虫（头）	棉铃虫（头）	玉米螟（头）	甜菜夜蛾（头）
图中数量	36	7	14	4
YOLOv4检测结果	35	7	14	4
YOLOv4-Corn检测结果	36	7	14	4

14.4　结论与讨论

准确监测害虫虫情动态，提前采取绿色防治措施，既有利于合理使用农药，减少环境污染，又可以保证作物产量。本研究基于性诱测报原理，针对玉米主要害虫特性，设计了玉米害虫诱集与拍摄装置，并提出一种适合小目标检测的YOLOv4-Corn模型。YOLOv4-Corn模型在YOLOv4模型的基础上做了两方面的改进：①引入SENet模块。通过学习每个特征通道的权重，依据权重增强有用特征的表达，提升模型对关键信息的筛选能力，解决了小目标害虫难以被检测的问题；②引入Soft-NMS算法。通过在非极大值抑制过程中加入惩罚函数，改善模型对目标密集区域的检测能力，解决了玉米害虫堆叠导致的漏检问题。并通过消融试验验证了改进策略的有效性。表明该模型适用于黄淮海夏玉米种植区黏虫、棉铃虫、玉米螟、甜菜夜蛾的检测。这与李静（2020）、陈峰（2020）等的研究结果基本一致。

与Faster R-CNN、YOLOv3、YOLOv4模型相比，YOLOv4-Corn模型对4种玉米害虫都有较好的检测效果，其中，对黏虫的检测平均精度为95.89%，F1值为0.95；对棉铃虫的检测平均精度为96.59%，F1值为0.97；对玉米螟的平均检测精度为93.34%，F1值为0.93；对甜菜夜蛾的平均检测精度为99.07%，F1值为0.99。表明YOLOv4-Corn模型可以满足田间玉米害虫检测任务的需求，能很好地解决害虫目标过小以及相互遮挡问题，从而高效、准确地检测出目标害虫，为夏玉米田间害虫监测预警提供技术支撑。

本研究构建的YOLOv4-Corn模型仅适用于黏虫、棉铃虫、玉米螟、甜菜夜蛾4种玉米害虫，对于其他玉米害虫的检测能力还有待进一步试验验证。今后将进一步优化YOLOv4-Corn模型的网络结构，以满足更多种玉米害虫的检测任务。

第15章

基于Lab颜色空间的小麦成熟度监测模型

小麦收获是小麦生产过程中的一个关键环节。小麦适收期短，成熟度掌握不当，过早过晚收获都会严重影响小麦产量和品质。精准监测小麦成熟度，合理调配机收设备，适时收获，是精准农业研究的重要内容。

作物成熟度监测主要通过遥感技术实现，首先是通过时序监测作物生育期（黄健熙等，2016；Sakamoto et al.，2005；蒙继华等，2013），确定成熟期。其次通过遥感数据量化作物成熟特征相关参数，如水分等，进而实现成熟度评估（蒙继华等，2013；Issei et al.，2009）。但是遥感影像受大气、云层等影响，容易造成预测结果误差偏大，对于精准预测收获时间节点难以保证精度。杜颖等（2019）采用地面设备采集小麦灌浆期麦穗数码图像和热红外图像，基于颜色衰老指数初步评价小麦成熟情况；基于热红外图像提取温度特征表征小麦籽粒含水量，对其归一化计算后作为小麦成熟度指标，量化评价不同水处理下小麦成熟度，以籽粒含水量为中间值建模反演小麦花后天数，为动态监测小麦灌浆进程提供监测思路。随着无人机遥感的广泛应用，周立鸣等（2019）利用消费级无人机搭载数码相机，分析了水稻的千粒重、淀粉等长势信息与颜色指数之间的关系，研究了无人机监测水稻成熟度的可行性。关于遥感实时监测小麦成熟度的研究还不多见。颜色特征是小麦成熟过程中的重要形态特征，小麦成熟过程也是颜色褪绿的过程。Lab颜色模式以数字化方式描述人的视觉感应，与设备无关，评估颜色变化更为客观。本研究基于Lab颜色空间，对小麦成熟过程的颜色变化进行量化，构建小麦成熟度监测指标。基于植被指数构建监测指标的反演模型，旨在为高空遥感大范围监测小麦成熟度空间分布差异，确定适收期顺序提供依据。

15.1　材料与方法

15.1.1　研究区概况

试验区位于河南省新乡原阳县现代农业开发基地（35°0′44″N，113°41′44″E），海拔78.9 m。地处中纬度地带，属暖温带大陆性季风气候。夏季炎热多雨，冬季寒冷干燥，春季干燥多风，秋季冷热适宜。作物种植制度一年两熟，种植的农作物主要是冬小麦和夏玉米。冬小麦一般10月1日左右播种，翌年5月底收获。试验区属于小麦区域试验的一部分，共种植82个品种（系）小麦，品种小区和对照小区总数共计540个。试验区域长158 m，宽57 m，研究区位置见图15-1。

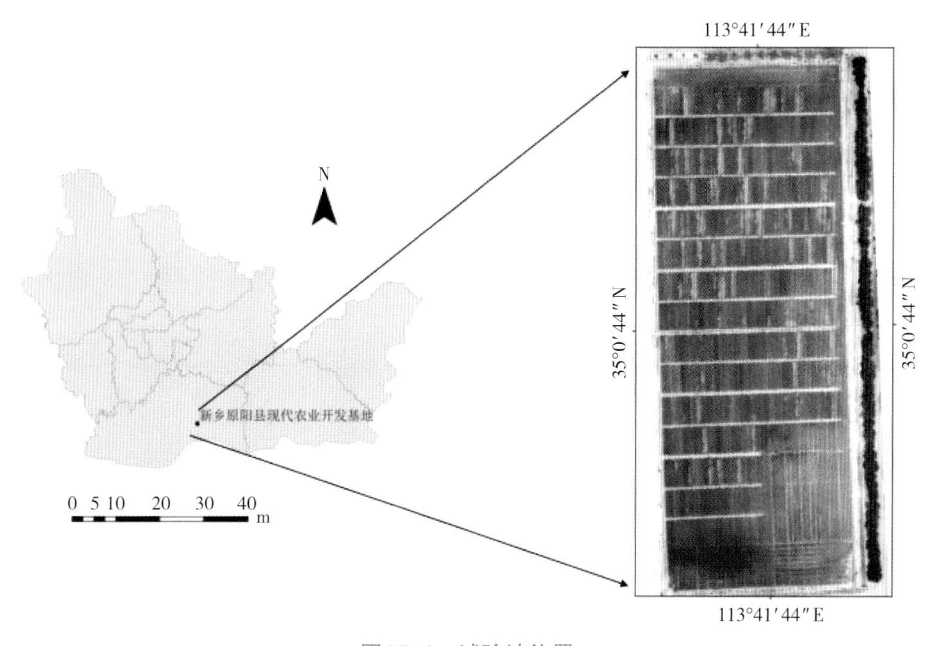

图15-1　试验地位置

15.1.2　数据获取

15.1.2.1　影像数据获取

分别于2020年5月15日、2021年5月22日和2022年5月20日采集了同一试验区小麦RGB影像和多光谱影像。RGB影像采用大疆精灵4 Pro无人机，1英寸（13.2 mm × 8.8 mm）CMOS传感器，2 000万有效像素。多光谱影像采用八旋翼无人机，多光谱相机包括蓝（475nm，带宽20nm）、绿（560nm，带宽20nm）、红（668nm，带宽10nm）、红边（717nm，带宽10nm）、近红（840nm，带宽40nm）5个波段，数码相机和多光谱相机主要参数见表15-1。试验设计飞行高度50 m，航向重叠度为80%，旁向重叠度为80%，试验区规划4条航线。拍摄当天，天气晴朗，无风，满足航拍要求。

表15-1　数码相机和多光谱相机的主要参数

项目	类型	参数
数码相机	产地	中国
	尺寸（mm）	1英寸
	传感器类型	CMOS
	像素（万）	2 000
	焦距（mm）	9
多光谱相机	产地	美国
	型号	MicaSense RedEdge-M
	重量（g）	170
	尺寸（mm）	94 × 63 × 46
	像素（万）	600
	焦距（mm）	5.5
	波段数	5

15.1.2.2　小麦成熟度调查

无人机获取影像时，同步调查了试验区各品种小麦的成熟度，调查标准按籽粒形成期、乳熟期、蜡熟末期判断标准。

籽粒形成期：植株全绿色，麦粒外形基本形成，籽粒呈绿色，含水量达70%以上。

乳熟期：植株下部叶片、叶鞘枯黄，中部叶片也开始变黄，上部叶、茎、穗仍保持绿色，麦粒呈现绿色，含水量为50%以上。

蜡熟末期：植株变黄，仅叶鞘茎部略带绿色，茎秆仍有弹性，籽粒黄色稍硬，内含物呈蜡状，含水量20%～25%。

15.1.3　研究方法

15.1.3.1　数据预处理

采用Pix4D mapper软件对获取的小麦RGB影像和多光谱影像进行正射校正和图像拼接。首先进行航片对齐，并计算航片的空中三角测量数据，然后根据自动空三和区域网平差技术，自动校准影像，最终获取数字正射影像。

15.1.3.2　小麦不同成熟度样区选择

依据成熟度调查结果，兼顾品种多样化，便于选择受品种影响小的颜色特征，提高模型的适用性。根据试验区状况，除确定特征典型的籽粒形成期、乳熟期和蜡熟末期的样区外，试验区域内倒伏发生较多，增加了籽粒形成期倒伏、乳熟期倒伏2类代表性小区。由于腊熟末期小麦倒伏与否，颜色特征不受影响，不再单独分类。每个样区包括5个小区。样区分布见图15-2。

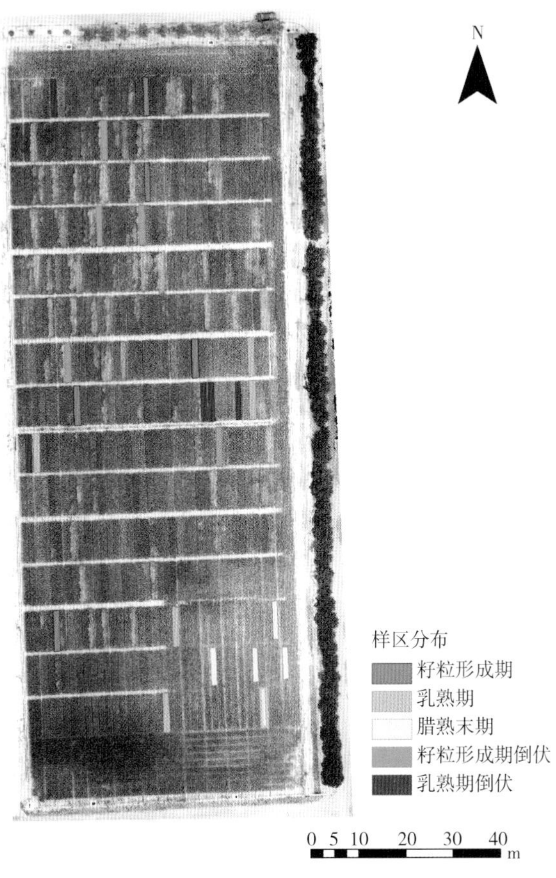

图15-2 样区分布

15.1.3.3 不同成熟度小麦颜色模式转换及颜色特征值提取

Lab色域广，RGB转换为Lab颜色模式，不会丢失任何颜色信息。Lab颜色模式中，L代表明暗度；a代表红绿色，取值范围为-128～127，负值代表绿色，正值代表红色；b代表黄蓝色，取值范围-128～127，负值代表蓝色，正值代表黄色。RGB与Lab颜色空间转换公式如下。

$$\begin{bmatrix} X \\ Y \\ Z \end{bmatrix} = \begin{bmatrix} 0.412453 & 0.357580 & 0.180423 \\ 0.212671 & 0.715160 & 0.072169 \\ 0.019334 & 0.119193 & 0.950227 \end{bmatrix} \times \begin{bmatrix} R \\ G \\ B \end{bmatrix} \quad (1)$$

$$L^* = 116 \times f\left(\frac{Y}{Y_n}\right) - 16 \quad (2)$$

$$a^{*}=500\times\left[f\left(\frac{x}{x_{n}}\right)-f\left(\frac{Y}{Y_{n}}\right)\right] \tag{3}$$

$$b^{*}=200\times\left[f\left(\frac{Y}{Y_{n}}\right)-f\left(\frac{Z}{Z_{n}}\right)\right] \tag{4}$$

$$f(t)=\begin{cases} t^{\frac{1}{3}} & t>(\frac{6}{29})^{3} \\ \frac{1}{3}(\frac{6}{29})^{2}t+\frac{4}{29} & t\leqslant(\frac{6}{29})^{3} \end{cases} \tag{5}$$

基于Python实现RGB与Lab颜色模式的转换，并提取a，b值。

15.1.3.4 小麦成熟度监测模型构建

以适宜收获的蜡熟末期的颜色特征值为成熟度上限，籽粒形成期及以前生育阶段的颜色特征值为成熟度下限，对籽粒形成期到腊熟末期的颜色特征值进行线性归一化，构建成熟度监测指标。线性归一化公式如下。

$$X'=\frac{X-\min(x)}{\max(x)-\min(x)}$$

式中，x为籽粒形成期到腊熟末期任一时间的颜色特征值，min（x）为籽粒形成期的颜色特征值，max（x）为腊熟末期的颜色特征值，X'为成熟度监测指标。

15.1.3.5 光谱特征选择

分别计算多光谱影像数据中五类样区各波段的反射率均值，绘制每个类别的光谱反射率曲线，统计五类样区在各波段上反射率的平均差异，选择平均差异大的波段作为构建植被指数的优选波段。

15.1.3.6 成熟度监测模型构建

基于优选波段，选择2种对颜色变化敏感的植被指数。在Arcgis软件中，对多光谱影像数据和RGB影像数据进行配准，保证数据的空间一致性。以RGB影像为底图绘制试验小区图。通过分区统计提取试验小区的2种植被指数平均值。分析2种植被指数与成熟度监测指标的相关性，构建小麦成熟度监测模型。

15.1.3.7 模型评价

采用决定系数R^2，均方根误差（Root square error，RMSE）进行精度评价，R^2越大，RMSE越小，模型的准确性越高。

15.2　结果与分析

15.2.1　不同成熟度小麦颜色特征分析

小麦籽粒形成期、乳熟期、腊熟末期、籽粒形成期倒伏和乳熟期倒伏的b值变化不明显，a分量频数统计结果见图15-3。同一时间不同成熟度小麦，籽粒形成期的a值在-10处有一个明显峰值，乳熟期的a值频数分布出现两个峰值，分别在-6和-2。腊熟末期的a值在-3处有一个明显峰值。随着成熟进程的推进，a值波峰位置逐渐向0移动，表明植株绿色特征在逐渐消失。乳熟期和腊熟末期在-2和-3处各有一个峰值，但是腊熟末期的频数高于乳熟期，且腊熟末期在正值方向开始出现红色波峰。表明a值的变化可以反映不同小麦成熟度在颜色特征上的差异。

倒伏状态下，a值频数分布在籽粒形成期和乳熟期没有明显的峰，籽粒形成期在-18～-13间以及腊熟末期在-10～-6间频数分布差距较小，但是随着成熟度推进，频数最高的a值向正值方向移动的趋势没有改变。主要原因在于倒伏发生后，叶片背面颜色、植株茎秆颜色和叶片正面颜色均成为影响a值频数分布峰值的主要因素。但是无论小麦正常状态还是倒伏状态，a值的变化均可以表征小麦的成熟度差异。

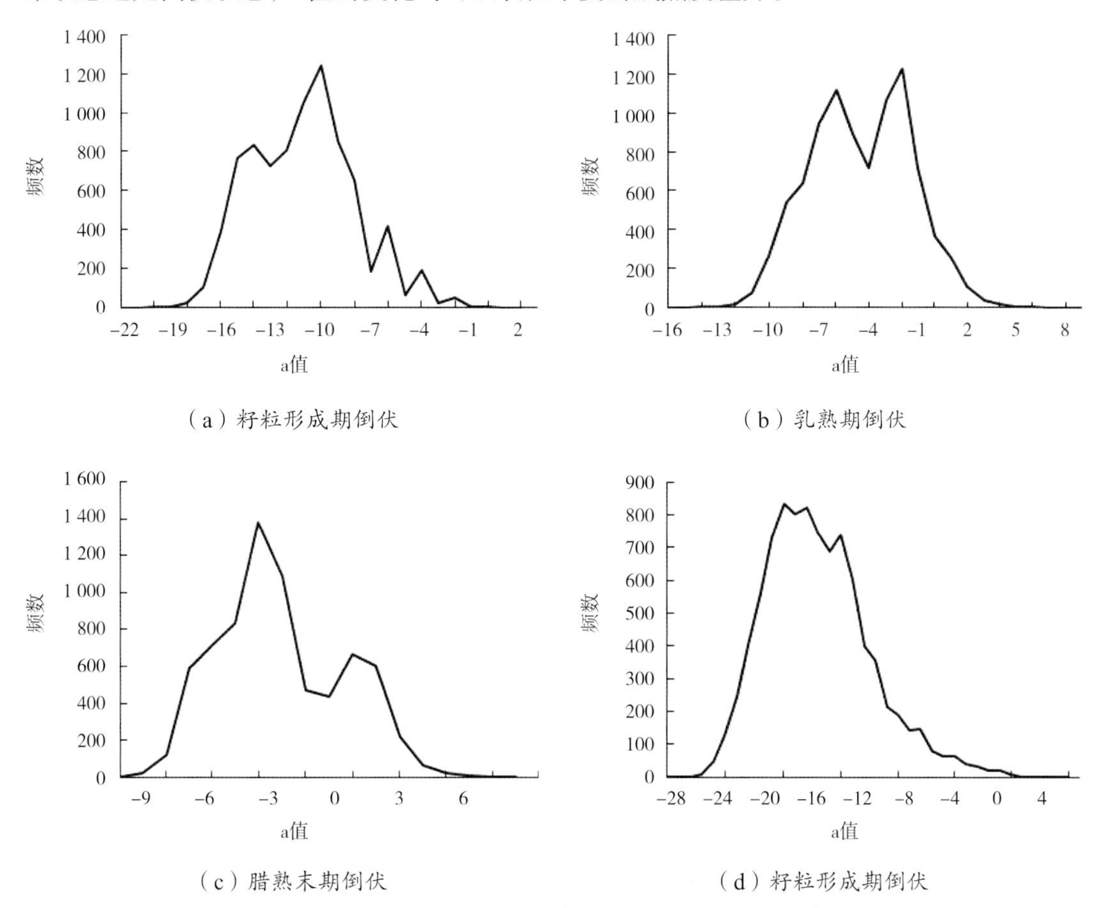

图15-3　不同成熟度小麦Lab颜色特征的a分量频数分布图

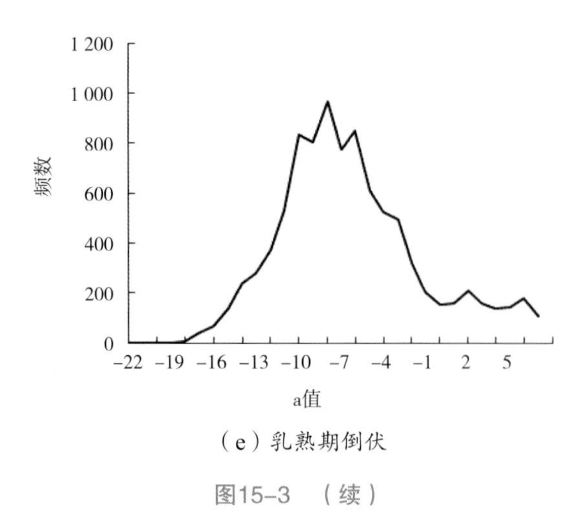

（e）乳熟期倒伏

图15-3 （续）

15.2.2 小麦成熟度监测指标构建

以a值为颜色特征构建小麦成熟度监测指标。腊熟末期小麦植株茎叶全黄时a值作为成熟度上限，小麦籽粒形成期茎叶全绿时a值作为成熟度下限。对a值进行线性归一化，构建成熟度监测指标MCI。MCI计算公式如下。

$$\mathrm{MCI}=\frac{a-a_{\min}}{a_{\max}-a_{\min}}$$

式中，$a_{\max}$为植株茎叶全黄时a值，取值39，$a_{\min}$为植株灌浆期茎叶全绿时a值，取值-32。MCI = 0为小麦处于籽粒形成期及以前生育阶段；MCI = 1为小麦处于腊熟末期，适于收获。

15.2.3 不同成熟度小麦光谱特征分析

小麦籽粒形成期、乳熟期、腊熟末期、籽粒形成期倒伏和乳熟期倒伏5种状态下的光谱反射率变化特征见图15-4。正常生长状态下，小麦从籽粒形成期、乳熟期到如熟末期，随着成熟度推进，红光、蓝光波段反射率逐渐上升，其中红光波段反射率变化大于蓝光波段，在可见光波段内，光谱特性受叶绿素影响较大，叶绿素吸收红光和蓝光吸收较多。成熟度逐渐升高，叶绿素含量逐渐下降，红光、蓝光吸收率随之下降；近红外波段反射率逐渐下降，近红外波段反射率主要与叶片内部结构有关，不同成熟度下小麦叶片由绿变黄，叶片结构变化较大，近红外波段反射差异大于红光波段反射差异。倒伏状态下，籽粒形成期和乳熟期在红光、蓝光和近红外波段的反射变化规律一致，但是由于倒伏发生后，冠层叶片背部面积增加，叶片背面叶绿素含量低于叶片正面，因此，相同成熟度小麦，倒伏状态下的红光、蓝光反射率高于正常状态；籽粒形成期倒伏状态的红光、蓝光反射率低于乳熟期倒伏。叶片背部内部结构与叶片内部也有很大不同，且倒伏状态下叶片背部面积远大于正常状态，近红外波段反射差异明显高于正常状态。

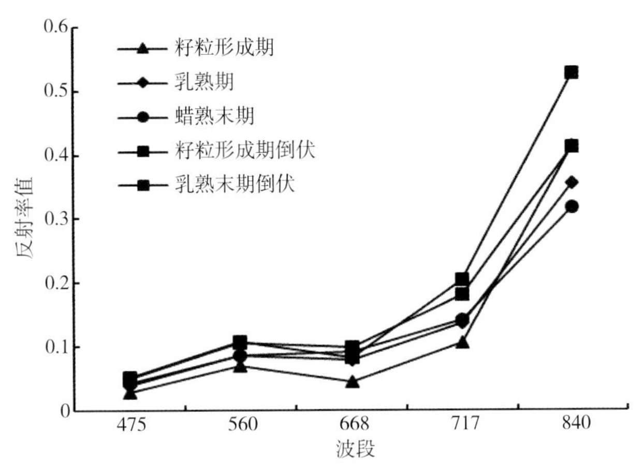

图15-4　不同成熟度小麦的光谱反射率曲线

15.2.4　小麦成熟度监测模型构建

选择不同成熟度光谱反射率值平均差异大的红光和近红外波段作为植被指数的优选波段。在常用植被指数中，包含红光和近红外的波段的植被指数中，RVI（RVI = NIR/RED）比值植被指数与叶绿素含量相关性高，是绿色植物的灵敏指示参数。NDVI［NDVI =（NIR−RED）/（NIR + RED）］植被指数是公认的表征植被变化最有效的参数之一，可较好地反映植被绿度变化（梁博明等，2022）。分别以RVI、NDVI为自变量，MCI为因变量，构建小麦成熟度监测模型。基于RVI构建的成熟度监测模型决定系数R^2为0.475 8，预测精度低（图15-5）。基于NDVI构建的成熟度监测模型决定系数R^2为0.718 7（图15-6），拟合一致性高，其监测模型为$y = -0.337\ 8x + 0.936\ 1$。

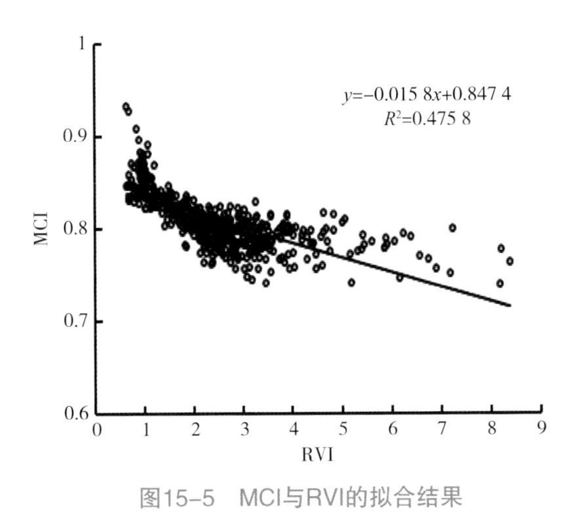

图15-5　MCI与RVI的拟合结果

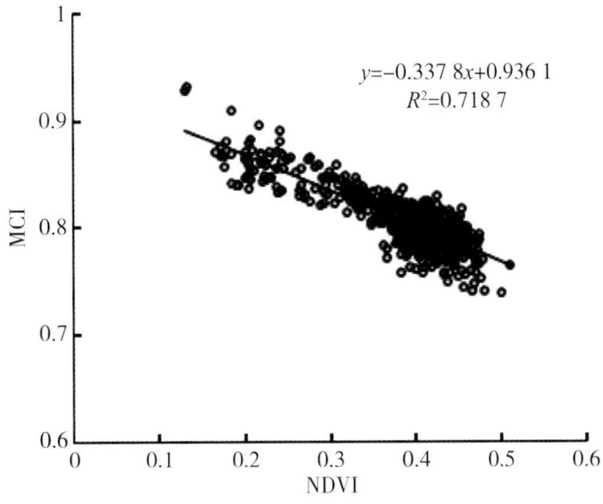

图15-6　MCI与NDVI的拟合结果

15.2.5 模型预测结果及验证

采用2021年、2022年小麦RGB影像和多光谱影像对成熟度监测模型的预测结果进行验证。2021年、2022年小麦RGB影像见图15-7a、图15-7c。提取2021年、2022年多光谱影像的NDVI，采用成熟度监测模型预测小麦成熟度，MCI预测结果的空间分布见图15-7b、图15-7d。基于2021年、2022年RGB影像提取MCI值，作为模型评价的参考值。为便于定量验证模型，以小区矢量图叠加MCI参考值图层、MCI预测结果图层，提取540个小区的MCI参考值和预测值的小区平均值。计算MCI预测值和参考值的均方根误差RMSE，2021年RMSE为0.029 8，2022年RMSE为0.040 5，预测精度较高。

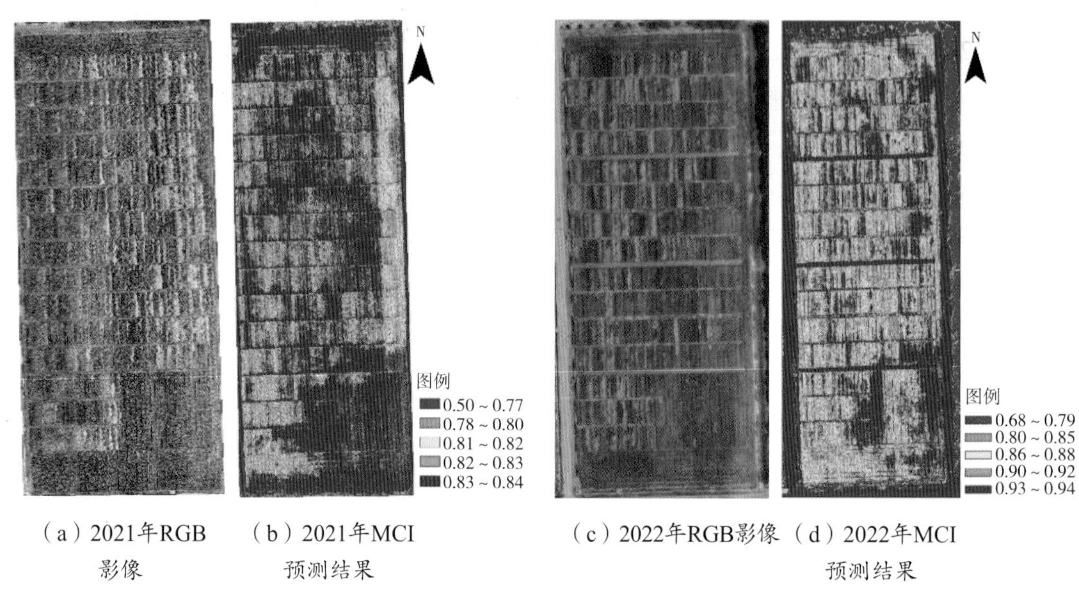

图15-7　2021年和2022年MCI预测结果

15.3 讨论与结论

研究以不同成熟度小麦为研究对象，采用Lab颜色空间的a分量作为小麦成熟度变化的特征值，对籽粒形成期到腊熟末期的a值进行归一化处理，构建了小麦成熟度监测指标。分析了成熟度监测指标与RVI、NDVI植被指数的相关性，构建了小麦成熟度监测模型。用2021年和2022年同一试验区小麦影像数据对小麦成熟度监测模型进行了验证，2021年MCI预测值与参考值的均方根误差RMSE为0.029 8，2022年RMSE为0.040 5，表明构建的小麦成熟度监测模型监测小麦成熟度空间分布是可行的，研究结果预期可为高空遥感大范围监测小麦成熟度空间分布，合理小麦适收顺序提供依据。

Lab颜色空间在病害区域（符运阳等，2017；许高建等，2021），作物目标提取（牛亚晓等，2018；张秀丽等，2023；曹英丽等，2021）上已有较多应用研究。有研究发现a

分量对不同成熟度小麦褪绿颜色变化反应敏感，这与符运阳等（2017）研究的a分量能很好地反映植物病害叶片褪绿的颜色状态的结论类似。

小麦成熟度监测目的主要是为了合理制订收割计划，尽可能保证小麦适时收获。无人机虽然使用灵活方便，但是受续航时间、飞行高度等的影响，在大范围应用时受到一定的限制。本研究将小麦成熟度和植被指数关联，未来可通过高空遥感获取的植被指数图像反演小麦成熟度空间差异，为合理制订收割顺序提供依据。

随着大数据时代的到来，图像识别技术逐渐成为人工智能研究领域的热点。基于图像的采收成熟度识别在经济作物，如水果、蔬菜、烤烟等上均有较多研究（党淼等，2021；李天华等，2021）。梁帆等（2015）基于神经网络对油菜的成熟度等级进行了测定；汪瑞琪等（2022）等基于YOLOv5构建了鲜烟叶成熟度识别模型。对于与背景颜色差异较大的目标果实，利用颜色特征提取图像中的目标果实区域是较为简单的方法。本研究基于Lab颜色特征对小麦不同成熟度颜色变化进行量化，构建小麦成熟度监测指标，用于小麦成熟度监测。成熟度监测指标不受地区环境、品种特性、栽培条件等的影响，具有广泛的适用性。此外，区域试验中小麦品种较多，成熟度差异明显，颜色丰富，为成熟度监测模型构建提供了大样本，模型普适性更好。

当前人工智能发展迅速，深度学习是其中最有影响的关键技术。深度学习的特征提取效果能充分表征目标的本质属性，避免人为对目标的底层视觉特征的主观判断，在目标识别上具有很大的优异性（Lecun et al.，2015）。未来可结合深度学习的方法获取颜色特征，考虑更多的颜色特征信息，提高识别精确度。

第16章

玉米表型性状数据采集与管理系统的设计与实现

玉米作为河南省主要秋粮作物，由于其高产稳产，价格高，收益好，2011—2015年，河南省玉米种植面积稳定于303万～334万hm^2，占全国玉米种植面积的8.86%，总产占全国的8.35%（河南省统计局等，2011；2012；2013；2014；2015）。由于玉米产量形成与农艺性状关系密切，因此，研究玉米农艺性状数据采集与管理系统，对提高数据采集工作效率、降低采集人员的劳动强度具有重要参考价值。在实际生产中，农艺性状数据采集与管理存在以下几个方面问题：第一，数据采集方式仍然普遍采用手工测量、纸质记录、经验决策等工作方式，然后回到室内进行二次数据整理，存在数据采集手段落后、采集数据耗时耗力、人为误差大、纸质记录不易保存等问题；第二，数据管理普遍采用Microsoft Excel表格为主，存在数据管理不规范、标准不统一等问题；第三，数据分析上存在数据量大、数据利用率低等问题，不能快速获取数据统计结果；第四，部分科研团队现有的数据采集系统与实际需求匹配度不高，导致操作烦琐，使用率低。针对数据采集与管理存在的上述问题，如何快速、准确地获取与玉米生长密切相关的农艺性状信息，依然是数据采集技术研究的热点问题。

随着数据采集技术的深入发展，作物表型性状数据采集在一定程度上也得到了发展，但还无法满足作物研究的实际需求（董春水等，2014；刘忠强等，2016；樊龙江等，2016；Schwartz，2013；Fritsche-Neto et al.，2015；王君婵等，2018）。近年来，国内外已有专家学者在作物上开展了数据采集技术研究。叶思菁等（2015）设计了作物种植环境数据采集系统原型，实现了用户自定义录入界面以及动态适应空间数据类型、数量、范围的变化。李文闯等（2013）开发了基于Android的移动GIS数据采集系统，实现了采集对象相关数据的实时高度整合。牟伶俐等（2006）开发了基于Java手机的野外农田数据采集与传输系统，实现了野外数据采集、图形浏览、定位与导航、数据传输与查询等功能。王虎等（2013）设计了基于Windows Mobile手机平台的作物品种田间测试数据采集系统，实现了数据的实时采集。Zhang et al.（2017）设计了基于分布式位置的野生植物数据采集系统，从已建立的植物库将植物照片上传至云服务器进行识别。近期文献资料表明，国内外学者在田间作物表型信息获取方面进行了探索，已初步应用于作物垄数、株高、叶面积指数、果穗考种、病害图像提取等研究中（刘建刚等，2016；Jiang et al.，2015；Choi et al.，2015；牛庆林等，2018；苏伟等，2018；宋鹏等，2018；Kate et al.，2012；Kutic et al.，2003；Yang et al.，2014；Han et al.，2017；Wang et al.，2018）。综上所述，以上这些系统对移动端野外数据采集与查询进行了很多研究，而目前有关不同栽培和育种试验下的玉米农艺性状数据采集与管理系统的研究鲜有报道，而这样的研究对河南玉米农艺性状高效采集、管理与分析具有重要的应用价值。鉴于此，本研究结合玉米生产全程的信息化实际需求，以改变传统数据采集方式、提高农艺性状数据管理效率为目标，构建了玉米农艺性状数据采集与管理系统，实现农艺性状数字化采集、标准化管理和科学化分析等功能，以期为解决传统农艺性状数据采集与管理的诸多难题与不足，为玉米生产过程提供流程化、信息化的农艺性状管理体系提供参考。

16.1　系统设计

16.1.1　系统概述

玉米表型性状数据采集与管理系统主要解决玉米生产过程中数据采集任务繁重、手工记载错误率高、数据分析费时费力等问题，适用于科研院所及从事玉米科研采集任务的群体。该系统由软件和硬件组成，软件部分包括玉米表型性状数据采集系统（APP）和玉米表型性状数据管理系统（Web），硬件部分包括手持终端采集设备和条码打印机，条码打印机主要用于专用条码和普通条码的设计及打印，其工作流程如图16-1所示。条码是连接田间与室内2大系统的核心，其中田间子系统包括手持终端采集设备和玉米表型性状采集系统；室内子系统由条码打印机、玉米表型性状管理系统和数据中心电脑组成。

通过Web管理系统，管理存储于数据中心的手持终端APP采集上传的表型性状数据，使用条码打印机，按照试验布局以一定的顺序依次打印条码，再将条码按照打印顺序依次悬挂在小区玉米植株上；通过手持终端APP扫描玉米植株上的条码，进入数据录入界面，数据录入完毕，通过无线网络与数据中心内的数据同步。系统的详细操作步骤：①用户根据权限登录管理系统；②设置试验任务，试验任务下发到手持终端APP；③手持终端APP根据试验任务，生成田间布局，田间布局的小区编码无线上传至服务器；④条码打印机从服务器获取需打印的小区编码信息，按顺序打印条码；⑤按顺序打印好的条码，根据试验布局顺序依次悬挂在玉米植株上；⑥手持终端APP通过扫码进行数据采集。

16.1.2　系统总体结构

针对采集人员与管理人员对玉米试验过程中表型性状数据采集与管理软件的信息化实

际需求，通过田间多次实际调查，结合作者多年从事田间玉米试验的经验，设计玉米表型性状数据采集与管理系统。系统以提高数据采集工作效率、降低采集人员的劳动强度为目标，采用C/S与B/S混合开发架构，客户端APP安装于手持终端PDA上，Web端采用PC浏览器访问；手持终端PDA上的APP数据接口，接入Web端的管理软件，为海量农艺性状采集数据集成管理提供一个高效、安全和稳定的平台。系统从开发技术架构的角度，主要分为数据层、业务逻辑层和用户层，其总体结构如图16-2所示。

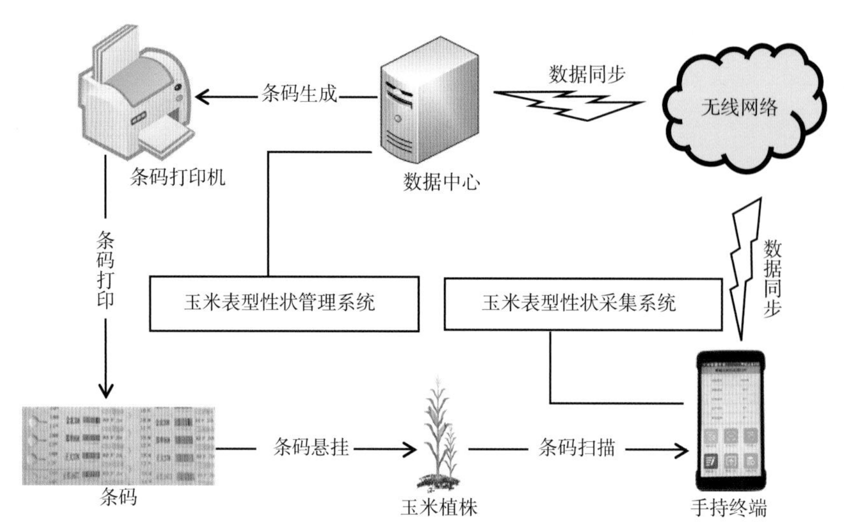

图16-1　玉米农艺性状数据采集和管理系统工作流程图

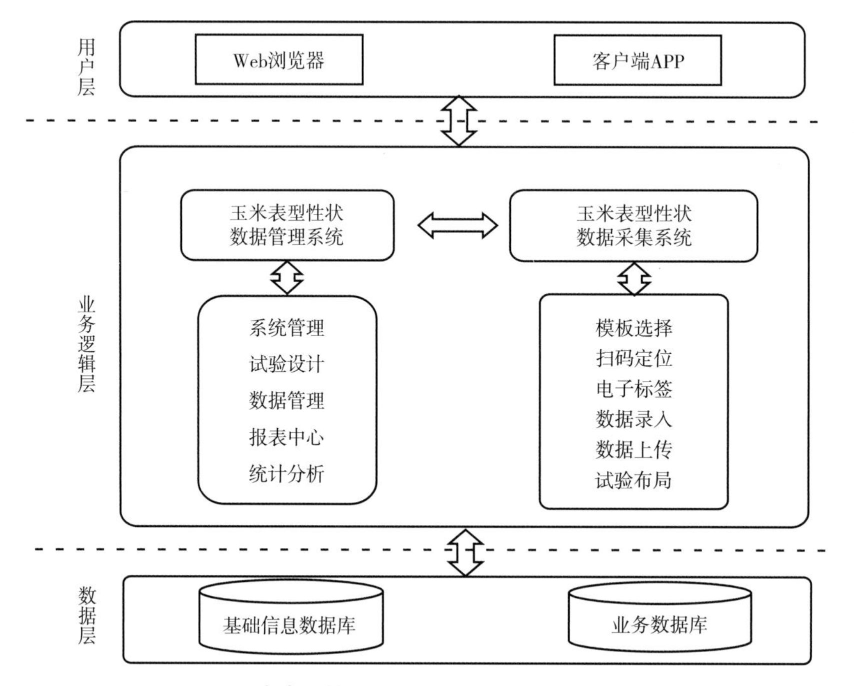

图16-2　玉米表型性状数据采集与管理系统总体框架结构

16.1.2.1　数据层

位于数据库服务器端，为业务逻辑层提供数据服务。系统Web端由分布于各试验站上传的基础信息数据和业务数据组成，下达的试验任务实时更新至服务器。手持终端APP可实时获取Web端下发的试验任务，根据试验任务进行数据采集，采集数据上传至服务器，为Web端和条码打印机提供数据来源。

16.1.2.2　业务逻辑层

主要进行业务逻辑处理，是系统功能实现的核心部分。本系统中，从用户的操作开始，用户在浏览器页面提交表单操作，向服务器发送请求，服务器接收并处理请求，然后把用户请求的数据（网页文件、图片、声音等）返回至浏览器。手持终端APP从服务器接收用户任务，并将采集数据通过无线方式上传至服务器，为PC浏览器提供所需数据。

16.1.2.3　用户层

用户与系统交互的窗口，用于接收用户的输入，对数据层数据进行显示和操作。

16.1.3　数据库设计

数据库包括系统管理数据表、基础数据表和农艺性状数据调查表。系统管理数据表包括用户表及用户组表，主要用于用户登录以及管理员进行用户角色管理的数据表（冯建英等，2017；夏于等，2013）。基础数据表包括行政区域数据表、试验站管理数据表、玉米品种数据表、性状管理数据表等。农艺性状数据调查表包括物候期记载表、抗逆性记载表、病虫害调查表、主要性状调查表、产量性状调查表等。

16.1.4　服务器端用户角色权限设计

系统用户采用三级权限管理：管理员、项目负责人和采集员。管理员在添加用户的同时，负责分配角色，角色包括项目负责人和采集员。添加新的试验站时，选择项目负责人。在用户组管理中，可以对项目负责人的组内成员进行管理，组内成员具有采集员权限。项目负责人也可以根据自己权限登录，对组内成员进行管理。系统用户权限如图16-3所示。

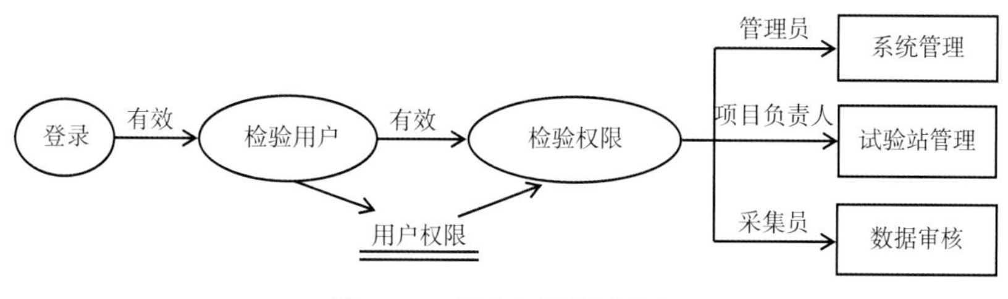

图16-3　用户权限设计流程

16.2 系统实现

16.2.1 系统环境

本研究设计的客户端APP开发架构采用C/S结构，以Android Studio为开发平台，采用网络交互和注解框架技术，实现与Web的数据交互。Web开发架构采用B/S结构，以Microsoft Visual Studio 2015作为开发平台，采用MVC结构框架，使用C#编写，开发环境使用Eclipse，网站服务与数据库通过lambda表达式访问。

16.2.2 系统实现

16.2.2.1 客户端APP的实现

客户端APP主要包括模板选择、扫码定位、电子标签、数据录入、数据上传和试验布局6个模块。客户端APP接收到试验任务后，可在试验布局中进行试验设计，根据小区标识信息绑定电子标签或者打印纸质标签。数据录入按选择的模板提供输入界面，模板制作在模板选择模块中完成，小区编号的录入提供扫描条形码/电子标签、自动编号及手动录入3种方式。

16.2.2.2 Web浏览器的实现

Web是管理系统的主程序，除负责接收客户端APP采集的数据外，包括从试验设计开始到结束的精确管理、查询和统计分析全过程管理。通过试验设计模块把各试验地点承担的任务同步分发到客户端APP上，客户端APP采集的数据上传至服务端Web，Web对客户端APP上传的数据进行审核、修改、查询和分析。该系统部署于数据中心计算机上，是整个系统的核心部分，通过数据中心与客户端APP进行数据交换，采集数据存储于用户本地服务器，防止数据篡改。根据业务逻辑和需求分析，系统分为系统管理、试验设计、数据管理、报表中心和统计分析五大功能模块。

（1）系统管理模块

包括行政区域、性状管理、用户管理和用户组管理。行政区域用于选择试验所在的省、市、县区域；性状管理用于对各类数量性状和质量性状的自定义添加；用户管理用于设置各类用户的角色权限；用户组管理是对用户角色权限进行管理。

（2）试验设计模块

包括试验基础信息、地块布局和试验任务。试验基础信息以试验地块为单元，记录土壤基础肥力、气象数据、田间管理等信息；地块布局是基于试验目的不同，根据试验任务自动生成田间布局；试验任务具有制定试验采集的性状指标，实现多点试验任务的实时分发，并同步到客户端APP。

（3）数据管理模块

包括全部数据汇总表、数量性状汇总表和质量性状汇总表。通过设置查询条件，可查看该试验不同类型采集性状数据，具有数据查询、审核、修改、检索、导出、打印等功能。

（4）报表中心模块

将报表包含的信息和数据库关联、按照管理单位提供的模板。自动完成信息的统计和汇总，生成相应的报表，具有数据查询、检索、导出、打印等功能。

（5）统计分析模块

选择需要分析的试验名称和数据采集时间，输出某时间段内该试验所测性状数据列表，实现对各类性状数据的统计分析。

16.2.3　关键技术

16.2.3.1　数据采集

数据采集主要由客户端APP实现。试验数据采集所需性状指标设置在Web端完成。性状指标包括数量性状和质量性状，数量性状分为物候期、形态特征、生育动态、抗逆性、病害调查和产量性状；质量性状提供所有会出现的选项，数量性状提供阈值，减少数据录入错误率。性状管理设置了每个性状数据采集类型，保证同一个试验多个试验点数据采集的格式统一。试验任务从Web端下发到客户端后，客户端选择当前需要采集的性状指标制成模板，数据录入按模板提供输入界面。性状指标维护属于系统管理员权限范围，其他权限只能使用，防止性状指标属性被篡改。

16.2.3.2　数据管理

客户端APP数据上传至服务器后，为满足不同用户需要，Web端系统提供全部数据、数量性状数据和质量性状数据自动汇总。针对试验报告所需各类汇总表，将数据按物候期、抗逆性调查、病害调查、形态特征、主要性状和产量性状汇总分类报表。

16.2.3.3　技术流程

Web系统采用Entity Framework技术对数据库进行操作，使用Linq和Lambda表达式实现对数据库的增删改查，用户层采用telerik前端框架、jQuery、Kendo UI、Bootstrap等脚本技术；APP使用Android Studio内置的SQLite数据库进行存储数据，采用Android技术实现Web api与服务器之间的通信。通过Web管理系统，管理存贮于数据中心的手持终端APP采集上传的表型性状数据，使用条码打印机，按照试验布局以一定的顺序依次打印条码，再将条码按照打印顺序依次悬挂在小区玉米植株上；通过手持终端APP扫描玉米植株上的条码，进入数据录入界面，数据录入完毕，通过无线网络与数据中心内的数据同步。

16.3 系统的测试与应用

16.3.1 系统性能测试结果

本研究设计的玉米表型性状数据采集与管理系统经河南省863软件孵化器有限公司测试，该系统在功能性测试、可靠性测试和易用性测试等方面均达到设计要求，符合《软件工程 软件产品质量要求和评价（Square）商业现货（Cots）软件产品的质量要求和测试细则》（GB/T 25000.51—2010）。根据采集人员的生产实际需求，本研究主要以玉米生长发育性能测定检验设备是否符合玉米主要性能指标的要求。对10株玉米成熟期主要表型性状数据采集所消耗的平均时长作为衡量标准。成熟期主要测定玉米植株的株高、熟相、穗型、粒色和图像等性状指标。按每套设备分别测定10株玉米，30株玉米随机分为3组开展生长发育性能测试，取得的主要性能测试结果如表16-1所示。受测成熟期玉米植株的性状指标数据采集时间介于172 ~ 185 s，图像采集时间介于34.48 ~ 35.21 s，玉米农艺性状数据采集系统性能测试稳定。

表16-1 玉米农艺性状主要性能测试结果

测定设备	性状指标数据采集时间（s）	图像采集时间（s）
设备1	185 ± 19	35.21 ± 2.53
设备2	179 ± 17	34.48 ± 2.12
设备3	172 ± 21	34.89 ± 2.08

16.3.2 客户端APP的应用

客户端APP主要用于田间观察观测性状数据的实时采集，实现玉米试验材料的快速录入、查询和定位。同时，APP采集性状模板可自定义，支持用户自添加性状，随时查看田间布局。在数据录入方式上，实现语音识别录入和手动录入的双重选择，支持性状数据的离线采集，通过有线或无线方式上传采集数据至服务端Web。根据田间制定采集任务的需求，灵活调整与Web的数据交换内容，进而提高性状数据采集效率。

客户端APP主要针对玉米生产中需要调查的性状指标进行实时采集，打开客户端APP，进入到系统主界面，操作界面如图16-4所示。点击性状选择模块，可快速选择试验需要采集的性状指标（图16-4①）；添加出来的性状形成该试验的模板，并输入模板名称（图16-4②）；保存模板，模板可显示当前日期（图16-4③）；点击当前保存的模板，选择使用模板，可按照模板详情中的性状指标进行田间数据采集，按照小区编号顺序录入性状数据（图16-4④），在数据录入过程中，具备数据查询、修改和即时保存功能等；数据录入结束后，选择数据上传模块（图16-4⑤）；点击抽雄期记载数据，可查看数据详情（图16-4⑥）；点击上传数据按钮，数据上传完成，该次采集数据模板名称自动消失。

图16-4　客户端APP数据采集操作界面

16.3.3　Web浏览器的应用

客户端APP数据采集完毕提交后，所有性状数据上传至服务端Web。系统用户采用三级权限管理，即管理员、项目负责人和采集员。管理员、项目负责人和采集员需登录浏览器对数据进行审核、查询和管理。图16-5显示了2018年7月26日至8月2日安阳区试试验数据管理界面，采集数据可导出Microsoft Excel表格，供科研人员分析使用。图16-6显示了2018年7月26日至8月2日安阳区试试验数据统计分析界面，选择需要分析的试验名称和数据采集时间，服务端对数据提供了自动实时统计分析，并生成统计图表，数据统计分析结果可以直接打印和导出；项目负责人和管理员根据数据统计分析结果提出切实可行的生产指导意见，并推送信息至采集员手机，为科学决策和管理提供数据支撑。

查询条件 安阳区试试验 2018-07-26 至 2018-08-02 今天 近7天 近1个月 近3个月 刷新 打印 导出

采集时间	小区编号	采集员	花药颜色	穗柄有无	株高（cm）	穗位（cm）	苞叶情况	花丝颜色	轴色
2018/7/26 9:02:34	1	安阳站长	浅紫色	无	291.12	131.05			
2018/7/26 9:02:34	2	安阳站长	绿色	有	263.24	105.69			
2018/7/26 9:02:34	3	安阳站长	浅紫色	无	259.61	110.05			
2018/7/26 9:02:34	4	安阳站长	深紫色	无	226.32	100.5			
2018/7/26 9:02:34	5	安阳站长	深紫色	有	262.64	103.25			
2018/7/26 9:02:34	6	安阳站长	深紫色	无	276.55	125.42			
2018/7/26 9:02:34	7	安阳站长	浅紫色	无	273.32	130.55			
2018/7/26 9:02:34	8	安阳站长	浅紫色	有	290.8	132.56			
2018/7/26 9:02:34	9	安阳站长	紫色	无	261.45	114.55			
2018/7/26 9:02:34	10	安阳站长	紫色	无	272.28	117.53			

图16-5　安阳区试试验Web浏览器数据管理界面

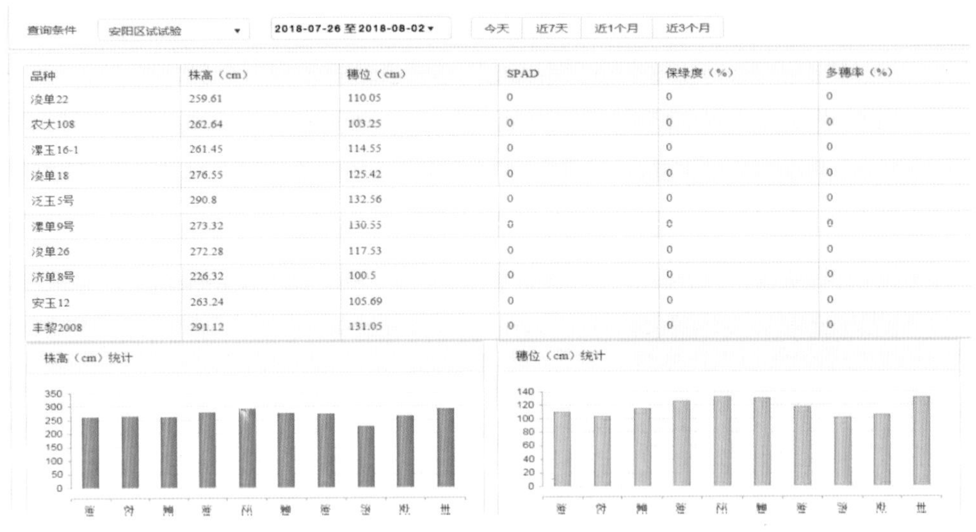

查询条件 安阳区试试验 2018-07-26 至 2018-08-02 今天 近7天 近1个月 近3个月

品种	株高（cm）	穗位（cm）	SPAD	保绿度（%）	多穗率（%）
浚单22	259.61	110.05	0	0	0
农大108	262.64	103.25	0	0	0
濮玉16-1	261.45	114.55	0	0	0
浚单18	276.55	125.42	0	0	0
泛玉5号	290.8	132.56	0	0	0
濮单9号	273.32	130.55	0	0	0
浚单26	272.28	117.53	0	0	0
济单8号	226.32	100.5	0	0	0
安玉12	263.24	105.69	0	0	0
丰黎2008	291.12	131.05	0	0	0

图16-6　安阳区试试验Web浏览器数据统计分析界面

16.4　试验验证

16.4.1　手工与手持终端数据采集试验方案

为测试手持终端APP数据采集效率，采用手工与手持终端试验，对数据采集耗时进行了比较。测试数据采集耗时试验正处于成熟期，选择试验常测的8个农艺性状（表16-2）为数据采集对象，数据格式包括文本、数值、照片等常用形式，性状测量标准参考《农作物品种试验技术规程—玉米》。以成都富立叶电子科技有限公司生产的富立叶C7手持终端作为数据采集设备，该设备含有四核、双卡4G、Android5.1系统、7英寸高清液晶屏、1 280×720高分辨率，具有NFC、Wifi、蓝牙、GPS+BDS等功能，以及可选配一维/二维条码扫描模组、UHF读写卡功能；同时，具有耐高光、电池容量大、携带方便。针对用户实际需求，挑选6名从事玉米田间试验的一线人员，现场实际操作培训30 min后，随机分3组，每组2人。手工采集试验人员共6名，随机分3组，每组2人，样本量为60，按性状采集标准采集，1人测量选取的8个农艺性状数据、拍照、录入Microsoft Excel表格及图片重命名，1人记录8个农艺性状的试验用时。试验以采集表16-2全部性状的时间为指标，以完成全部性状数据采集所消耗的平均时长作为衡量标准，试验结果取平均值。

表16-2　数据采集效率测试的性状

序号	性状	数据格式
1	品种编号	文本
2	成熟期	日期
3	株高	数值
4	轴色	文本
5	穗型	文本
6	秃尖	数值
7	粒色	文本
8	图像	图片

16.4.2　手工与手持终端数据采集耗时对比试验

手工数据采集主要包括以下4个操作流程：①将观察观测数据记录到记载本上；②用相机拍摄照片；③将记载本上的数据录入Microsoft Excel存档；④将拍摄的照片导出并重新命名。手持终端采集玉米农艺性状数据时仅需将数据记录到设备中，其余3个步骤同步到Web端玉米农艺性状数据管理系统自动完成。表16-2为手工与手持终端数据采集耗时，由表16-3可以看出，3组人员手工采集数据的平均耗时为629 s，其中在数据记录环节平均节省60%的时间，将记载本上数据录入Microsoft Excel节省64%的时间。而同一批人员利用APP采集数据耗时平均为183.7 s，与手工数据采集方式相比，应用手持终端APP采集数据可节约时间70.8%；同时省去了拍照、数据录入、图片重命名环节。

表16-3　手工与手持终端数据采集耗时

采集步骤	手工采集时间均值（s）			手持终端采集时间均值（s）		
	组1	组2	组3	组1	组2	组3
数据记录	235	246	278	200	173	178

（续表）

采集步骤	手工采集时间均值（s）			手持终端采集时间均值（s）		
	组1	组2	组3	组1	组2	组3
拍照	67	87	115			
数据录入	223	275	179			
图片重命名	59	61	62			
合计	584	669	634	200	173	178

16.4.3 系统应用效果

自2017年以来，本研究设计的玉米农艺性状采集与管理系统已在河南省农业科学院、洛阳市农林科学院、周口市农业科学院以及河南农业大学等科研机构进行推广应用。主要对象为从事玉米栽培与育种试验的一线人员，应用前进行技术培训和实际操作等跟踪服务，以保证玉米农艺性状数据标准化采集和规范化管理，同时建立科学、规范的案例演示。下面以2017年8月在河南省农业科学院现代农业科技试验示范基地玉米区试试验吐丝期数据采集为例，说明应用效果。试验采用随机区组设计，3次重复，5行区，小区面积20 m^2，种植密度为5 000株/亩，采集株数10株，本次采集的性状指标不受天气影响，可以直接进行数据采集。吐丝期主要测定了玉米植株的株型、穗柄有无、苞叶情况、花丝颜色、吐丝时间、株高、穗位和倒伏率共8个性状指标。试验采集员登录客户端APP后，进入玉米试验主界面，点击模板选择，选择需要采集的上述8个性状指标，制作模板，模板名称为“吐丝记录”，选择使用该模板，见图16-7a；客户端APP根据模板提供数据输入界面，见图16-7b。数据采集结束后，自动保存为“吐丝记录数据”，查看数据详情，见图16-7c，查看完毕一键上传。以采集员权限登录Web端，进入浏览器主界面，点击数据管理界面，查看移动终端上传的采集数据，见图16-8。应用手持终端APP采集玉米吐丝期数据，可有效提高采集效率60%以上。

经测试和初步应用，该系统设计合理，界面操作简单；除数量性状外，其他性状指标主要通过点选采集数据，使用方便，数量性状提供阈值限制提示，减少数据记录错误概率。客户端APP数据一键上传后，直接以Microsoft Excel标准格式保存在服务器上，省去了传统手工采集数据最为耗时的二次录入过程，极大地提高了数据采集效率。在系统Web端可根据使用者需求，灵活调整农艺性状采集字段，字段的阈值属性可统一性状数据的判断与采集标准，便于不同试验点数据汇总。目前，2018年玉米区试试验各承试点的试验采集数据正在持续添加中，系统运行稳定。

图16–7　客户端APP数据采集应用案例

查询条件　原阳玉米区试　2017-08-01 至 2017-08-07　今天　近7天　近1个月　近3个月　刷新　打印　导出

采集时间	小区编号	采集员	株型	穗柄有无	苞叶情况	花丝颜色	吐丝期（月/...	株高（cm）	穗位（cm）	倒伏
2017/8/3 17:22:23	1	原阳站长	紧凑型	有	中	浅紫	2017/08/07	258.4、254	107.9、105	18.1、
2017/8/3 17:22:23	2	原阳站长	半紧凑型	有	中	浅紫	2017/08/09	269.9、271	96.5、97.2	8.7、
2017/8/3 17:22:23	3	原阳站长	半紧凑型	有	中	浅紫	2017/08/08	250.9、258	115.1、114	4.1、
2017/8/3 17:22:23	4	原阳站长	半紧凑型	有	中	紫	2017/08/10	282.6、279...	95.8、99.7...	1.9、
2017/8/3 17:22:23	5	原阳站长	紧凑型	有	中	浅紫	2017/08/05	262.4、258...	149.8、150...	3.8、
2017/8/3 17:22:23	6	原阳站长	紧凑型	有	中	浅紫	2017/08/10	258.1、250...	111.4、108...	3.3、
2017/8/3 17:22:23	7	原阳站长	半紧凑型	有	中	浅紫	2017/08/08	271.6、280...	96.4、95.8...	3.5、
2017/8/3 17:22:23	8	原阳站长	半紧凑型	有	中	浅紫	2017/08/08	257.9、258...	116.7、116	6、5

图16–8　Web浏览器数据管理应用案例

16.5　讨论

传统的试验数据往往基于Microsoft Excel进行管理和分析，无法对数量庞大的试验数据进行批量校正和逻辑判断等预处理工作，这给后期的品种评价与决策的准确性带来极大隐患（王虎等，2010）。本研究中系统开发以现有玉米品种试验技术规程和数据标准为依据，围绕玉米生产全程的数据采集与管理信息化实际需求，实现了玉米从播前到收获生产全程的农艺性状精确采集，有效解决了当前玉米生产全程数据采集与管理存在的问题。与客户端APP保持一致，实现了数据采集与存储标准的统一，为数据共享与分析利用提供良好的基础。

黄锦等（2014）设计开发了一套基于移动智能设备的育种田间信息采集系统，主要讨论了育种田间数据快速录入、动态配置表单、数据有效性验证以及保障数据安全的方法。李雪等（2016）设计了对玉米性状数据等相关信息进行有效管理和综合分析利用的玉米育种信息管理系统，实现了玉米育种信息的科学管理。张小斌等（2016）开发出基于梨属植物种质资源数据标准的梨育种信息管理与采集系统，实现了梨育种信息的田间快速采集与传输。以上研究是基于单个软件的田间作物育种信息采集与管理系统，而在语音识别、试验布局、多个试验任务接收、采集模板共享方面存在不足。本研究设计的客户端APP支持扫码定位、离线数据采集、数据上传等功能，实现了客户端APP与Web之间的数据交换共享；Web浏览器实现了多点试验任务的实时分发，便于多年多点区试试验数据的汇总及报表中心的生成，为数据分析利用提供良好的基础。

系统经长期测试和不断更新，该系统设计合理，界面操作简单，使用方便。该系统在实际应用中发现了一些不足之处：如考种数据是用考种仪获取的，虽然解决了传统人工测量效率低等问题，但对数据统一管理带来不便；另外采集的大量图片仅能查看和检索，未经过深层次的图像识别和挖掘等。因此，在今后的研究中，重点将高通量采集技术和图像识别技术应用到本系统中，减少多个系统分散的问题，进一步提高数据采集和挖掘效率。

16.6 建议

16.6.1 集成无人机遥感平台

本研究中数量性状指标采集还主要依靠人工测量，然后把数据录入到客户端APP，尽管省去了传统手工纸质记载数据、电脑Microsoft Excel录入的过程；而无人机遥感平台可以改变传统人工调查效率低、时效性差等问题。因此，在现有玉米农艺性状数据采集与管理系统的基础上，集成无人机遥感平台，可以及时获取大范围玉米区域试验数量性状信息，以期进一步提高数据采集效率。

16.6.2 扩展作物研究种类

当前，玉米农艺性状数据采集与管理系统正处于小范围应用阶段，只能满足玉米农艺性状的信息化需求，因此，需进一步完善系统，扩展到其他作物的农艺性状，增加多种作物的数据采集方式，定制不同作物的采集指标与采集方法标准，适用于其他作物农艺性状的便捷采集与管理的通用版本。

16.6.3 增加图像管理模块

本研究设计的农艺性状数据采集APP，把拍摄的图像作为一个性状指标考虑，在对图像进行搜索时带来了不便，同时也不利于后期图像的自动识别。因此，在今后的研究中农

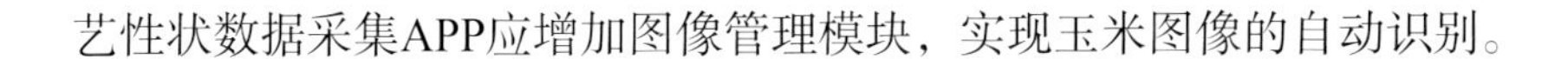

艺性状数据采集APP应增加图像管理模块，实现玉米图像的自动识别。

16.7　结论

数据时代信息化已成为各行各业发展的重要创新驱动力，农业大数据在重塑生产要素、精准管理决策、培育新动能等方面具有广阔前景。基于此，本研究设计并实现了玉米农艺性状数据采集系统（APP）和玉米农艺性状数据管理系统（Web），围绕玉米生产全程的信息化实际需求，实现了玉米从播前到收获生产全程的精确采集，有效解决了当前玉米生产全程数据采集与管理存在的问题。

第一，客户端APP采用C/S开发架构，具有部署简单、操作便捷、设置灵活和界面友好等特点。用户随时随地通过客户端APP，可以快速采集玉米农艺性状数据，实现了采集数据的实时查询，便于实时实地满足玉米生产管理过程各环节的需求。

第二，PC浏览器采用B/S开发架构，具有运行稳定、维护方便、兼容性好、跨平台能力强等特点。用户通过登录PC浏览器，实现了玉米生产过程试验任务的分发、数据的审核与修改、数据的查询与管理、报表中心生成及数据的统计分析等功能，为数据分析利用提供良好的基础。

第三，与传统的手工数据采集对比，手持终端APP显著提高数据采集耗时70.8%，节省了将记录的数据录入Microsoft Excel存档的环节。与相机拍摄照片相比，利用手持终端APP拍摄的照片，可以自动标注拍摄时间，以小区编号命名，便于图像数据的后期整理和利用。

第四，该系统可以扩展到其他类型作物，如瓜果、蔬菜等。根据不同作物的生长性状，通过模块管理功能，定制不同的采集指标与采集方法标准，适用于其他作物农艺性状的便捷采集与管理的通用版本。

参考文献

鲍文霞，孙庆，胡根生，2020. 基于多路卷积神经网络的大田小麦赤霉病图像识别[J]. 农业工程学报，36（11）：174-181.

鲍文霞，张鑫，胡根生，等，2020. 基于深度卷积神经网络的田间麦穗密度估计及计数[J]. 农业工程学报，36（21）：186-193，323.

蔡甲冰，许迪，司南，等，2015. 基于冠层温度和土壤墒情的实时监测与灌溉决策系统[J]. 农业机械学报，46（12）：133-139.

曹英丽，林明童，郭忠辉，等，2021. 基于Lab颜色空间的非监督GMM水稻无人机图像分割[J]. 农业机械学报，52（1）：162-169.

陈峰，谷俊涛，李玉磊，等，2020. 基于机器视觉和卷积神经网络的东北寒地玉米害虫识别方法[J]. 江苏农业科学，48（18）：237-244.

陈佳玮，李庆，谭巧行，等，2021. 结合轻量级麦穗检测模型和离线Android软件开发的田间小麦测产[J]. 农业工程学报，37（19）：156-164.

陈琦，闫柳狄，王秋岭，等，2021. 漯河市夏玉米花粒期鳞翅目害虫的监测与分析[J]. 山东农业科学，53（9）：105-110.

程媛媛，林静，苏娟娟，等，2021. 小麦新品种邢麦13号丰产性、稳产性及适应性分析[J]. 山东农业科学，53（5）：153-156.

仇天月，陈旭，马超，等，2014. 基于Android智能手机的农业物联网信息采集和发布系统的研究[J]. 上海农业学报，30（2）：6-9.

党淼，库祥臣，2021. 基于ARM的杏果成熟度检测和体积估计系统研究[J]. 农机化研究，43（5）：230-234.

邓丽，郭敏杰，殷君华，等，2021. 高油酸花生品种开农1760产量及其构成的可视化分析[J]. 中国油料作物学报，43（3）：502-509.

邓晓栋，张文清，翁绍捷，2015. 基于ZigBee的水肥一体化智能灌溉系统设计[J]. 湖北农业科学，54（3）：690-692，696.

狄娇，2012. 轻简式水肥一体化灌溉系统的设计及试验研究[D]. 南京：南京农业大学.

董春水，才卓，2014. 高通量数据采集技术在现代玉米育种中的应用[J]. 玉米科学，22（1）：1-6.

董方敏，王纪华，任东，2012. 农业物联网技术及应用[M]. 北京：中国农业出版社.
董宛麟，程路，孙志刚，等，2020. 夏玉米产量时空变化及气候年型分析[J]. 玉米科学，28（5）：110-118.
杜颖，2019. 基于多源遥感数据的冬小麦灌浆进程及成熟度监测研究[D]. 扬州：扬州大学.
杜颖，蔡义承，谭昌伟，等，2019. 基于超像素分割的田间小麦穗数统计方法[J]. 中国农业科学，52（1）：21-33.
樊龙江，王卫娣，王斌，等，2016. 作物育种相关数据及大数据技术育种利用[J]. 浙江大学学报（农业与生命科学版），42（1）：30-39.
樊志平，洪添胜，刘志壮，等，2010. 柑橘园土壤墒情远程监控系统设计与实现[J]. 农业工程学报，26（8）：205-210.
方加兴，申卫星，孟宪鹏，等，2016. 泰山黑虎峪灯下昆虫群落结构及多样性的时间动态研究[J]. 山东农业大学学报（自然科学版），47（6）：867-872.
封清明，刘润堂，张翠香，1994. 山西中部地区旱地小麦新品种丰产性稳产性研究[J]. 华北农学报，9（2）：46.
冯建英，魏学鉴，肖广汀，等，2017. 基于数据质量控制的葡萄生产信息采集系统设计与应用[J]. 农业工程学报，33（增刊1）：192-198.
冯俊惠，李志伟，戎有丽，等，2021. 基于改进Hough圆变换算法的成熟番茄果实识别[J]. 中国农机化学报，42（4）：190-196.
冯书谊，张宁，沈霁，等，2015. 基于反射率特性的高光谱遥感图像云检测方法研究[J]. 中国光学，8（2）：198-204.
符运阳，郭胜娜，王兵，等，2017. 基于LAB颜色空间的植物病变区域提取[J]. 电子世界，20：105-106.
高峰，俞立，张文安，等，2009. 基于无线传感器网络的作物水分状况监测系统研究与设计[J]. 农业工程学报，25（2）：107-112.
高巨虎，王桂林，李慧杰，等，2011. 自动虫情测报灯在林业害虫测报中的应用[J]. 中国森林病虫，30（3）：36-39.
高云，李静，余梅，等，2021. 基于多尺度感知的高密度猪只计数网络研究[J]. 农业机械学报，52（9）：172-178.
高云鹏，2019. 基于深度神经网络的大田小麦麦穗检测方法研究[D]. 北京：北京林业大学.
顾巧英，李莉，曹伟婷，等，2012. 土壤墒情监测系统在有机葡萄灌溉中的应用[J]. 上海交通大学学报（农业科学版），30（4）：87-90.
郭鹏，李乃祥，2015. 基于模糊聚类的黄瓜病害图像自动分割[J]. 中国农机化学报，36（3）：123-131.

郭瑞，于翀宇，贺红，等，2021. 采用改进YOLOv4算法的大豆单株豆荚数检测方法[J]. 农业工程学报，37（18）：179-187.
郭涛，颜安，耿洪伟，2020. 基于无人机影像的小麦株高与LAI预测研究[J]. 麦类作物学报，40（9）：1129-1140.
国家统计局，2024-7-12. 国家统计局关于2024年夏粮产量数据的公告[EB/OL]. https://www.stats. gov. cn/ xxgk/sjfb/zxfb2020/202407/t20240712_1955558. html.
何颖，陈丁号，彭琳，2022. 基于改进YOLOv5模型的经济林木虫害目标检测算法研究[J]. 中国农机化学报，43（4）：106-115.
何中虎，夏先春，陈新民，等，2011. 中国小麦育种进展与展望[J]. 作物学报，37（2）：202-215.
河南省统计局，国家统计局河南调查总队，2011. 河南统计年鉴[M]. 北京：中国统计出版社.
河南省统计局，国家统计局河南调查总队，2012. 河南统计年鉴[M]. 北京：中国统计出版社.
河南省统计局，国家统计局河南调查总队，2013. 河南统计年鉴[M]. 北京：中国统计出版社.
河南省统计局，国家统计局河南调查总队，2014. 河南统计年鉴[M]. 北京：中国统计出版社.
河南省统计局，国家统计局河南调查总队，2015. 河南统计年鉴[M]. 北京：中国统计出版社.
河南省统计局，国家统计局河南调查总队，2017. 河南统计年鉴[M]. 北京：中国统计出版社.
河南省统计局，国家统计局河南调查总队，2019. 河南统计年鉴[M]. 北京：中国统计出版社.
河南省统计局，国家统计局河南调查总队，2021. 河南统计年鉴[M]. 北京：中国统计出版社.
侯艳红，陈琦，范志业，等，2017. 漯河地区灯下夜蛾种类及种群发生动态[J]. 中国植保导刊，37（2）：40-44.
胡炼，王志敏，汪沛，等，2023. 基于激光感知的农业机器人定位系统[J]. 农业工程学报，39（5）：1-7.
胡实，莫兴国，林忠辉，2015. 气候变化对黄淮海平原冬小麦产量和耗水的影响及品种适应性评估[J]. 应用生态学报，26（4）：1153-1161.
胡卫国，曹廷杰，杨剑，等，2021. 小麦新品种（系）抗倒性及产量构成因素评价[J]. 种子，40（2）：110-115.
胡润瑀，王靖，2019. 气候要素、品种及管理措施变化对河南省冬小麦和夏玉米生育期的影响[J]. 中国农业大学学报，24（11）：16-29.
胡云鸽，苍岩，乔玉龙，2020. 基于改进实例分割算法的智能猪只盘点系统设计[J]. 农业工程学报，36（19）：177-183.
黄健熙，牛文豪，马鸿元，等，2016. 卫星遥感和积温-辐射模型预测区域冬小麦成熟期[J]. 农业工程学报，32（7）：152-157.
黄锦，李绍明，2014. 基于手机的玉米育种田间数据采集系统设计[J]. 农机化研究（6）：193-197.

黄硕，周亚男，王起帆，等，2022. 改进YOLOv5测量田间小麦单位面积穗数[J]. 农业工程学报，38（16）：235-242.

黄一霖，王琳，施印炎，等，2023. 农业机器人底盘研究现状与展望[J]. 拖拉机与农用运输车，50（3）：15-19.

黄语燕，王涛，刘现，等，2019. 水肥一体化循环灌溉系统的设计与试验[J]. 节水灌溉，（8）：94-97，101.

霍凤财，孙雪婷，任伟建，等，2019. Lab空间的改进k-means 算法彩色图像分割[J]. 吉林大学学报（信息科学版），37（2）：148-154.

籍凯，2019. 基于图像处理的苗期小麦计数系统的设计与实现[D]. 保定：河北农业大学.

江新兰，杨邦杰，高万林，等，2016. 基于两线解码技术的水肥一体化云灌溉系统研究[J]. 农业机械学报，47（增刊）：267-272.

雷雨，韩德俊，曾庆东，等，2018. 基于高光谱成像技术的小麦条锈病病害程度分级方法[J]. 农业机械学报，49（5）：226-232.

雷雨，周晋兵，何东健，等. 基于改进CenterNet的小麦条锈病菌夏孢子自动检测方法[J]. 农业机械学报，2021，52（12）：233-241.

李传哲，许仙菊，马洪波，等，2017. 水肥一体化技术提高水肥利用效率研究进展[J]. 江苏农业学报，33（2）：469-475.

李翠玲，李余康，谭昊然，等，2022. 基于K-means聚类和RF算法的葡萄霜霉病检测分级方法[J]. 农业机械学报，53（5）：225-236，324.

李国平，吴孔明，2022. 中国转基因抗虫玉米的商业化策略[J]. 植物保护学报，49（1）：17-32.

李海泳，殷贵鸿，2022. 从国家粮食安全角度探讨我国小麦育种发展趋势[J]. 江苏农业科学，50（18）：36-41.

李加念，洪添胜，冯瑞钰，等，2012. 柑橘园水肥一体化滴灌自动控制装置的研究[J]. 农业工程学报，28（10）：91-97.

李静，陈桂芬，安宇，2020. 基于优化卷积神经网络的玉米螟虫害图像识别[J]. 华南农业大学学报，41（3）：110-116.

李林，柏召，刁磊，等，2021. 基于K-SSD-F的东亚飞蝗视频检测与计数方法[J]. 农业机械学报，52（增刊）：261-267.

李楠，刘成良，李彦明，等，2010. 基于3S技术联合的农田墒情远程监测系统开发[J]. 农业工程学报，26（4）：169-174.

李天华，孙萌，丁小明，等，2021. 基于YOLOv4＋HSV的成熟期番茄识别方法[J]. 农业工程学报，37（21）：183-190.

李文闯，2013. 基于Android的移动GIS数据采集系统研究 [D]. 北京：首都师范大学.

李文旭，吴政卿，雷振生，2021. 河南省主要气象因子变化及其对主要粮食作物单产的影响特征[J]. 作物杂志（1）：124-134.
李小文，马菁，海云瑞，等，2018. 宁夏枸杞病虫害监测与预警系统研究[J]. 植物保护，44（1）：81-86.
李雪，杨涛，2016. 玉米育种信息管理系统的研究[J]. 江苏农业科学，44（1）：418-421.
李雪，丁逸帆，左示敏，等，2021. 基于AMMI模型和GGE双标图对2018年江苏省水稻杂交中粳品种区域试验结果的评价分析[J]. 杂交水稻，36（3）：96-102.
李友丽，李银坤，郭文忠，等，2016. 有机栽培水肥一体化系统设计与试验[J]. 农业机械学报，47（增刊）：273-279.
李宇昊，石田，2014. 利用航空数码影像的色彩特征估测森林郁闭度[J]. 西北林学院学报，29（1）：148-154.
李岳云，许悦雷，马时平，等，2016. 深度卷积神经网络的显著性检测[J]. 中国图象图形学报，21（1）：53-59.
梁博明，刘新，郝媛媛，等，2022. 基于5种植被指数的荒漠区植被生物量提取研究[J]. 干旱区研究，2023，40（4）：647-654.
梁帆，杨莉莉，崔世钢，等，2015. 基于神经网络的油菜成熟度等级视觉检测方法[J]. 江苏农业科学，43（8）：403-405.
刘东，曹光乔，李亦白，等，2021. 基于颜色特征的小麦抽穗扬花期麦穗识别计数[J]. 中国农机化学报，42（11）：97-102.
刘建刚，赵春江，杨贵军，等，2016. 无人机遥感解析田间作物表型信息研究进展[J]. 农业工程学报，32（24）：98-106.
刘剑君，杨铁钊，朱宝川，等，2013. 基于数字图像数据的烤烟成熟度指数研究[J]. 中国烟草学报，19（3）：61-66.
刘立波，程晓龙，赖军臣，2018. 基于改进全卷积网络的棉田冠层图像分割方法[J]. 农业工程学报，34（12）：193-201.
刘龙飞，陈云浩，李京，2003. 遥感影像纹理分析方法综述与展望[J]. 遥感技术与应用，18（6）：441-447.
刘天真，滕桂法，苑迎春，等，2021. 基于改进YOLOv3的自然场景下冬枣果实识别方法[J]. 农业机械学报，52（5）：17-25.
刘卫平，高志涛，刘圣波，等，2015. 基于铱星通信技术的土壤墒情远程监测网络研究[J]. 农业机械学报，46（11）：316-322.
刘卫星，贺群岭，张枫叶，等，2020. 大粒花生品种区域试验的AMMI模型分析[J]. 作物杂志（2）：60-64.
刘晓洋，赵德安，贾伟宽，等，2019. 基于超像素特征的苹果采摘机器人果实分割方法[J].

农业机械学报，50（11）：15-23.
刘永波，胡亮，曹艳，等，2021. 基于U-Net的玉米叶部病斑分割算法[J]. 中国农学通报，37（5）：88-95.
刘治开，牛亚晓，王毅，等，2019. 基于无人机可见光遥感的冬小麦株高估算[J]. 麦类作物学报，39（7）：859-866.
刘忠强，2016. 作物育种辅助决策关键技术研究与应用[D]. 北京：中国农业大学.
路晓崇，杨超，王松峰，等，2021. 基于图像分析技术的烤烟上部叶采收成熟度判别[J]. 烟草科技，54（5）：31-37.
罗金燕，陈磊，路风琴，等，2016. 性诱电子测报系统在斜纹夜蛾监测中的应用[J]. 中国植保导刊，36（10）：50-52.
蒙继华，吴炳方，2013. 基于卫星遥感预测作物成熟期的可行性分析[J]. 遥感技术与应用，28（2）：165-173.
蒙继华，吴炳方，杜鑫，等，2011. 基于HJ-1A/1B数据的冬小麦成熟期遥感预测[J]. 农业工程学报，27（3）：225-230.
牟伶俐，刘钢，黄健熙，2006. 基于Java手机的野外农田数据采集与传输系统设计[J]. 农业工程学报，22（11）：165-169.
牛庆林，冯海宽，杨贵军，等，2018. 基于无人机数码影像的玉米育种材料株高和LAI监测[J]. 农业工程学报，34（5）：73-82.
牛学德，高丙朋，任荣荣，等，2022. 基于轻量级CNN的作物病虫害识别及安卓端应用[J]. 广西师范大学学报（自然科学版），40（6）：59-68.
牛亚晓，张立元，韩文霆，2018. 基于Lab颜色空间的棉花覆盖度提取方法研究[J]. 农业机械学报，49（10）：240-249.
彭红星，徐慧明，刘华鼐，2022. 基于改进ShuffleNet V2的轻量化农作物害虫识别模型[J]. 农业工程学报，38（11）：161-170.
彭卫兵，高宗仙，2017. 性诱害虫远程实时监测系统在蔬菜斜纹夜蛾监测中的应用效果研究[J]. 现代农业科技（10）：106-109.
茹振钢，冯素伟，李淦，2015. 黄淮麦区小麦品种的高产潜力与实现途径[J]. 中国农业科学，48（17）：3388-3393.
阮俊瑾，赵伟时，董晨，等，2015. 球混式精准灌溉施肥系统的设计与试验[J]. 农业工程学报，31（S2）：131-136.
邵泽中，姚青，唐健，等，2020. 面向移动终端的农业害虫图像智能识别系统的研究与开发[J]. 中国农业科学，53（16）：3257-3268.
师志刚，刘群昌，白美健，等，2017. 基于物联网的水肥一体化智能灌溉系统设计及效益分析[J]. 水资源与水工程学报，28（3）：221-227.

史舟，梁宗正，杨媛媛，等，2015. 农业遥感研究现状与展望[J]. 农业机械学报，46（2）：247-260.

宋晗，2016. 基于Zigbee的土壤墒情自动监测系统设计[D]. 石家庄：河北科技大学.

宋慧，刘金荣，王素英，等，2020. GGE双标图评价谷子‘豫谷18’的丰产稳产性和适应性[J]. 中国农业大学学报，25（1）：29-38.

宋鹏，张晗，罗斌，等，2018. 基于多相机成像的玉米果穗考种参数高通量自动提取方法[J]. 农业工程学报，34（14）：181-187.

苏宝峰，刘砥柱，陈启帆，等. 基于时间序列植被指数的小麦条锈病抗性等级鉴定方法[J]. 农业工程学报，2024，40（4）：155-165.

苏伟，蒋坤萍，闫安，等，2018. 基于无人机遥感影像的育种玉米垄数统计监测[J]. 农业工程学报，34（10）：92-98.

孙俊，杨锴锋，罗元秋，等，2021. 基于无人机图像的多尺度感知麦穗计数方法[J]. 农业工程学报，37（23）：136-144.

孙宪印，米勇，王超，等，2021. 基因型和环境及其互作效应对旱地小麦产量性状的影响[J]. 分子植物育种，19（9）：1-18.

孙岩，2016. 便携式土地墒情监测系统设计[J]. 节水灌溉（6）：102-104.

孙艳红，2010. 无线传感器网络在农田温湿度信息采集中构建与应用[D]. 郑州：河南农业大学.

孙忠富，曹洪太，李洪亮，等，2006. 基于GPRS和WEB的温室环境信息采集系统的实现[J]. 农业工程学报，22（6）：131-134.

谭棚文，向红朵，2022. 基于Transformer的图像分割研究[J]. 中国新技术新产品（8）：23-26.

唐为安，田红，陈晓艺，等，2011. 气候变暖背景下安徽省冬小麦产量对气候要素变化的响应[J]. 自然资源学报，26（1）：66-78.

陶惠林，徐良骥，冯海宽，等，2019. 基于无人机数码影像的冬小麦株高和生物量估算[J]. 农业工程学报，35（19）：107-116.

汪睿琪，张炳辉，顾钢，等，2022. 基于YOLOv5的鲜烟叶成熟度识别模型研究[J]. 2023，29（2）：10.

王芬娥，黄高宝，郭维俊，等，2009. 小麦茎秆力学性能与微观结构研究[J]. 农业机械学报，40（5）：92-95.

王汉霞，单福华，田立平，等，2018. 北部冬麦区冬小麦区试品种（系）的稳定性和适应性分析[J]. 作物杂志（5）：40-44.

王虎，李绍明，刘哲，等，2010. 作物品种试验数据预处理系统的设计与实现[J]. 中国农业科技导报，12（2）：138-144.

王虎，杨耀华，李绍明，等，2013. 基于移动端作物大田测试数据采集技术研究与实现[J].

中国农业科技导报，15（4）：156-162.

王金生，闫晓艳，吴俊江，等，2020. 大豆营养高效利用型品种筛选[J]. 大豆科学，39（5）：696-702.

王菁，范晓飞，赵智慧，等，2022. 基于YOLO算法的不同品种枣自然环境下成熟度识别[J]. 中国农机化学报，43（11）：165-171.

王晶晶，李长硕，卓越，等，2022. 基于多时相无人机遥感生育时期优选的冬小麦估产[J]. 农业机械学报，53（9）：197-206.

王君婵，高致富，李东升，等，2018. 农业信息技术在小麦育种中的应用研究[J]. 作物杂志（3）：37-43.

王兰，2019. 山东省小麦玉米产量差及影响因素研究[D]. 泰安：山东农业大学.

王林聪，李志刚，李军，等，2016. 不同波长诱虫灯对红树林主要害虫的诱集作用[J]. 环境昆虫学报，38（5）：1028-1031.

王琳，陈强，施印炎，等，2023. 农业机器人底盘关键技术研究现状分析[J]. 拖拉机与农用运输车，50（5）：1-9.

王茂林，荣二花，张利军，等，2020. 基于图像处理的蓟马计数方法研究[J]. 山西农业科学，48（5）：812-816.

王荣，高荣华，李奇峰，等，2022. 融合特征金字塔与可变形卷积的高密度群养猪计数方法[J]. 农业机械学报，53（10）：252-260.

王同朝，李小艳，李仟，等，2014. 土壤水分互作对夏玉米水分利用效率及产量的影响[J]. 河南农业大学学报，48（3）：280-287.

王曦，2012. 物联网在现代农业中的应用[J]. 云南农业（1）：2.

王雪，郭鑫鑫，2018. 基于GR颜色特征的农田绿色作物分割方法[J]. 黑龙江科学，9（16）：14-19.

王雪，尹来武，郭鑫鑫，2018. 室外多变光照条件下农田绿色作物的图像分割方法[J]. 吉林大学学报（理学版），56（5）：1213-1218.

王永春，李静，王秀东，2021. 新中国成立以来我国粮食生产变动规律研究及趋势展望[J]. 中国农业科技导报，23（1）：1-11.

王振，师韵，李玉彬，2019. 基于改进全卷积神经网络的玉米叶片病斑分割[J]. 计算机工程与应用，55（22）：127-132.

王志良，2010. 物联网现在与未来[M]. 北京：机械工业出版社.

温钊发，蒲智，程曦，等，2023. 基于知识蒸馏与EssNet的田间农作物病害识别[J]. 山东农业科学，55（5）：154-163.

吴芬，徐萍，郭海谦，等，2020. 冬小麦产量差和资源利用效率差及调控途径研究进展[J]. 中国生态农业学报（中英文），28（10）：1551-1567.

吴振深，吴俊，邓惠燕，等，2013. 基于Android智能手机的移动式环境监控系统开发[J]. 三明学院学报，30（2）：32-37.

夏于，孙忠富，杜克明，等，2013. 基于物联网的小麦苗情诊断管理系统设计与实现[J]. 农业工程学报，29（5）：117-124.

谢元澄，何超，于增源，等，2020. 复杂大田场景中麦穗检测级联网络优化方法[J]. 农业机械学报，51（12）：212-219.

徐凌翔，陈佳玮，丁国辉，等，2020. 室内植物表型平台及性状鉴定研究进展和展望[J]. 智慧农业（中英文），2（1）：23-42.

徐蔚波，刘颖，章浩伟，2017. 基于区域生长的图像分割研究进展[J]. 北京生物医学工程，36（3）：317-322.

许高建，沈杰，徐浩宇，2021. 基于Lab颜色空间下的小麦赤霉病图像分割[J]. 中国农业大学学报，26（10）：149-156.

许乃银，荣义华，李健，等，2017. GGE双标图在陆地棉高产稳产和适应性分析中的应用——以长江流域棉区国审棉花新品种‘鄂杂棉30’为例[J]. 中国生态农业学报，25（6）：884-892.

薛卫，程润华，康亚龙，等，2022. 基于GC-Cascade R-CNN的梨叶病斑计数方法[J]. 农业机械学报，53（5）：237-245.

颜安，郭涛，陈全家，等，2020. 基于无人机影像的棉花株高预测[J]. 新疆农业科学，57（8）：1493-1502.

杨会君，王瑞萍，王增莹，等，2021. 基于多视角图像的作物果实三维表型重建[J]. 南京师大学报（自然科学版），44（2）：92-103.

杨久涛，李敏敏，徐兆春，等，2020. 新时期山东省农业生物灾害防控战略思考[J]. 山东农业科学，52（9）：147-152.

杨丽丽，张大卫，罗君，等，2019. 基于SVM 和AdaBoost的棉叶螨危害等级识别[J]. 农业机械学报，50（2）：14-20.

杨秋妹，陈淼彬，黄一桂，等，2023. 基于改进YOLO v5n的猪只盘点算法[J]. 农业机械学报，54（1）：251-262.

杨绍辉，杨卫中，王一鸣，2010. 土壤墒情信息采集与远程监测系统[J]. 农业机械学报，41（9）：173-177.

杨蜀秦，王帅，王鹏飞，等，2022. 改进YOLOX检测单位面积麦穗[J]. 农业工程学报，38（15）：143-149.

杨万里，段凌凤，杨万能，2021. 基于深度学习的水稻表型特征提取和穗质量预测研究[J]. 华中农业大学学报，40（1）：227-235.

杨卫中，王一鸣，石庆兰，等，2010. 吉林市土壤墒情监测系统开发及利用[J]. 农业工程学报，26（S2）：177-181.
杨向东，董建臻，李瑞军，2010. 冀西北坝上地区灯下蛾类群落结构特征[J]. 生态学报，30（15）：4234-4240.
杨秀君，曾娟，2016. 玉米螟标准化性诱监测器及其自动计数系统的监测效果浅析[J]. 中国植保导刊，31（11）：50-53，62.
姚金保，张鹏，余桂红，等，2021. 江苏省小麦品种（系）籽粒产量基因型与环境互作分析[J]. 麦类作物学报，40（2）：191-202.
叶军立，2022. 小麦植株表型性状高通量获取与分析系统关键技术研究[D]. 武汉：华中农业大学.
叶思菁，朱德海，姚晓闯，等，2015. 基于移动GIS的作物种植环境数据采集技术[J]. 农业机械学报，46（9）：325-334.
于海洋，刘艳梅，董燕生，等，2013. 基于空间信息的农作物苗情监测系统[J]. 农业现代化研究，34（2）：253-256.
于辉辉，屠星月，孙敏，2015. 基于Android 手机客户端的棉花病虫害诊断专家系统研究[J]. 山东农业科学，47（2）：125-128，138.
余小东，杨孟辑，张海清，等，2020. 基于迁移学习的农作物病虫害检测方法研究与应用[J]. 农业机械学报，51（10）：252-258.
臧贺藏，曹廷杰，张杰，等，2021. 不同生态条件下小麦新品种产量的基因型与环境互作分析[J]. 华北农学报，36（6）：88-95.
臧贺藏，王来刚，李国强，等，2013. 物联网技术在我国粮食作物生产过程中的应用进展[J]. 河南农业科学，42（5）：20-23.
臧贺藏，张杰，王来刚，等，2015. 基于物联网技术的粮食作物生长远程监控与诊断平台研究[J]. 中国农机化学报，36（4）：185-188，208.
曾伟辉，张文凤，陈鹏，等，2022. 基于SCResNeSt的低分辨率水稻害虫图像识别方法[J]. 农业机械学报，53（9）：277-285.
曾旭辉，彭宏，蒋厚良，等，2020. 利用R语言GGE双标图评价玉米区域试验：以2018年江苏淮北玉米区域试验为例[J]. 玉米科学，28（5）：60-66.
曾智勇，2022. 我国玉米生产现状分析及建议[J]. 粮油与饲料科技（3）：4-8.
张伏，陈自均，鲍若飞，等，2021. 基于改进型YOLOv4-LITE轻量级神经网络的密集圣女果识别[J]. 农业工程学报，37（16）：270-278.
张国彦，张跃进，苏战平，等，2005. 佳多自动虫情测报灯和普通黑光灯灯下主要害虫消长规律的比较[J]. 植物保护，31（3）：74-76.
张航，程清，武英洁，等，2018. 一种基于卷积神经网络的小麦病害识别方法[J]. 山东农业科学，50（3）：137-141.

张领先，陈运强，李云霞，等，2019. 基于卷积神经网络的冬小麦麦穗检测计数系统[J]. 农业机械学报，50（3）：144-150.

张璐，黄琳，李备备，等，2021. 基于多尺度融合与无锚点YOLO v3的鱼群计数方法[J]. 农业机械学报，52（增刊）：237-244.

张鹏鹏，2021. 基于机器学习的小麦穗检测及其产量卫星遥感预测研究[D]. 扬州：扬州大学.

张琴，黄文江，许童羽，等，2011. 小麦苗情远程监测与诊断系统[J]. 农业工程学报，27（12）：115-119.

张文静，赵性祥，丁睿柔，等，2021. 基于Faster R-CNN算法的番茄识别检测方法[J]. 山东农业大学学报（自然科学版），52（4）：624-630.

张小斌，戴美松，施泽彬，等，2016. 梨育种数据管理和采集系统设计与实践[J]. 果树学报，33（7）：882-890.

张新良，夏亚飞，夏楠，等，2020. 基于K均值聚类与标记分水岭的棉花图像分割[J]. 传感器与微系统，39（3）：147-149.

张秀丽，周湘铭，赵任重，等，2023. 基于3种不同颜色空间的作物行提取方法比较研究[J]. 江苏农业科学，51（10）：211-219.

张绪利，2015. 土壤墒情信息采集与远程监控系统设计[D]. 西安：西安科技大学.

张毅，2018. 我国冬油菜区域试验品种的高产稳产和适应性分析[J]. 中国油料作物学报，40（3）：359-366.

张毅，许乃银，郭利磊，等，2020. 我国北部冬麦区小麦区域试验重复次数和试点数量的优化设计[J]. 作物学报，46（8）：1166-1173.

张越，王逊，2024. 基于改进Swin-Unet的遥感图像分割方法[J]. 无线电工程，54（5）：1217-1225.

赵春江，2019. 植物表型组学大数据及其研究进展[J]. 农业大数据学报，1（2）：5-18.

赵广才，常旭虹，王德梅，等，2018. 小麦生产概况及其发展[J]. 作物杂志，185（4）：1-7.

赵雷，2014. 土壤墒情信息采集与远程监控系统的设计[D]. 哈尔滨：黑龙江大学.

郑国清，程永政，冯晓，等，2009. 河南省农科院农业信息化技术研究进展与发展方向[J]. 河南农业科学（9）：212-216.

郑国清，段韶芬，乔淑，等，2007. 以农业信息化助推社会主义新农村建设[J]. 农业网络信息（3）：4-6，10.

郑国清，尹红征，段韶芬，2004. 论农业信息化、农业现代化与现代农业[J]. 河南农业科学（11）：39-42.

中华人民共和国国家统计局，2022. 中国统计年鉴[M]. 北京：中国统计出版社.

中华人民共和国国家质量监督检验检疫总局，中国国家标准化管理委员会，2009. 棉铃虫测报调查规范：GB/T 15800—2009 [S]. 北京：中国标准出版社.

中华人民共和国国家质量监督检验检疫总局，中国国家标准化管理委员会，2009. 十字花科蔬菜病虫害测报技术规范（小菜蛾）：GB/T 23392. 3—2009 [S]. 北京：中国标准出版社.

中华人民共和国国家质量监督检验检疫总局，中国国家标准化管理委员会，2009. 黏虫测报调查规范：GB/T 15798—2009 [S]. 北京：中国标准出版社.

中华人民共和国农业部，2002. 小麦吸浆虫测报调查规范：NY/T 616—2002 [S]. 北京：中国农业出版社农业标准出版分社.

中华人民共和国农业部，2002. 小麦蚜虫测报调查规范：NY/T 612—2002[S]. 北京：中国农业出版社农业标准出版分社.

中华人民共和国农业部，2008. 桃小食心虫测报技术规范：NY/T 1610—2008 [S]. 北京：中国农业出版社农业标准出版分社.

中华人民共和国农业部，2015. 农作物害虫性诱监测技术规范（螟蛾类）：NY/T 2732—2015[S]. 北京：中国农业出版社农业标准出版分社.

中华人民共和国农业部，2017. 玉米螟测报技术规范：NY/T 1611—2017 [S]. 北京：中国农业出版社农业标准出版分社.

中华人民共和国农业行业标准，2006. 农作物品种试验技术规程　玉米[S]. 中华人民共和国农业部.

周浩，唐昀超，邹湘军，等，2023. 农业采摘机器人视觉感知关键技术研究[J]. 农机化研究，45（6）：68-75.

周立鸣，邵小龙，徐文，2019. 基于消费级无人机监测水稻成熟度研究[J]. 粮食科技与经济，44（12）：44-48.

周文杰，赵庆展，靳光才，等，2016. 基于移动GIS的棉蚜虫害监测预警系统的构建[J]. 河南农业科学，45（9）：163-168.

AICH S，JOSUTTES A，OVSYANNIKOV I，et al.，2018. DeepWheat：Estimating Phenotypic Traits from Crop Images with Deep Learning [C]. Proceedings-2018 IEEE Winter Conference on Applications of Computer Vision.

ALKHUDAYDI T，ZHOU J，LA LGLESIA B D，2019. SpikeletFCN：Counting Spikelets from Infield Wheat Crop Images Using Fully Convolutional Networks[J]. Artificial Intelligence and Soft Computing，3-13.

BADRINARAYANAN V，KENDALL A，CIPOLLA R，2017. SegNet：a deep convolutional encoder-decoder architecture for image segmentation[J]. IEEE Transactions on Pattern Analysis & Machine Intelligence，39（12）：2481-2495.

BELLOCCHIO E，COSTANTE G，CASCIANELLI S，et al.，2020. Combining domain adaptation and spatial consistency for unseen fruits counting: a quasi-unsupervised approach [J]. IEEE Robotics and Automation Letters, 5 (2): 1079–1086.

BERRY P M, SPINK J, 2012. Predicting yield losses caused by lodging in wheat[J]. Field Crop Research, 137: 19–26.

BOCHKOVSKIY A, WANG C Y, LIAO H Y M, 2024. YOLOv4: Optimal speed and accuracy of object detection[J]. Journal of Computer and Communications, 10 (8): 10934.

BORGHI P H, BORGES R C, TEIXEIRA J P, 2021. Atrial fibrillation classification based on MLP networks by extracting jitter and shimmer parameters[J]. Procedia Computer Science, 181 (8): 931–939.

BORJI A, CHENG M M, HOU Q, et al., 2019. Salient object detection: a survey[J]. Computational Visual Media, 5 (2): 117–150.

BU F Y, WANG X, 2019. A smart agriculture IoT system based on deep reinforcement learning[J]. Future generation computer systems, 99 (10): 500–507.

CANDIAGO S, REMONDINO F, DE GIGLIOM, et al., 2015. Evaluating multispectral images and vegetation indices for precision farming applications from UAV images [J]. Remote Sensing, 7 (4): 4026–4047.

CAO H, WANG Y Y, CHEN J, et al., 2021. Swin-Unet: Unet-like pure transformer for medical image segmentation [C]. arXiv-CS-Computer Vision and Pattern Recognition.

CAO H, WANG Y, CHEN J, et al., 2021. Swin-unet: Unet-like pure transformer for medical image segmentation [J]. arXiv preprint arXiv, 05537.

CARUANA R, 1993. Multitask learning: a knowledge-based source of inductive bias. Machine Learning [J]. Proceedings of the Tenth International Conference, 7: 41–48.

CHANG A, EO Y, KIM S, et al., 2011. Canopy cover thematic-map generation for military Map products using remote sensing data in inaccessible areas [J]. Landscape and Ecological Engineering, 7 (2): 263–274.

CHAUHAN S, DARVISHZADEH R, BOSCHETTI M, et al., 2019. Remote sensing-based crop lodging assessment: Current status andperspectives[J]. ISPRS Journal of Photogrammetry andRemote Sensing, 151 (5): 124–140.

CHAUHAN S, DARVISHZADEH R, BOSCHETTI M, et al., 2020. Discriminant analysis for lodging severity classification in wheat using RADARSAT-2 and Sentinel-1 data[J]. ISPRS Journal of Photogrammetry and Remote Sensing, 164: 138–151.

CHEN C, FRANK K, WANG T, et al., 2021. Global wheat trade and codex alimentarius guidelines for deoxynivalenol: A mycotoxin common in wheat [J]. Global Food Security, 29: 100538.

CHEN L C, PAPANDREOU G, SCHROFF F, et al., 2017. Rethinking atrous convolution for semantic image segmentation[J]. arXiv preprint arXiv, 05587.

CHEN L C, ZHU Y, PAPANDREOU G, et al., 2018. Encoder-decoder with atrous separable convolution for semantic image segmentation. Proceedings of the European conference on computer vision（ECCV）: 801-818.

CHEN L, QU H, ZHAO J, et al., 2016. Effificient and robust deep learning with Correntropy-induced loss function [J]. Neural Computation, 27: 1019-1031.

CHEN T T, ZHANG J L, CHEN Y, et al., 2019. Detection of peanut leaf spots disease using canopy hyperspectral reflectance [J]. Computers and Electronics in Agriculture, 156: 677-683.

CHOI K H, HAN S K, PARK K H, et al., 2015. Morphology-based guidance line extraction for an autonomous weeding robot in paddy fields [J]. Computers & Electronics in Agriculture, 113: 266-274.

CORTINOVIS G, VITTORI V D, BELLUCCI E, et al., 2020. Adaptation to novel environments during crop diversification [J]. Current Opinion in Plant Biology, 56: 203-217.

DAI Y, GAO Y, LIU F, 2021. Transmed: Transformers advance multimodal medical image classification [J]. Diagnostics, 11（8）: 1384.

DAVID E, MADEC S, SADEGHI-TEHRAN P, et al., 2020. Global Wheat Head Detection（GWHD） dataset: a large and diverse dataset of high resolution RGB labelled images to develop and benchmark wheat head detection methods [J]. Plant Phenomics, 2（1）: 12.

DEVI V S, MEENA L, 2017. Parallel MCNN（pMCNN） with application to prototype selection on large and streaming data[J]. Journal of Artificial Intelligence and Soft Computing Research, 7（3）: 7-11.

DU J J, LI B, LU X J, et al., 2022. Quantitative phenotyping and evaluation for lettuce leaves of multiple semantic components [J]. Plant Methods, 18（1）: 54.

DUAN L F, HAN J W, GUO Z L, et al., 2018. Novel digital features discriminate between drought resistant and drought sensitive rice under controlled and field conditions [J]. Frontiers in Plant Science, 9: 492.

DUAN T, CHAPMAN S C, GUO Y, et al., 2017. Dynamic monitoring of NDVI in wheat agronomy and bedding trials using an unmanned aerial vehicle [J]. Field crops research, 210: 71-80.

DUAN T, CHAPMAN S C, GUO Y, et al., 2017. Dynamic monitoring of NDVI in wheat agronomy and breeding trials using an unmanned aerial vehicle [J]. Field Crops Research,

210：71-80.

EITEL J U，MAGNEY T S，VIERLING L A，et al.，2016. An automated method to quantify crop height and calibrate satellite-derived biomass using hypertemporal lidar [J]. Remote Sensing of Environment，187：414-422.

FANG Y C，2020. Image motion compensation control technology of unmanned aerial vehicle （UA V） airborne photoelectric reconnaissance platform [J]. Journal of Nanoelectronics and Optoelectronics，15（6）：753-761.

FERNANDEZ-GALLEGO J A，KEFAUVER S C，GUTIÉRREZ N A，et al.，2018. Wheat ear counting infield conditions：high throughput and lowcost approach using RGB images [J]. Plant Methods，14：22.

FERNANDEZ-GALLEGO J，BUCHAILLOT M，APARICIO GUTIÉRREZ，et al.，2019. Automatic wheat ear counting using thermal imagery [J]. Remote Sensing，11（7）：751-764.

FORLANI G，DALL' ASTA E，DIOTRI F，et al.，2018. Quality assessment of DSMs produced from UA V flights georeferenced with on-board RTK positioning [J]. Remote Sensing，10（2）：311.

FOULKES M J，SLAFER G A，DAVIES W J，et al.，2010. Raising yield potential of wheat. Ⅲ. Optimizing partitioning to grain while maintaining lodging resistance[J]. J. Exp. Bot.，62：469-486.

FRANCESCHINI M H D，BARTHOLOMEUS H，APELDOORN D F et al.，2019. Feasibility of unmanned aerial vehicle optical imagery for early detection and severity assessment of late blight in potato [J]. Remote Sensing，11（3）：224.

FRITSCHE-NETO R，BORÉM A，2015. Phenomics [M]. Switzerland：Springer International Publishing.

FUENTES A，YOON S，KIM S C，et al.，2017. A robust deeplearning-based detector for real-time tomato plant diseases and pests recognition[J]. Sensors，17（9）：2022.

GAO J，WANG Q，YUAN Y，2019. SCAR：spatial-/channel-wise attention regression networks for crowd counting[J]. Neurocomputing，363：1-8.

GENG X，WANG F，REN W，et al.，2019. Climate change impacts on wheat yield in Northern China [J]. Advances in Meteorology（2）：1-12.

GILLIOT J M，MICHELIN J，HADJARD D，et al.，2021. An accurate method for predicting spatial variability of maize yield from UAV-based plant height estimation：A tool for monitoring agronomic field experiments [J]. Precision Agriculture，22（3）：897-921.

GOU F，VAN ITTERSUM M K，WANG G，et al.，2016. Yield and yield components of

wheat and maize in wheat-maize intercropping in the Netherlands[J]. European Journal of Agronomy，76：17–27.

GUO A T，HUANG W J，DONG Y Y，et al.，2021. Wheat yellow rust detection using UAV-based hyperspectral technology [J]. Remote Sensing，13（1）：13010123.

GUO Q，WU F，PANG S，et al.，2018. Crop 3D-a LiDAR based platform for 3D high-throughput crop phenotyping [J]. Science China-Life Science，61（3）：328–339.

GUO Z L，YANG W N，CHANG Y，et al.，2018. Genome-wide association studies of image traits reveal genetic architecture of drought resistance in rice [J]. Molecular Plant，11（6）：789–805.

HAN T H，KUO Y F，2018. Developing a system for three-dimensional quantification of root traits of rice seedlings [J]. Computers and Electronics in Agriculture，152：90–100.

HAN Y Y，WANG K Y，LIU Z Q，et al.，2017. A crop trait information acquisition system with multitag-based identification technologies for breeding precision management [J]. Computers and Electronics in Agriculture，135（1）：71–80.

HANG F，HAO X Y，2020. The methods of information acquisition and information fusion of the photoelectric sensor-based quadrotor unmanned aerial vehicle [J]. Journal of Nanoelectronics and Optoelectronics，15（1）：82–91.

HANSEN P M，SCHJOERRING J K，2003. Reflectance measurement of canopy biomass and nitrogen status in wheat crops using normalized difference vegetation indices and partial least square regression [J]. Remote Sensing of Environment，86：542–553.

HASAN M M，CHOPIN J P，LAGA H，et al.，2018. Detection and analysis of wheat spikes using convolutional neural networks[J]. Plant Methods，14：100.

HASSAN M A，YANG M，FU L，et al.，2019. Accuracy assessment of plant height using an unmanned aerial vehicle for quantitative genomic analysis in bread wheat [J]. Plant Methods，15：37.

HASSAN M A，YANG M，RASHEED A，et al.，2019. A rapid monitoring of NDVI across the wheat growth cycle for grain yield prediction using a multispectral UAV platform [J]. Plant Science，282：95–103.

HE K M，ZHANG X Y，REN S P，et al.，2016. Deep residual learning for image recognition [C]. Salt Lake City：Proceedings of the IEEE Conference on Computer Vision and Pattern Recognition.

HE M X，HAO P，XIN Y Z，2020. A robust method for wheatear detection using UAV in natural scenes [J]. IEEE，189：43–53.

HEIN N T，CIAMPITTI L A，JAGADISH S V K，2021. Bottlenecks and opportunities in field-based high-throughput phenotyping for heat and drought stress [J]. Journal of Experimental Botany，72（14）：5102–5116.

HE K，ZHANG X，REN S，et al.，2016. Deep residual learning for image recognition[C]// Proceedings of the IEEE conference on computer vision and pattern recognition：770–778.

HINTON G E，OSINDERO S，TEH Y W，2006. A fast learning algorithm for deep belief nets. Naural. Comput，18（7）：1527–1554.

HODGSON J C，BAYLIS S M，MOTT R，et al.，2016. Precision wildlife monitoring using unmanned aerial vehicles [J]. Scientific Reports，6：22574.

HOWARD A，SANDLER M，CHU G，et al.，2019. Searching for MobileNetV3 [J]. arXiv-CS-Computer Vision and Pattern Recognition，02244.

HU J，SHEN L，SUN G，2018. Squeeze-and-excitation networks [C]. Salt Lake City：In Proceedings of the IEEE Conference on Computer Vision and Pattern Recognition.

HU J，SHEN L，SUN G，2018. Squeeze-and-excitation networks. In：Proceedings of the IEEE Conference on Computer Vision and Pattern Recognition：7132–7141.

HUGHES D，SALATHÉ M，2015. An open access repository of images on plant health to enable the development of mobile disease diagnostics[J]. arXiv preprint arXiv：1511. 08060.

HUSSAIN N，KHAN M A，TARIQ U，et al.，2022. Multiclass Cucumber Leaf Diseases Recognition Using Best Feature Selection [J]. Comput. Mater. Contin，2：3281–3294.

IQBAL F，LUCIEER A，BARRY K，et al.，2017. Poppy crop height and capsule volume estimation from a single UAS flight [J]. Remote Sensing，9（7）：647.

JIANG G，WANG Z，LIU H，2015. Automatic detection of crop rows based on multi-ROIs [J]. Expert Systems with Applications，42（5）：2429–2441.

JIANG Y，LI C Y，2020. Convolutional neural networks for image-based high-throughput plant phenotyping：A review [J]. Plant Phenomics，2（1）：22.

JIMENEZ-BERNI J A，DEERY D M，ROZAS-LARRAONDO P，et al.，2018. High throughput determination of plant height，ground cover，and above-ground biomass in wheat with LiDAR [J]. Frontiers in Plant Science，9：237.

JIN S，SU Y，ZHANG Y，et al.，2021. Exploring seasonal and circadian Rhythms in structural traits of field maize from LiDAR time series [J]. Plant Phenomics，2021：9895241.

JIN X L，LIU S Y，BARET F，et al.，2017. Estimates of plant density of wheat crops at emergence from very low altitude UA V imagery [J]. Remote Sensing of Environment，198：105–114.

JIN X，ZARCO-TEJADA P，SCHMIDHALTER U，et al.，2020. High-throughput esimation of crop traits：A review of ground and aerial phenotyping platforms [J]. IEEE Geoscience and

Remote Sensing Magazine，9（1）：200-231.

KAMILARIS A，PRENAFETA-BOLDÚ F X，2018. Deep learning in agriculture：A survey [J]. Computers and electronics in agriculture，147：70-90.

KATE M，LISA J，BONNIE S，2012. Implementation of bar-code technology in a tree fruit breeding program [J]. Hortscience Science，47（1）：149-149.

KHAKI S，SAFAEI N，PHAM H，et al.，2021. WheatNet：A Lightweight Convolutional Neural Network for High-throughput1 Image-based Wheat Head Detection and Counting [J].

KHAN Z，CHOPIN J，CAI J，et al.，2018. Quantitative estimation of wheat phenotyping traits using ground and aerial imagery [J]. Remote Sensing，10（6）：950.

KHOROSHEVSKY F，KHOROSHEVSKY S，BAR-HILLEL A，2021. Parts-per-Object Count in Agricultural Images：Solving Phenotyping Problems via a Single Deep Neural Network [J]. Remote Sensing，13，2496.

KUMAR S，MOHAN S，SKITOVA V，2023. Designing and implementing a versatile agricultural robot：A vehicle manipulator system for efficient multitasking in farming operations [J]. Machines，11（8）：776.

KUTIC，LANG L，BEDO Z，2003. Computerised recording of mass measurement data from field experiments [J]. Novenytermeles，52（3-4）：329-340.

LAITINEN R A E，NIKOLOSKI Z，2019. Genetic basis of plasticity in plants [J]. Journal of Experimental Botany，70（3）：739-745.

LECUN Y，BENGIO Y，HINTON G，2015. Deep learning[J]. Nature，521（7553）：436-444.

LI B Q，CHEN L，SUN W N，et al.，2020. Phenomics-based GWAS analysis reveals the genetic architecture for drought resistance in cotton [J]. Plant Biotechnology Journal，18（12）：2533-2544.

LI J B，LI C C，FEI S P，et al.，2021. Wheat Ear Recognition Based on RetinaNet and T ransfer Learning [J]. Sensors，21（14）：4845.

LI L，HASSAN MA，YANG S，et al.，2022. Development of image-based wheat spike counter through a Faster R-CNN algorithm and application for genetic studies[J]. The Crop Journal（5）：1303-1311.

LI L，WANG B，FENG P，et al.，2021. Crop yield forecasting and associated optimum lead time analysis based on multi-source environmental data across China [J]. Agricultural and Forest Meteorology，10：308-309.

LI W，NIU Z，CHEN H Y，et al.，2016. Remote estimation of canopy height and aboveground biomass of maize using high-resolution stereo images from a low-cost unmanned aerial vehicle system [J]. Ecological Indicators，67：637–648.

LI Y，QIAO T，LENG W，et al.，2022. Semantic Segmentation of Wheat Stripe Rust Images Using Deep Learning [J]. Agronomy，12：2933.

LI Y，QIAO T，LENG W，et al.，2022. Semantic segmentation of wheat stripe rust images using deep learning [J]. Agronomy，12：2933.

LI Y，WEN W，MIAO T，et al.，2022. Automatic organ-level point cloud segmentation of maize shoots by integrating high-throughput data acquisition and deep learning [J]. Computers and Electronics in Agriculture，193：106702.

LI Y，ZHANG X，CHEN D，2018. CSRNet：dilated convolutional neural networks for understanding the highly congested scenes[C] // IEEE/CVF Conference on Computer Vision and Pattern Recognition，IEEE：1091–1100.

LI Z Q，CHEN J S，2015. Superpixel segmentation using linear spectral clustering[C]//Proc of IEEE Conference on Computer Vision and Pattern Recognition：IEEE Press，1356–1363.

LIN K，GONG L，HUANG Y X，et al.，2019. Deep learning-based segmentation and quantification of cucumber powdery mildew using convolutional neural network [J]. Frontiers in Plant Science，10：00155.

LIN T Y，GOYAL P ，GIRSHICK R，et al.，2017. Focal loss for dense object detection[J]. IEEE Transactions on Pattern Analysis & Machine Intelligence，99：2999–3007.

LING X，ZHAO Y，GONG L，et al.，2019. Dual-arm cooperation and implementing for robotic harvesting tomato using binocular vision [J]. Robotics and Autonomous Systems，114：134–143.

LIU H Y，YANG G J，ZHU H C，2014. The extraction of wheat lodging area in UAV's image used spectral and texture features [J]. Applied Mechanics and Materials，651–653：2390–2393.

LIU J，WANG X W，2020. Tomato diseases and pests detection based on improved Yolo V3 convolutional neural network[J]. Frontiers in Plant Science，11：898.

LIU S B，YIN D M，FENG H K，et al.，2022. Estimating maize seedling number with UAV RGB images and advanced image processing methods [J]. Precision Agriculture，23：1604–1632.

LIU S Y，BARET F，ALLARD D，et al.，2017. A method to estimate plant density and plant spacing heterogeneity：Application to wheat crops [J]. Plant Methods，13：38.

LIU S Y，BARET F，ANDRIEU B，et al.，2017. Estimation of wheat plant density at early stages using high resolution imagery [J]. Frontiers in Plant Science，5：00739.

LIU W，ANGUELOV D，ERHAN D，et al.，2016. SSD：Single shot multibox detector[C]//.

In European Conference on Computer Vision，The Netherlands：Amsterdam，21−37.

LIU W，DURASOV N，FUA P，2022. Leveraging self-supervision for cross-domain crowd counting[C] // IEEE/CVF Conference on Computer Vision and Pattern Recognition，IEEE：5341−5352.

LIU W，SALZMANN M，FUA P，2019. Context-aware crowd counting[C] // IEEE/CVF Conference on Computer Vision and Pattern Recognition，IEEE：5099−5108.

LIU X Y，ZHAO D，JIA W K，et al，2019. A detection method for apple fruits based on color and shape features [J]. IEEE Access，7：67923−67933.

LIU Z，LIN Y，CAO Y，et al.，“Swin transformer：Hierarchical vision transformer using shifted windows，” CoRR，vol. abs/2103. 14030，2021.

LONG J，SHELHAMER E，DARRELL T，2015. Fully convolutional networks for semantic segmentation[J]. IEEE Transactions on Pattern Analysis and Machine Intelligence，39（4）：640−651.

LU H，LIU L，LI Y N，et al.，2021. TasselNetv3：Explainable Plant Counting With Guided Upsampling and Background Suppression [J]. IEEE Transactions on Geoscience and Remote Sensing，60：1−15.

LU J，HU J，ZHAO G，et al，2017. An in-field automatic wheat disease diagnosis system[J]. Computers and Electronics in Agriculture，142：369−379.

MA L，LIU Y，ZHANG X，et al.，2019. Deep learning in remote sensing applications：A meta-analysis and review [J]. ISPRS journal of photogrammetry and remote sensing，152：166−177.

MA Z，DU R，XIE J，et al.，2023. Phenotyping of silique morphology in oilseed rape using skeletonization with hierarchical segmentation [J]. Plant Phenomics，5：27.

MA Z，WEI X，HONG X，et al.，2019. Bayesian loss for crowd count estimation with point supervision[C] // IEEE/CVF Conference on Computer Vision，IEEE：6142−6151.

MADEC S，BARET F，SOLAN B D，et al.，2017. Highthroughput phenotyping of plant height：Comparing unmanned aerial vehicles and ground lidar estimates [J]. Frontiers in Plant Science，11：02002.

MADEC S，JIN X L，LU H，et al.，2019. Ear density estimation from high resolution RGB imagery using deep learning technique[J]. Agricultural and Forest Meteorology，264：225−234.

MAO W T，SHI H D，WANG G S，et al.，2022. Unsupervised deep multitask anomaly detection with robust alarm strategy for online evaluation of bearing early fault occurrence[J]. IEEE Transactions on Instrumentation and Measurement，71：1−13.

MARDANISAMANI S, MALEKI F, KASSANI S H, et al., 2019. Crop lodging prediction from UAV-acquired images of wheat and canola using a DCNN augmented with handcrafted texture features[C]//. 2019 IEEE/CVF Conference on Computer Vision and Pattern Recognition Workshops (CVPRW), 2657-2664.

MARDANISAMANI S, MALEKI F, KASSANI S H, et al., 2019. Crop lodging prediction from UAV-acquired images of wheat and canola using a DCNN augmented with handcrafted texture features[J]. arXiv-CS-Computer Vision and Pattern Recognition: 2657-2664.

MDYA B, JGB C, HUI P, et al., 2020. Adaptive autonomous UAV scouting for rice lodging assessment using edge computing with deep learning EDANet[J]. Computers and Electronics in Agriculture, 179 (10): 5817.

MILLETARI F, NAVAB N, AHMADI S A, 2016. V-Net: Fully Convolutional Neural Networks for Volumetric Medical Image Segmentation[J]. Computer Vision and Pattern Recognition, 04797.

MISRA T, ARORA A, MARWAHA S, et al., 2020. SpikeSegNet-a deep learning approach utilizing encoder-decoder network with hourglass for spike segmentation and counting in wheat plant from visual imaging[J]. Plant Methods, 16: 40.

MODI R U, CHANDEL A K, CHANDEL N S, et al., 2023. State-of-the-art computer vision techniques for automated sugarcane lodging classification [J]. Field Crops Research, 291: 108797.

MULLER C G, CANALE F, CRUZ A D, 2022. Green innovation in the Latin American agri-food industry: understanding the influence of family involvement and business practices [J]. British Food Journal, 124 (7): 2209-2238.

NAM W H, CHOI J Y, YOO S H, et al., 2012. A real-time online drought broadcast system for monitoring soil moisture index[J]. Ksce Journal of Civil Engineering, 16 (3): 357-365.

NAZKI H, YOON S, FUENTES A, et al., 2020. Unsupervised image translation using adversarial networks for improved plant disease recognition [J]. Computers and Electronics in Agriculture, 168: 105117.

NGUYEN T T, HOANG T D, PHAM M T, et al., 2020. Monitoring agriculture areas with satellite images and deep learning [J]. Applied Soft Computing, 95 (10): 106565.

NGUYEN T, PHAM C, NGUYEN K, et al., 2022. Few-shot object counting and detection[C] // European Conference on Computer Vision, Springer: 348-365.

NICHOLLS N, 1997. Increased Australian wheat yield due to recent climate trends [J]. Nature, 387 (6632): 484-485.

NIU Y X, ZHANG L Y, HAN W T, et al., 2018. Fractional vegetation cover extraction method of winter wheat based on UAV remote sensing and vegetation index [J]. Transactions of the Chinese Society for Agricultural Machinery, 49（4）: 212–221.

OEHME L H, REINEKE A J, WEIB T M, et al., 2022. Remote sensing of maize plant height at different growth stages using UA V-based digital surface models（DSM）[J]. Agronomy, 12（4）: 958.

PENG D, CHEN X, YIN Y, et al., 2014. Lodging resistance of winter wheat（Triticum aestivum L.）: Lignin accumulation and its related enzymes activities due to the application of paclobutrazol or gibberellin acid[J]. Field Crop Research, 157: 1–7.

PIÑERA-CHAVEZ F, BERRY P, FOULKES M, et al., 2016. Avoiding lodging in irrigated spring wheat. I. Stem and root structural requirements [J]. Field Crop Research, 196: 325–336.

PINTHUS M J, 1974. Lodging in Wheat, Barley, and Oats: The Phenomenon, its causes, and preventive measures[J]. Advances in Agronomy, 25, 209–263.

PUJARI J D, YAKKUNDIMATH R, BYADGI A S, 2014. Detection and classification of fungal disease with Radon transform and support vector machine affected on cereals [J]. International Journal of Computational Vision and Robotics, 4（4）: 261–273

QIAN S W, DU J M, ZHOU J A, et al., 2023. An effective pest detection method with automatic data augmentation strategy in the agricultural field[J]. Signal image and video processing, 17（2）: 563–571.

QIN X, ZHANG Z, HUANG C, et al., 2020. U2-Net: Going deeper with nested u-structure for salient object detection [J]. Pattern Recognition, 106: 107404.

RAJAPAKSA S, ERAMIAN M, DUDDU H, et al., 2018. Classification of crop lodging with gray level co-occurrence matrix[C]//2018 IEEE Winter Conference on Applications of Computer Vision（WACV）. IEEE: 251–258.

RANJAN R, PATEL V M, CHELLAPPA R, 2017. HyperFace: a deep multi-task learning framework for face detection, landmark localization, pose estimation, and gender recognition [J]. IEEE Transactions on Pattern Analysis and Machine Intelligence, 41（1）: 121–135.

RAO Y M, ZHAO W L, ZHU Z, et al., 2021. Global filter networks for image classification. arXiv-CS-Machine Learning.

REDMON J, DIVVALA S, GIRSHICK R, et al., 2016. You only look once: Unified, real-time object detection. In Proceedings of the IEEE Conference on Computer Vision and Pattern Recognition, Las Vegas, NV, USA: 779–788.

REDMON J，FARHADI A，2017. YOLO9000：Better，faster，stronger[C]//. Computer Vision and Pattern Recognition（CVPR 2017），Honolulu，HI，USA，7263-7271.

RISCHBECK P，ELSAYED S，MISTELE B，et al.，2016. Data fusion of spectral，thermal and canopy height parameters for improved yield prediction of drought stressed spring barley [J]. European Journal of Agronomy，78：44-59.

REDMON J，FARHADI A，2018. Yolov3：An incremental improvement[J]. Computer Science，3（3）：1-6.

REDMON J，DIVVALA S，GIRSHICK R，et al.，2016. You Only Look Once：unified，real-time object detection [J]. arXiv：1506.02640.

ROBLIN P，BARROW D，2000. Microsystems technology for remote monitoring and control in sustainable agricultural practices [J]. Journal of Environmental Monitoring，2（5）：385-392.

RONNEBERGER O，FISCHER P，BROX T，2015. U Net：convolutional networks for biomedical image segmentation[J]. arXiv preprint arXiv：1505. 04597.

RUDER S，2017. An overview of multi-task learning in deep neural networks. arXiv-CS-Artificial Intelligence.

RUSSELL B C，TORRALBA A，MURPHY K P，et al.，2008. Labelme：a database and web-based tool for image annotation[J]. International Journal of Computer Vision，77（1-3）：157-173.

SADEGHI-TEHRAN P，VIRLET N，M. AMPE E，et al.，2019. DeepCount：In-Field Automatic Quantification of Wheat Spikes Using Simple Linear Iterative Clustering and Deep Convolutional Neural Networks. Frontiers in Plant Science，10（1176）：1-16.

SAKAMOTO T，YOKOZAWA M，TORITANI H，et al.，2005. A crop phenology detection method using time-series MODIS data[J]. Remote Sensing of Environment，96（3/4）：366-374.

SANKARAN S，KHOT L R，CARTER A H，2015. Field-based crop phenotyping：Multispectral aerial imaging for evaluation of winter wheat emergence and spring stand [J]. Computers and Electronics Agriculture，118：372-379.

SCHMIDT J，CLAUSSEN J，WÖRLEIN N，et al.，2020. Drought and heat stress tolerance screening in wheat using computed tomography [J]. Plant Methods，16（1）：1-12.

SCHWARTZ S，2013. Digital phenotyping of field crops under field conditions [C]// In plant and animal genome XXI conference. Plant & Animal Genome.

SENAPATI N，SEMENOV M A，2020. Large genetic yield potential and genetic yield gap estimated for wheat in Europe [J]. *Global Food Security*，24（3）：1-9.

SHAFIEE S, LIED L M, BURUD I, et al., 2021. Sequential forward selection and support vector regression in comparison to LASSO regression for spring wheat yield prediction based on UAV imagery [J]. Computers and Electronics in Agriculture, 183: 106036.

SHARMA I, TYAGI B S, SINGH G, et al., 2015. Enhancing wheat production-a global perspective [J]. Indian Journal of Agricultural Sciences, 85（1）: 3-13.

SHARMA V, TRIPATHI A K, MITTAL H, 2022. Technological Advancements in Automated Crop Pest and Disease Detection: A Review & Ongoing Research. International Conference on Computing, Communication. In Proceedings of the 2022 International Conference on Computing, Communication, Security and Intelligent Systems（IC3SIS）, Kochi, India, 23-25.

SHELHAMER E, LONG J, DARRELL T, 2017. Fully convolutional networks for semantic segmentation[J]. IEEE Transactions on Pattern Analysis and Machine Intelligence, 39（4）: 640-651.

SHI J B, MALIK J, 2000. Normalized cuts and image segmentation[J]. IEEE Trans on Pattern Analysis and Machine Intelligence, 22（8）: 888-905.

SHI Y, HUANG W J, GONZALEZ-MORENO P, et al., 2018. Wavelet-based rust spectral feature set （WRSFs）: A novel spectral feature set based on continuous wavelet transformation for tracking progressive hostpathogen interaction of yellow rust on wheat [J]. Remote Sensing, 10（4）: 525.

SHI Z, METTES P, SNOEK C G, 2019. Counting with focus for free[C] // IEEE/CVF Conference on Computer Vision, IEEE: 4200-4209.

SHU W, WAN J, TAN K C, et al., 2022. Crowd counting in the frequency domain[C] // IEEE/CVF Conference on Computer Vision and Pattern Recognition, IEEE: 19618-19627.

SIMONYAN K, ZISSERMAN A, 2014. Very deep convolutional networks for large-scale image recognition[J]. arXiv preprint arXiv: 1409. 1556.

SINGH B, NAJIBI M, DAVIS L S. Sniper: Efficient multi-scale training. arXiv 2018, arXiv: 1805. 09300. Available online: https: //arxiv . org/abs/1805. 09300（accessed on 23 May 2018）.

SINGH K K, CHEN G, MCCARTER J B, et al., 2015. Effects of LiDAR point density and landscape context on estimates of urban forest biomass [J]. ISPRS Journal of Photogrammetry and Remote Sensing, 101: 310-322.

SMITH A G, PETERSEN J, SELVAN R, et al., 2020. Segmentation of roots in soil with U-Net [J]. Plant Methods, 16（1）: 1-15.

SMART R E, DICK J K, GRAVETT I M, et al., 1990. Canopy management to improve grape yield and wine quality-principles and practices [J]. South African Journal of Enology and Viticulture，11（1）：3-17.

SONG Q，WANG C，JIANG Z，et al.，2021. Rethinking counting and localization in crowds：a purely point-based framework[C] // IEEE/CVF Conference on Computer Vision，IEEE：3365-3374.

SONG Z，ZHANG Z，YANG S，et al.，2020. Identifying sunflower lodging based on image fusion and deep semantic segmentation with UAV remote sensing imaging[J]. Computers and Electronics in Agriculture，179：105812.

SRBINOVSKA M，GAROVSKI C，DIMCEV V，et al.，2015. Environmental parameters monitoring in precision agriculture using wireless sensor networks [J]. Journal of Cleaner Production，88：297-307.

STERLING M，BAKER C，BERRY P，et al.，2003. An experimental investigation of the lodging of wheat. Agricultural and Forest Meteorology，119（3）：149-165.

STERLING M，BAKER C，BERRY P，WADE A，2003. An experimental investigation of the lodging of wheat [J]. Agricultural and Forest Meteorology，119（3）：149-165.

SU J Y，ZHU X Y，LI S H，et al.，2023. AI meets UAVs：A survey on AI empowered UAV perception systems for precision agriculture[J]. Neurocomputing，518：242-270.

SU J，YI D，SU B，et al.，2021. Aerial visual perception in smart farming：field study of wheat yellow rust monitoring [J]. IEEE Transactions on Industrial Informatics，17（3）：2242-2249.

SU W，ZHANG M，BIAN D，et al.，2019. Phenotyping of corn plants using unmanned aerial vehicle（UAV）images [J]. Remote Sensing，11（17）：2021.

SU Z B，WANG Y，XU Q，et al.，2022. LodgeNet：Improved rice lodging recognition using semantic segmentation of UAV high-resolution remote sensing images. Computers and Electronics in Agriculture，196：106873.

SUN D，ROBBINS K，MORALES N，et al.，2021. Advances in optical phenotyping of cereal crops [J]. Trends in Plant Science，27（2）：191-208.

TANG Z Q，SUN Y Q，WAN G T，et al. 2022. Winter Wheat Lodging Area Extraction Using Deep Learning with GaoFen-2 Satellite Imagery. Remote Sensing，14（19）：4887.

TARDIEU F，CABRERABOSQUET L，PRIDMORE T，et al.，2017. Plant phenomics，from sensors to knowledge [J]. Current Biology，27（15）：770783.

TESTER M，LANGRIDGE P，2010. Breeding technologies to increase crop production in a changing world [J]. Science，327（5967）：818-822.

TIAN M，BAN S，YUAN T，et al.，2021. Assessing rice lodging using UAV visible and multispectral image[J]. International Journal of Remote Sensing（12）：1–18.

TOLSTIKHIN I，HOULSBY N，KOLESNIKOV A，et al.，2021. MLP-Mixer：an all-MLP architecture for vision. arXiv-CS-Machine Learning.

TOMOAKI H，NOBORU N，2023. Work schedule optimization for electric agricultural robots in orchards [J]. Computers and Electronics in Agriculture，210（2023）：107889.

TOUVRON H，BOJANOWSKI P，CARON M，et al.，2022. ResMLP：Feedforward networks for image classification with data-efficient training. IEEE Transactions on Pattern Analysis and Machine Intelligence，45（4）：5314–5321.

Ultralytics. YOLOv5. Available online：https：//github. com/ultralytics/yolov5.

ULUTAN O，IFTEKHAR A S M，MANJUNATH B S，2020. Vsgnet：Spatial attention network for detecting human object interactions using graph convolutions. In Proceedings of the IEEE/CVF Conference on Computer Vision and Pattern Recognition，Seattle，WA，USA，13–19 June，13617–13626.

VASWANI A，SHAZEER N ，PARMAR N，et al.，2017. Attention is all you need[J]. arXiv preprint arXiv：1706. 03762，2017.

VELLIDIS G，TUCKER M，PERRY C，et al.，2008. A real-time wireless smart sensor array for scheduling irrigation [J]. Computers and Electronics in Agriculture，61（1）：44–50.

VESCOVO L，GIANELLE D，DALPONTE M，et al.，2016. Hail defoliation assessment in corn（*Zea mays* L.）using airborne LiDAR [J]. Field Crops Research，196：426–437.

VINOTH K K，JAYASANKAR T，2019. An identification of crop disease using image segmentation. Kumar and Jayasankar，10（3）：1054–1064.

WANG B，LIU H，SAMARAS D，et al.，2020. Distribution matching for crowd counting[C] // Advances in Neural Information Processing Systems，Curran Associates，Inc.，33：1595–1607.

WANG D，ZHANG D，YANG G，et al.，2021. SSRNet：In-field counting wheat ears using multi-stage convolutional neural network. IEEE T rans. Geosci. Remote Sens.，1–11.

WANG Q，GAO J，LIN W，et al.，2020. NWPU-crowd：a large-scale benchmark for crowd counting and localization[J]. IEEE Transactions on Pattern Analysis and Machine Intelligence，43（6）：2141–2149.

WANG X，GIRSHICK R，GUPTA A，et al.，2018. Non-local neural networks[C]//IEEE/CVF Conference on Computer Vision and Pattern Recognition. United States：IEEE：7794–7803.

WANG Y，WANG L，YANG X，et al.，2021. Effects of wheat grain filling and yield formation by exogenous strigolactone under drought condition [J]. Journal of Biobased Materials and Bioenergy，15（2）：218–223.

WANG Z B，WANG K Y，YANG F，et al.，2018. Image enhancement for crop trait information acquisition system [J]. Information Processing in Agriculture, https://doi.org/10.1016/j.inpa.07.002

WATANABE K, GUO W, ARAI K, et al., 2017. High-throughput phenotyping of sorghum plant height using an unmanned aerial vehicle and its application to genomic prediction modeling [J]. Frontiers in Plant Science, 8: 421.

WEN C J, WU J S, CHEN H R, et al., 2022. Wheat spike detection and counting in the field based on SpikeRetinaNet[J]. Frontiers in plant science, 13, 821717.

WEN C J, WU J S, CHEN H R, et al., 2022. Wheat spike detection and counting in the field based on Spike Retina Net [J]. Frontiers in Plant Science, 13: 821717.

WILKE N, SIEGMANN B, KLINGBEIL L, et al., 2019. Quantifying lodging percentage, lodging development and lodging severity using a UAV-based canopy height model combined with an objective threshold approach[J]. Remote Sensing, 11 (5), 515.

WILKE N, SIEGMANN B, POSTMA J A, et al., 2021. Assessment of plant density for barley and wheat using UA V multispectral imagery for high-throughput field phenotyping [J]. Computers and Electronics in Agriculture, 189: 106380.

WOO S, PARK J, LEE J Y, et al., 2018. Cbam: Convolutional block attention module. In Proceedings of the European Conference on Computer Vision (ECCV), Munich, Germany, 8-14 September, 3-19.

WU A, ZHU J, REN T, 2020. Detection of apple defect using laser-induced light backscattering imaging and convolutional neural network [J]. Computers & Electrical Engineering, 81: 106454.

WU H Q, ZHAO H, ZHANG M, 2021. Not all attention is all you need. arXiv-CS-Computation and Language.

WU H, ZHANG J, HUANG K, et al. FastFCN: Rethinking dilated convolution in the backbone for semantic segmentation[J]. arXiv preprint arXiv: 1903.11816, 2019.

XIE W, NOBLE J A, ZISSERMAN A, 2018. Microscopy cell counting and detection with fully convolutional regression networks[J]. Computer Methods in Biomechanics and Biomedical Engineering: Imaging & Visualization, 6 (3): 283-292.

XU N Y, FOK M, ZHANG G W, et al., 2014. The application of GGE biplot analysis for evaluatng testlocations and mega-environment investigation of cotton regional trials[J]. Journal of Integrative Agriculture, 13 (9): 1921-1933.

XU P, WU G, GUO Y, et al., 2017. Automatic wheat leaf rust detection and grading diagnosis via embedded image processing system [J]. Procedia Computer Science, 107 (3): 836-841.

XU R，LI C，2022. A modular agricultural robotic system（MARS） for precision farming：Concept and implementation [J]. Journal of Field Robotics，39（4）：387–409.

YAN W K，2001. GGE biplot- a windows application for graphical analysis of multienvironment trial data and other types of two-way data [J]. Agronomy Journal，93（5）：1111–1118.

YANG B H，GAO Z W，GAO Y，et al.，2021. Rapid detection and counting of wheat Ears in the field using YOLOv4 with attention module[J]. Agronomy，11，1202.

YANG B H，ZHU Y，ZHOU S J，2021. Accurate wheat lodging extraction from multi-channel UAV images using a lightweight network model[J]. Sensors，21，3826.

YANG G J，LIU J G，ZHAO C J，et al.，2017. Unmanned aerial vehicle remote sensing for field-based crop phenotyping：Current status and perspectives [J]. Frontiers in Plant Science，8，p. 1111.

YANG M D，BOUBIN J G，TSAI H P，et al.，2020. Adaptive autonomous UAV scouting for rice lodging assessment using edge computing with deep learning EDANet. Computers and Electronics in Agriculture，179：5817.

YANG M D，HUANG K S，KUO Y H，et al.，2017. Spatial and Spectral Hybrid Image Classification for Rice Lodging Assessment through UAV Imagery[J]. Remote Sensing，9（6）：583.

YANG M D，TSENG H H，HSU Y C，et al.，2020. Semantic segmentation using deep learning with vegetation indices for rice lodging identification in multi-date UAV visible images[J]. Remote Sensing，12（4）：633.

YANG W N，GUO Z L，HUANG C L，et al.，2014. Combining high-throughput phenotyping and genome-wide association studies to reveal natural genetic variation in rice [J]. Nature Communications，5（6）：5087.

YANG Y J，WANG C S，ZHAO Q，et al.，2024. SE-Swin Unet for image segmentation of major maize foliar Diseases[J]. Engenharia Agrícola，44：e20230097.

YU F，KOLTUN V，2016. Multi-scale context aggregation by dilated convolutions[C]//. ICLR.

YU T，LI X，CAI Y F，et al.，2021. S2-MLP：Spatial-shift mlp architecture for vision. arXiv-CS-Machine Learning.

YUAN H B，ZHU J J，WANG Q F，et al.，2022. An improved DeepLabv3+ deep learning network applied to the segmentation of grape leaf black rot spots. Frontiers in Plant Science，13.

ZANG H C，SU X Q，WANG Y J，et al.，2024. Automatic grading evaluation of winter wheat lodging based on deep learning [J]. Frontiers in Plant Science，15：1284861.

ZANG H C，WANG Y J，RU L Y，et al.，2022. Detection method of wheat spike improved YOLOv5s based on the attention mechanism[J]. Frontiers in Plant Science，13，https://doi.

org/10. 3389/fpls. 993244.

ZANG H C，ZHAO Q L，LI G Q，et al.，2019. Design and implementation of data acquisition and management system of agronomic trait for maize [J]. Journal of Southern Agriculture，50（11）：2606–2613.

ZANG H，WANG Y，RU L，et al.，2022. Detection method of wheat spike improved YOLOv5s based on the attention mechanism [J]. Frontiers in Plant Science，13：993244.

ZANG H，ZHAO Q，ZHAO Q，et al.，2021. The design and experiment of peanut high-throughput automatic seed testing system based on machine learning [J]. Acta Agriculturae Scandinavica，Section B—Soil & Plant Science，71（9）：931–938.

ZAVAFER A，BATES H，MANCILLA C，et al.，2023. Phenomics：Conceptualization and importance for plant physiology [J]. Trends in Plant Science：2439.

ZHANG D Y，DING Y，CHEN P F，et al.，2020. Automatic extraction of wheat lodging area based on transfer learning method and deeplabv3+network. Computers and Electronics in Agriculture，179：105845.

ZHANG D Y，ZHANG W H，CHENG T，et al.，2024. Segmentation of wheat scab fungus spores based on CRF_ResUNet++ [J]. Computers and Electronics in Agriculture，216：108547.

ZHANG D，WANG D，GU C，et al.，2019. Using neural network to identify the severity of wheat fusarium head blight in the field environment [J]. Remote Sensing，11（20）：2375–2392.

ZHANG D，ZHANG，W，CHENG T，et al.，2024. Segmentation of wheat scab fungus spores based on CRF_ResUNet++ [J]. Computers and Electronics in Agriculture，216：108547.

ZHANG H，TURNER N C，POOLE M L，et al.，2007. High ear number is key to achieving high wheat yields in the high-rainfall zone of south-western Australia[J]. Aust. J. Agric. Res.，58，21–27.

ZHANG Q，LIN W，CHAN A B，2021. Cross-view cross-scene multi-view crowd counting[C] // IEEE/CVF Conference on Computer Vision and Pattern Recognition，IEEE：557–567.

ZHANG Y Z，LI B Y，2017. Wild plant data collection system based on distributed location [J]. Journal of computational science.

ZHANG Y，YANG Q，2018. An overview of multi-task learning[J]. National Science Review，5（1）：30–43.

ZHANG Y，ZHOU D，CHEN S，et al.，2016. Single-image crowd counting via multi-column convolutional neural network[C] // IEEE/CVF Conference on Computer Vision and Pattern

Recognition, IEEE: 589–597.

ZHANG Y, LI M Z, MA X X, et al., 2022. High-Precision Wheat Head Detection Model Based on One-Stage Network and GAN Model[J]. Sec. Technical Advances in plant Science, 13.

ZHANG Z P, LUO P, LOY C C, et al., 2014. Facial landmark detection by deep multi-task learning. European Conference on Computer Vision, 94–108.

ZHANG Z, FLORES P, IGATHINATHANE C, et al., 2020. Wheat Lodging Detection from UAS Imagery Using Machine Learning Algorithms [J]. Remote Sensing, 12 (11): 1838.

ZHAO B Q, LI J T, BAENZIGER P S, et al., 2020. Automatic wheat lodging detection and mapping in aerial imagery to support high-throughput phenotyping and in-season crop management. MDPI agronomy, 10, 1762.

ZHAO J Q, ZHANG X H, YAN J W, et al., 2021. A wheat spike detection method in UAV images based on improved YOLOv5 [J]. Remote sensing, 13 (16), 1–16.

ZHAO J Q, ZHANG X H, YAN J W, et al., 2021. A wheat spike detection method in UAV images based on improved YOLOv5 [J]. Remote Sensing, 13: 3095.

ZHAO Q L, ZANG H C, LI G Q, et al., 2021. Extraction of wheat lodging area at grain filling stage based on UAV digital image[J]. China Academic Journal Electronic Publishing House: 465–473.

ZHAO X, YUAN Y, SONG M, et al., 2019. Use of unmanned aerial vehicle imagery and deep learning unet to extract rice lodging[J]. Sensors, 19 (18): 3859.

ZHOU C Q, LIANG D, YANG X D, et al. Wheat Ears Counting in Field Conditions Based on Multi-Feature Optimization and TWSVM. Front Plant Sci, 2018, 9, 1024.

ZHOU C, LIANG D, YANG X, et al., 2018. Recognition of Wheat Spike from Field Based Phenotype Platform Using Multi-Sensor Fusion and Improved Maximum Entropy Segmentation Algorithms. Remote Sens., 10, 246.

ZHOU H, RICHE A B, HAWKESFORD M J, et al., 2021. Determination of wheat spike and spikelet architecture and grain traits using X-ray Computed Tomography imaging. Plant Methods, 17, 26.

ZHOU Q, HUANG Z L, ZHENG S J, et al., 2022. A wheat spike detection method based on Transformer. Frontiers in Plant Science, 13, 1023924.

ZHOU X, ZHENG H B, XU X Q, et al., 2017. Predicting grain yield in rice using multi-temporal vegetation indices from UAV-based multispectral and digital imagery [J]. ISPRS Journal of Photogrammetry Remote Sensing, 130: 246–255.

ZHOU Z W, SIDDIQUEE M M R, TAJBAKHSH N, et al., 2018. UNet++: A nested U-Net architecture for medical image segmentation[J]. arXiv-CS-Machine Learning.

ZHU Q，ZHOU Z W，DUNCAN E W，et al.，2017. Integrating real-time and manual monitored data to predict hillslope soil moisture dynamics with high spatio-temporal resolution using linear and non-linear models[J]. Journal of Hydrology，545：1-11.